2016 年中国节水农业发展报告

全国农业技术推广服务中心　编著

中国农业出版社

委　员　会

主　　任：刘天金
副 主 任：高祥照
主　　编：杜　森
副 主 编：吴　勇　钟永红　张　赓　仇志军
编写人员（按姓名笔画排序）：

于洪娇　万　伦　王　屾　王　凯　王汀忠
王麦芬　王宏光　王明国　王海标　尤　迪
仇志军　孔海民　卢桂菊　邓玉龙　白云龙
吕　岩　毕显杰　朱　克　任力民　刘　戈
刘林旺　刘定辉　刘晓霞　安顺伟　杜　森
杨　光　李　维　李　晶　李旭光　吴　勇
吴　康　吴　越　阳小民　何　权　辛洪生
沈金泉　张　宁　张　华　张　锐　张　赓
张　滈　张云杰　张文敏　张志成　张国进
张德才　武艳荣　林碧珊　罗昭耿　周　佳
孟范玉　赵贯锋　赵晓晨　胡芹远　钟永红
侯冰鑫　郑育锁　徐铁男　高　升　高　岩
郭　杰　陶　峰　黄文敏　黄朝富　黄璐璐
曹阿翔　阎　东　梁永红　董桂军　曾　娥
谭克均

前　言

　　水是生命之源、生产之要、生态之基，是农业生产必不可少的基本要素。我国水资源严重紧缺，总量仅占世界6%，人均不足世界平均水平的1/4，每年农业用水缺口超过300亿米³。降水时空分布不均，水土资源匹配程度偏低。近年来，我国北方地区旱灾频繁发生，受灾面积不断扩大，华北、东北地下水资源严重超采，南方季节性、区域性干旱日趋严重，干旱缺水已成为威胁粮食安全、制约农业可持续发展的主要限制因素。大力发展节水农业，推广普及农田节水技术，全面提升水分生产效率，是保障国家粮食安全、转变农业发展方式、促进绿色生态可持续发展的必由之路。

　　节水农业是指节约用水和高效用水的农业。其内涵是以农业生产为核心，采用工程、机械、农艺、生物和管理等综合措施，提高天然降水和灌溉水的利用效率和生产效益，在水资源有限的条件下实现农业生产效益最大化。节水农业包括灌溉农业和旱作农业两个方面，是农业生产过程中的全面节水，既要充分利用自然降水，也要高效利用灌溉水；既涵盖灌溉农业，也涵盖旱作农业；既包括工程节水和管理节水，也包括农艺节水和生物节水；既覆盖北方缺水地区，也覆盖南方水资源相对丰富的地区。

　　2016年是"十三五"开局之年，节水农业进入快速发展新阶段。全国节水农业技术推广部门紧紧围绕"藏粮于地，藏粮于技"战略和"提质增效转方式，稳粮增收可持续"的工作主线，以农田节水示范区建设和节水农业试验示范为抓手，以加快土壤墒情监测体系建设为支撑，深入推进华北地下水超采区综合治理、北方旱作农业技术推广、水肥一体化技术示范推广三大行动，促进水资源高效利用，为推动实现"一控两减三基本"目标提供有力的科技支撑。

　　为总结、交流、宣传各地节水农业工作成效和经验，我们组织编写了《2016年中国节水农业发展报告》。本书重点总结了2016年全国节水农业工作情况，包括国家重大项目实施、各地节水农业和墒情监测发展以及相关重要文件，以期为大家提供参考。

　　由于时间仓促，错漏之处在所难免，望读者批评指正。

编　者

2017年3月

目　　录

第一部分　全国节水农业发展综述

全国农业技术推广服务中心

2016 年是"十三五"开局之年，节水农业进入快速发展新阶段。全国节水农业技术推广部门紧紧围绕"藏粮于地，藏粮于技"战略和"提质增效转方式，稳粮增收可持续"的工作主线，以农田节水示范区建设和节水农业试验示范为抓手，以加快土壤墒情监测体系建设为支撑，深入推进华北地下水超采区综合治理、西北旱作农业技术推广、水肥一体化技术示范推广三大行动，促进水资源高效利用，为推动实现"一控两减三基本"目标提供了有力的科技支撑。

一、节水农业持续向好

（一）政策支持持续发力

2016 年是"十三五"开局之年，中央提出加快推进农业现代化，在资源环境约束趋紧背景下，加快转变农业发展方式，实现绿色发展和资源永续利用。《国民经济和社会发展第十三个五年规划纲要》明确提出，要大力发展节水农业，控制农业用水总量，推动实施化肥使用零增长行动，提高水肥资源利用率。农业部提出"一控两减三基本"的目标，要求控制农业用水总量，提高农业用水生产效率。为抓好工作落实，农业部制定了《推进水肥一体化实施方案（2016—2020 年）》，明确水肥一体化技术发展的目标任务、技术要点、工作重点和保障措施，在六大重点区域，集成推广六种骨干技术模式，到 2020 年全国水肥一体化应用面积达到 1.5 亿亩[①]。在中央政策引领下，各地根据自身情况编制节水农业和水肥一体化发展规划，明确指导思路、基本原则、技术路线、区域布局，因地制宜提出了政策措施，有力推进了节水农业快速发展。

（二）财政投入持续增加

中央和地方财政进一步加大投入力度，支持节水农业发展。在旱作农业技术推广方面，2016 年中央财政投入资金 10 亿元，集中支持西北、华北干旱半干旱地区 8 个省（自治区）开展地膜覆盖、膜下滴灌、蓄水保墒、集雨补灌等旱作节水技术推广。2016 年继续在河北省实施地下水超采漏斗区综合治理项目，总投资 87.12 亿元，试点范围扩大到 9 个设区市、2 个省直管县，共 115 个县（市、区），涵盖了全省 7 个地下水漏斗区。甘肃省政府办公厅印发《甘肃省灌区农田高效节水技术推广规划（2015—2017 年）》，整合相

---

① 亩为非法定计量单位，1 亩＝1/15 公顷≈667 米²。——编者注

关项目资金 4 000 多万元，大力发展膜下滴灌水肥一体化技术。江苏省在省级耕地质量综合示范区建设项目中安排 2 000 万元用于开展水肥一体化技术推广，1 000 万元用于墒情监测体系建设。据不完全统计，全国节水农业投入超过 100 亿元。

（三）技术模式持续创新

各级农业部门结合当地水资源特点和农业生产发展需要，集中力量、开拓创新，研发集成了一批高效节水技术模式。以玉米、马铃薯全膜覆盖和棉花、玉米膜下滴灌为核心的节水技术在西北地区大面积推广，带动了节水农业在干旱、半干旱地区的快速发展。在东北地区，集成了玉米、马铃薯滴灌水肥一体化、玉米抗旱催芽坐水种两大模式，成为"节水增粮"和防灾减灾的主导技术。在西南地区，以半膜覆盖、覆膜育秧为核心的节水技术开始大规模推广，对促进南方地区玉米、马铃薯生产发挥了重要作用。随着节水农业的不断发展，又在小麦和水稻两大主粮上取得技术模式集成的重大突破。小麦微喷水肥一体化技术模式在北京、河北大面积示范成功，在灌水量减少一半的情况下，冬小麦从 550 千克增加到 700 千克，节水增粮成效十分显著。在水稻上，集成了控制灌溉、覆膜节水两大技术，在东北、西南地区推广应用，节水 20%～40%，亩增产 100～150 千克。特别是水肥一体化技术，遍地开花，应用作物和区域不断扩展，设施设备、水溶肥料和水肥管理技术日趋成熟，生命力旺盛，潜力巨大。技术模式的集成创新，给节水农业快速发展奠定了坚实的基础。

（四）监测能力持续提升

近年来我国极端天气频发，干旱和渍涝对农业生产的威胁越来越大，墒情监测的重要性、公益性和指导性越来越明显。特别在春耕备耕、"三夏"、秋冬种以及严重干旱发生时，墒情信息对指导全国农业生产和抗旱救灾的起着不可替代的作用。土壤墒情作为农业"三情"（苗情、墒情、病虫情）之一，成为各地农业粮食生产情况研究联席会必须交流的重要情况之一。土壤墒情监测工作得到了政府、农民和社会的认可。为进一步强化监测水平，更好地判断农业生产整体形势，更方便对农业生产做出技术指导，2016 年全国土壤墒情系统得到全面升级，细化了各监测站、点的上报规则，明确了省级和县级墒情监测简报的格式和内容，制定了《土壤墒情监测数据采集规范》，从数据采集、日常监测、数据核查和设备校准维护等方面对相关工作进行规范，提升了墒情监测工作能力。

二、重点工作稳步推进

（一）抓好土壤墒情监测，为高效用水提供支撑

一是实施土壤墒情监测项目。组织 400 个国家级土壤墒情监测县开展工作，全年监测数据 12 万个，发布各级墒情信息 4 000 多期，为农业结构调整、抗旱减灾和节水农业技术推广提供了有力支撑。二是加强墒情监测体系建设。积极整合资源、争取投资、统一标准，改进墒情监测技术方法，推进墒情监测的自动化、信息化，提高监测效率和服务能

力，全年新增自动监测站 100 个。三是组织全国墒情会商。在春耕备耕、夏收夏种、秋冬种关键农时季节和干旱易发期组织召开 4 次墒情会商会，分析墒情现状，预测发展趋势，提出对策措施。四是完善信息发布制度。进一步完善墒情监测和发布制度，改进发布方法，增强时效性和针对性。组织一期墒情监测技术培训，培训监测技术人员 100 多人。

（二）开展节水试验示范，为推广应用奠定基础

印发《全国农技中心关于做好节水农业试验示范工作的通知》（农技土肥水函〔2016〕124 号），对节水农业试验示范工作进行安排部署。2016 年共在 20 多个省 60 多个县安排落实 200 多项试验示范，内容包括水肥一体化与水溶肥料、旱作保墒测墒灌溉与长效肥料、新型地膜、抗旱抗逆制剂应用等，涉及小麦、玉米、水稻、马铃薯、棉花以及果树、蔬菜等主要农作物。通过试验示范，集成节水农业技术模式，筛选适用技术产品，为节水农业技术大规模推广应用奠定基础。

（三）推广水肥一体化，促进农业控水增效

一是抓好水肥一体化示范区建设。在华北、西北和西南 11 个省（自治区、直辖市）建设高标准节水农业示范区，集中示范展示膜下滴灌水肥一体化、集雨补灌水肥一体化和喷滴灌水肥一体化三大模式 2.8 万亩，开展水溶肥配套应用试验。试验示范表明，测墒灌溉水肥一体化小麦玉米一年两季亩均增产 350 千克，节本增效 800 元。蔬菜、果树水肥一体化技术，节本增收 1 000～1 500 元。二是组织开展技术培训和指导。举办项目管理与技术培训班、水肥一体化技术培训班和旱作节水农业技术培训班，培养技术骨干 300 多人，促进项目顺利实施。三是开展专题调研。针对节水农业工作发展情况，组织有关单位和专家开展农业用水、墒情监测、水肥一体化等专题调研，摸清现状，分析问题，提出加快发展节水农业的对策措施，为"十三五"规划编制提供支撑。

（四）发展旱作农业，提升降水利用效率

一是组织旱作农业技术推广项目实施。配合财政部，继续落实好旱作农业技术补助资金 10 亿元，重点用于北方 8 省（自治区）开展以地膜覆盖为主，集成集雨补灌、抗旱坐水种等技术的旱作农业技术示范推广，配套应用长效肥、缓控释肥、抗旱剂、新型地膜等。与常规种植相比，玉米半膜覆盖亩增产 50 千克以上，全膜覆盖亩增产 100 千克以上，水分生产力提高 20％以上。二是开展技术指导。组织有关专家和技术人员开展 2 次巡回指导和技术服务，解答农民技术疑点，解决农民提出的问题，使农民掌握技术操作要领。三是强化项目监管，开展项目监督检查，督促项目实施，规范资金使用，确保项目取得实效。

（五）推进地下水超采治理，促进农业可持续发展

一是协助抓好地下水超采区综合治理项目。开展项目技术指导和督导检查，督促项目实施，调查实际效果，不断总结经验，提高水资源利用率，减少地下水超采。参加四部委组织的河北地下水超采综合治理试点 2015 年度考核工作，完成农业项目考核报告。二是

组织实施水肥一体化集成示范项目。在京津冀开展模式集成，完善骨干技术，重点在小麦玉米等大田作物以及耗水量大的设施蔬菜上开展示范，实现水肥耦合、科学调控，探索缓解超采地下水技术路径，为大规模推广奠定基础。三是开展地下水超采综合治理调研，分析情况，发现问题，从降水与地下水资源调配、高效利用、种植结构调整等方面提出技术措施和政策建议。

（六）服务节水增粮行动，推动东北黑土地保护

一是促进项目实施。配合有关部门做好项目工作，加强技术指导和监督检查，推进技术落实到田。二是加快节水技术集成。组织有关省（自治区）开展节水农业新技术、新产品、新模式试验示范 200 多项次，验证技术效果、摸索技术参数、集成技术模式，为大面积示范推广奠定基础。三是组织开展农田节水示范活动。以抗旱坐水种、水肥一体化、水田控制灌溉、覆盖保墒等骨干技术为重点，建立省部共建示范区 90 多个，开展试验示范，防治水土流失，推动东北黑土地保护。

（七）不断拓宽渠道，促进节水国际交流

一是实施中加旱作农业和水肥一体化合作二期项目，3 月份邀请加拿大专家访华开展技术培训，5 月份签署 2016—2018 年项目合作协议。二是积极推进与新西兰在节水农业技术领域的合作，6 月与新西兰林肯大学代表签署项目合作协议。新方三次派遣专家来华访问并就土壤水分自动监测技术进行交流并开展培训介绍。三是继续与国际锌协会、加拿大泰克资源合作，实施锌肥示范推广项目，在 16 个省落实了 20 多项锌肥田间示范，在《农民日报》上开展"用锌农业，浇开生命之花"的专题专版报道宣传，并组织专家项目调研、现场会等活动。四是实施国家外专局引智项目，全年引进美国、加拿大、新西兰、荷兰专家 10 人次，开展技术培训和指导，提升我国节水农业技术水平。

三、存在问题

（一）农业部门节水农业职能有待加强

2008 年 7 月，"国务院办公厅关于印发农业部主要职责内设机构和人员编制规定的通知"（国办发〔2008〕76 号）明确农业部"运用工程设施、农艺、农机、生物等措施发展节水农业"，种植业管理司"承担耕地质量管理和发展节水农业的相关工作"。2009 年 2 月 11 日，国务院颁布《中华人民共和国抗旱条例》，规定"县级以上人民政府农业主管部门应当做好农用抗旱物资的储备和管理工作，指导干旱地区农业种植结构的调整，培育和推广应用耐旱品种，及时向人民政府防汛抗旱指挥机构提供农业旱情信息"。虽然国务院明确了农业部门发展节水农业以及农业抗旱有关工作职能，但农业部门开展节水农业工作的职能仍然十分薄弱，有待进一步强化。具体表现在：一是由于长期以来存在节水职责不清、分工不明的显现，有关部门及社会各界普遍对农业部门抓节水工作的职能缺乏足够的认识。二是在农业系统内部，一些农业部门领导也没有把节水工作纳入自身职责范围，对这项工作重视不够，机构不健全、人员不稳定、经费无保障、工作不平衡等问题十分突

出。三是在土肥水技术推广系统中，有些地方对节水农业工作缺乏足够重视。有些省没有专门负责节水农业的机构和人员，土壤墒情监测系统还有很多省县没有注册，墒情监测数据和信息上报不及时、不全面。

（二）思想认识上仍然存在偏差

目前，各地对节水农业在思想认识上仍然存在偏差，主要表现在三个方面：一是重灌区、轻旱作，将节水农业简单地理解为节水灌溉，忽视了约占耕地面积50％以上的旱作农业区的节水农业工作；二是重工程、轻农艺，认为节水农业就是通过工程措施减少输配水过程中的渗漏损失，缺乏对田间水分管理的足够重视，没有将节水与作物需水和农业产出联系起来，偏离了提高农业水资源生产效率的根本目标；三是重灌溉、轻节水，工作重点主要集中在利用地表水、地下水进行灌溉，忽视了发挥土壤集雨、蓄水、保墒功能和自然降水、地表水、土壤水、地下水的协调利用。

（三）节水技术推广投入不足

多年来，农田基础设施建设严重不足，国家有限的投资也以水源和输配水骨干工程建设为主，针对田间节水环节的技术推广和微工程建设投资严重不足。例如近20年来，农田水利总投资中，用于农田部分的投资不足10％，重输水、轻用水现象严重。在国家投资涉及农田水利的项目中，农业部门组织实施项目少，投资有限。虽然国家在东北四省区节水增粮、华北地下水超采治理、防灾减灾稳产增产关键技术补贴等项目中有一定投入，但相对于中国节水农业发展的巨大需求来说，仍显不足，特别是在技术推广方面应进一步加大投入。农田节水是一项公益性的事业，一次性投资较大，农民难以负担，必须依靠国家投资带动。墒情监测体系建设，地膜覆盖、膜下滴灌、水肥一体化、测墒节灌、集雨补灌、水稻覆膜节水和控制灌溉等技术示范推广等等都需要大量投入。

（四）相关法规和技术标准不完善

目前我国尚没有关于节水农业专门的法律法规，发展节水农业缺乏法律法规保障，影响了这项工作的进一步发展。我国"缺水"比"缺地"更严峻，耕地有18亿亩红线保护，但农业用水至今无任何法律保障，导致近年来农业用水比例持续下降，农民用水权益被不断侵占。节水农业技术规范不健全，不同模式在技术内容、应用范围、配套设施等方面差异较大，推广应用效果受到影响。节水相关产品标准缺乏，不适应当前发展节水农业的需要。特别是近年来水肥一体化技术发展迅速，深受广大农民欢迎，但灌溉用肥料缺乏单独的标准，仍沿用针对叶面肥的标准，难以适应节水农业发展的需要。此外，在节水管理方面也需要深入研究，目前农民年水费支出占种粮纯收入的比例远远高于美国等发达国家，但各地一些部门还要一意孤行，单方面强行提高农业灌溉水价。

（五）节水农业产业化程度不高

节水灌溉设备设施企业小而分散，多以生产单项产品为主，普遍缺乏自身发展能力，长期依赖国家投入，技术改造困难，生产条件落后，加上售后技术服务跟不上，影响了农民购置节水设备的积极性。国家缺乏节水农业设备设施的统一规范，各地生产节水农业设备质量参差不齐，如微灌设备、喷灌机具、各种管材等产品质量可靠性和稳定性存在较大问题。此外，节水农业行业还存在多头管理、各自为政的问题，难以形成合力。

四、有关启示及建议

（一）发展节水农业是绿色可持续发展的必由之路

水资源短缺是制约我国农业发展最严峻的瓶颈。我们要用占世界 9％的耕地，6％的淡水资源生产出占世界 25％的粮食，养活 20％的人口。"缺水"比"缺地"更严峻！我国是世界上水资源严重紧缺的 13 个国家之一，水资源总量仅占世界的 6％，人均占有量仅为世界平均水平的 1/4，每年农业用水缺口超过 300 亿米^3。水资源时空分布不均问题突出，南方水资源占总量的 81％，但耕地面积仅占 40％，全国旱地面积 10 亿多亩。随着全球气候变暖的不断加剧，自然降水不确定性显著增加，水资源供需矛盾更加突出。近年来，我国北方地区旱灾频繁发生，受灾面积不断扩大，华北、东北地下水资源严重超采，南方季节性、区域性干旱日趋严重，干旱缺水已成为威胁粮食安全、制约农业可持续发展的主要限制因素。在这种紧迫形势下，今后农业发展已不能再依靠大量消耗水资源的外延式增长。大力发展现代节水农业，推广普及农田节水技术，全面提升农田水分生产效率，是转变农业发展方式、推动绿色发展、促进农业可持续发展的必由之路。

（二）发展节水农业是农业部门义不容辞的工作职责

长期以来，节水工作的重点大部分放在了水利工程方面，农田节水工作重视不够。2008 年 7 月，国务院进一步明确了农业部运用工程设施、农艺、农机、生物等措施发展节水农业的职能，2009 年 2 月，国务院颁布《中华人民共和国抗旱条例》，规定"县级以上人民政府农业主管部门应当做好农用抗旱物资的储备和管理工作，指导干旱地区农业种植结构的调整"的职责。但由于长期以来人们对农业部门抓节水的职责认识不足，个别地方节水工作机构欠缺，职能不明，投入不足。因此，各级农业部门必须深化认识，切实把发展节水农业作为义不容辞的职责，进一步强化节水农业工作。

（三）发展节水农业必须坚持政府主导，引导社会各界积极参与

节水农业是一项基础性、公益性的工作，且一次性投资较大，必须充分发挥国家发展节水农业的主导作用，设立补贴专项，充分调动社会各界和广大农民群众的积极性、创造性和主动性。一是要尽快扩大墒情监测点数量，争取粮食主产区、优势农产品区、干旱缺水地区等实现墒情监测工作全覆盖；二是立项支持节水农业技术研究与集成示范，开展国际合作，加速国外先进适用技术的引进；三是增加节水农业项目中央投资，针对水肥一体化、膜下滴灌、集雨补灌、地膜覆盖、集雨保墒等重点技术，扩大项目覆盖范围，适当提高补贴比例，稳定投资渠道，促进农田节水技术推广应用。

（四）节水农业的长期稳定发展必须创新工作机制

发展节水农业，离不开社会各界的广泛参与，特别是广大节水行业企业的参与，要加强宣传，制定政策，营造全社会参与节水农业的良好氛围。加强节水农业法规建设，制定相关法律法规，为节水农业的长期稳定发展提供法律保障。随着工业化、城市化的发展，工业和城市用水不断挤占农业用水，应建立用水方面的工业反哺农业、城市支持农村的机制，特别是合理确定农民水权，制定农业用水补贴政策。在农业内部应构建节水农业的科学评价体系，建立发展节水农业的鼓励、扶持、保障政策法规。节水农业的工作主体是农民、重点是农田、关键是与农艺和农田生物技术措施紧密结合，应进一步提高农民科学用水意识，加强科学节水知识普及，大力集成推广与农业生产紧密结合的轻简化高效节水技术模式。

第二部分　国家节水农业重大项目

旱作农业技术推广

一、基本情况

我国水资源严重紧缺，总量仅占世界的 6%，人均不足世界平均水平的 1/4，每年灌溉用水缺口 300 亿米^3 以上。降水总量不足，时空分布不均，全国旱地面积 10 亿多亩，占总耕地面积的一半以上，干旱缺水是制约农业生产的瓶颈。大力发展高效旱作农业，已成为抗旱减灾夺丰收、促进农业可持续发展的革命性措施。

2016 年农业部、财政部联合下发《农业部办公厅　财政部办公厅关于做好 2016 年部分财政支农项目实施工作的通知》（农办财〔2016〕22 号），安排旱作农业技术推广项目资金 10 亿元，支持 8 个省（自治区）开展地膜覆盖、膜下滴灌、蓄水保墒、集雨补灌等旱作节水技术推广。其中河北 1.2 亿元、山西 1 亿元、内蒙古 1 亿元、陕西 1 亿元、甘肃 3.2 亿元、青海 0.8 亿元、宁夏 0.8 亿元、新疆 1 亿元。

项目要求有关省按照《农业部办公厅　财政部办公厅关于做好旱作农业技术推广工作的通知》（农办财〔2014〕23 号）的要求，根据气候条件、水资源状况、作物布局和耕作制度，重点针对当地主要粮食作物，确定适宜技术模式，集中连片推广应用地膜覆盖、膜下滴灌、蓄水保墒、集雨补灌等旱作节水技术，实现资源集约利用和粮食稳产高产。坚持绿色发展理念，大力推广地膜科学使用、合理养护、适时揭膜、机械捡膜等集成技术模式，减轻破损，提高回收率。要通过"以旧换新"等方式促进残膜回收利用，"以旧换新"的新膜标准不得低于 0.01 毫米。要加强试验示范，对不同地区、不同作物开展多功能地膜、可降解农膜等新技术试验，探索减少新膜残留的新途径和土壤中已累积残膜的回收技术，严防形成更多"白色"污染。

项目下达后，8 个省（自治区）紧紧围绕创新、协调、绿色、开放、共享五大发展理念，因地制宜、因情施策、因势利导，积极转变旱作农业发展方式，不断充实旱作农业发展内涵，通过项目实施，极大地调动了农民群众应用旱作农业技术的积极性，在保障粮食安全，促进农民增收和提质增效，推进农业供给侧结构性改革和扶贫攻坚方面发挥了重要作用。据统计，8 省（自治区）共推广以地膜覆盖、水肥一体化为主的旱作农业技术 2 434.6 万亩，其中全膜覆盖 1 948.8 万亩，半膜覆盖及其他 476.3 万亩，水肥一体化 10.5 万亩。项目资金主要用于地膜补助、农田残膜回收补助、水溶肥长效肥和新型肥料补助、机械作业补助、农机具购置补助、技术试验示范、技术指导和宣传培训等。

二、主要做法

（一）加强组织领导，强化监督管理

各级领导重视，是项目成功实施的关键。山西省把旱作农业技术推广项目纳入年度各市农业重点工作目标责任考核。各市、县高度重视旱作农业技术推广项目，成立了由县政府分管领导任组长的项目领导组，负责项目的组织、协调和实施等工作。县政府与项目实施乡镇签订责任状，把该项目纳入县政府对乡镇的目标考核，确保了旱作农业技术推广项目的实施成效。宁夏各县（区）将旱作节水农业项目纳入到农业结构调整、城乡环境整治、基本农田建设等政府目标考核内容，建立了工作考核评价制度，采取定期不定期督促检查的办法，严格进行考核，落实奖励措施。内蒙古自治区农牧业部门制定了《旱作农业技术推广项目绩效考评暂行办法》，从项目的规划设计、组织施工、建设管理、效果效益、工作机制、资金使用、运行管理和创新发展等 25 个方面进行考核，设置了评分标准，自治区组织有关专家对项目实施情况进行检查评估，通过项目实施前后数据对比进行科学评价，评价结果作为下一年资金分配的重要依据。8 省（自治区）组织领导有力，确保了项目的顺利实施。

（二）规范补贴方式，严格补贴程序

山西省项目实施主要采取实物补助的方式，项目县集中采购、统一发放地膜。各项目县由县农委提供地膜的型号规格，县采购中心或招标代理机构统一组织采购。集中采购地膜的厚度提高到 0.01 毫米以上。通过公开招标、竞争性谈判等方式确定供膜企业，并签订规范的合同，明确采购地膜规格、价格、数量及供膜时间、付款方式、责任义务等，确保采购的地膜质量可靠、价格合理、不违农时。在地膜发放过程中，采取以村为单位组织农户填写供膜清册，并签字公示，无异议后由乡镇、村承办人和负责人签字并加盖公章，整理存档，以备查验。内蒙古自治区在项目实施前提前公示，在确定补助对象时，尽可能整村整乡或者集中连片推进，避免优亲厚友和人为设置障碍条件，做到政策公开、农民自愿，接受群众监督。项目实施过程中，严格招投标制，项目所有的田间工程和农资物化补助实施内容，由项目旗县的农业和财政两部门联合确定招标采购方式，每类产品中标企业在两家以上。各项目县与供货企业签订供货与服务合同，并对使用的招标物资进行抽样封存。自治区农牧业部门建立了招标采购物资质量监督抽查机制，抽查不合格的企业 3 年内不得参与项目补助物资招标。严格的项目补贴程序，确保了项目的实施成效。

（三）加大扶持力度，推进扶贫攻坚

8 省（自治区）旱作农业区主要分布在老、少、边、贫地区，贫困人口多，覆盖面广，脱贫攻坚任务重，难度大。甘肃省在中央财政投入的基础上，配套省扶贫资金 1 亿元，以物化补贴形式给农民补助，全部覆盖贫困县。同时，大部分县将旱作农业作为推进

扶贫攻坚的富民产业，不断加大财政投入。据统计，自 2010 年以来，旱作区农民人均纯收入增加部分中，有 60% 来源于旱作农业技术推广。山西省将支持节水农业和地膜覆盖等农业实用技术推广列为 2016 年山西省新实施十项惠农富农政策之一，统筹现代农业生产发展等项目资金 2.86 亿元，支持以谷子、杂粮为主的粮食作物地膜覆盖技术推广，地膜覆盖面积达 669 万亩。阳曲、山阴、洪洞等承担旱作农业项目的市县，在县级财政非常困难的情况下，共拿出 200 多万元作为配套资金，对项目进行扶持，推进了工作开展，确保了项目任务的完成。青海省在充分利用好国家项目补助资金的同时，省级财政配套重点农业技术推广项目资金 0.96 亿元，加大补贴力度，每亩投资达 120 元，主要用于地膜、肥料、种子等补助。这些补贴措施，有力地促进了旱作农业技术推广项目的顺利实施，充分发挥了项目效益，为贫困地区扶贫攻坚发挥了重要作用。

（四）开展试验示范，提升旱作农业技术水平

农业部门积极组织开展地膜覆盖、水肥一体化、膜下滴灌、新型地膜、降解膜等技术攻关，加强技术集成，完善技术模式，提升技术水平。内蒙古积极引进、试验、示范、推广旱坡耕地改造、水肥一体化和地膜覆盖等旱作农业技术，认真开展各项试验研究，针对不同地域、不同条件、不同作物，开展新型技术储备模式攻关，对资源节约型、环境友好型的生产新技术与新材料、新型农机具进行组装配套，发挥集成放大效应，不断集成创新旱作农业新技术和新模式，实现增产增收和节本增效。陕西省开展以地膜覆盖技术为核心的绿色增产技术攻关，长武县 4 个百亩核心攻关田平均亩产达到 757.6 千克；宜君县 2 个百亩核心攻关田平均亩产 908.6 千克；靖边、定边县玉米膜下滴灌技术，比当地半膜覆盖玉米亩增产 400 千克以上，增幅达到一倍。靖边、定边县锌肥及长效肥试验，增产在 10% 左右。陕北、渭北 5 个项目县区开展降解膜试验示范，宜君县建立新型生物降解地膜示范 2 000 亩，平均亩产 770.9 千克，较对照亩产 706.1 千克增产 64.8 千克，亩增收 90 元。新疆维吾尔自治区在 14 项目县（市）开展可降解地膜试验示范 2 000 多亩，引导项目区农户科学使用生物降解地膜，经过一个完整的生长周期，生物降解地膜与普通地膜的物理机械性基本一致、产量略有增加、土下地膜降解率达到 60% 以上，取得了较好的试验成效。

（五）加强残膜回收，促进农业可持续发展

近年来，地膜造成的白色污染越来越严重。甘肃省率先出台了《甘肃省废旧农膜回收利用条例》，禁止生产、销售和使用厚度小于 0.01 毫米的农用地膜，并颁布了《聚乙烯吹塑农用地面覆盖薄膜》地方强制性标准。同时，省财政安排专项资金，对废旧农膜回收加工企业给予资金补助，不断健全废旧农膜回收利用网络体系，废旧农膜回收利用的市场化机制已初步形成。据统计，2016 年废旧农膜回收利用率达到 78%。陕西省探索残膜回收模式。在项目县区全部推广 0.01 毫米加厚地膜，建设残膜回收示范点，采取以下两种方式提升残膜回收率：一是实物兑换，以 6 千克残膜换取 1 千克新膜；二是实物加现金，以 1 千克残膜兑换 1 千克新膜，每千克残膜折算成 2～2.5 元，在新膜售价中予以扣除。新疆维吾尔自治区各项目县（市）利用各种渠道广泛宣传《新疆维吾尔自治区农田地膜管理条例》，引导农户在农业生产中大面积使用 0.01 毫米地膜。合理布局废旧农膜回收站

（点），加快回收站建设。提升回收能力。切实落实优惠政策，项目县（市）对人工或机械手回收废旧地膜进行额外补助。

（六）优化区域和产业布局，推进供给侧结构性改革

甘肃深化种植结构调整，适当调减粮用玉米，扩大饲用青贮玉米，为发展草食畜牧业奠定基础，同时发挥区域优势，扩大全膜垄作侧播马铃薯种植面积。优化区域布局，通过发展旱作区粮食生产，进一步调减河西及沿黄灌区粮食作物播种面积，为高效经济作物发展腾出更多空间。2016 年全省夏秋作物比例调整为 33：67，粮经比例调整为 58：42，蔬菜、苹果、马铃薯等特色优势产业面积达到 3 071 万亩。河北省围场县启动建立国内首个"10 万亩马铃薯功能农业示范区"，将围场马铃薯培育为全国功能农业"单品冠军"，打造"功能农业＋脱贫攻坚"模式。同时在旅游沿线和高速公路沿线布局旱作农业示范基地，利用丘陵区规模地膜覆盖和马铃薯花形成的视野效果，打造马铃薯地膜覆盖观光带，形成"百里画廊、万亩花海"的壮美景观，促进农业休闲旅游。同步建设休闲农庄、乡村旅店、生态经济沟等富民产业，使农田变美景、农活变体验、民房变民宿，促进传统农业向生态农业、休闲旅游农业转型提升。

（七）加大宣传培训，提高技术入户率

河北省按照"技术指导直接到户、良种良法直接到田、技术要领直接到人"的农技服务机制，采取集中授课、现场指导、网络会诊等方式进行服务指导，对项目村种植大户、专业合作社、家庭农场等进行培训。抓住农时季节组织技术人员分乡包片深入生产一线，向农民传授地膜覆盖相关技术，解决生产中存在问题，使地膜栽培技术传送到千家万户，确保了各项关键技术落实到位。据统计，全省开展宣传培训 1 068 场次，培训技术人员 2 252 人次，培训农民 7.3 万人次，印发宣传资料 17.7 万份。陕西省积极开展多种形式培训宣传。一是以会代训，利用乡镇开会的时间，对乡、村两级干部进行地膜玉米种植技术培训；二是深入村组，集中农户召开培训会，进行技术讲解；三是技术人员深入田间地头，开展现场技术指导。切实做到了技术人员到户、良种良法到田、技术要领到人，营造了良好的工作氛围。据统计，项目县（区）共举办培训班 89 期，现场会 196 次，培训人数 12.6 万人次，发放技术资料 36.2 万份，制作醒目标志牌 145 个，广播电视等宣传 102 次。

三、主要成效

通过旱作农业技术推广项目的实施，地膜覆盖、膜下滴灌、水肥一体化、集雨补灌等技术的应用，留住了天上水，保住了土中墒，节省了地下水，提高了水资源利用效率，提升了旱作区粮食综合生产能力，促进了粮食增产、农民增收和农业增效，对保障粮食安全和水资源安全发挥了重要作用，保护了环境，经济、生态、社会效益显著。

（一）增产增收效果显著

据不完全统计，总推广面积为 2 434.6 万亩，总增产粮食 220 695 万千克，总增收

364 435 万元。其中：全膜覆盖玉米 1 947.8 万亩，增产 194 782 万千克，增收 311 651 万元；半膜覆盖玉米及其他 476.3 万亩，增产 23 817 万千克，增收 38 108 万元，水肥一体化马铃薯 10.5 万亩，增产 2 096.6 万千克（折主粮），增收 14 676 万元。项目区半膜覆盖玉米比露地玉米亩增产 50～100 千克；全膜覆盖玉米比露地玉米亩增产 100～200 千克。马铃薯滴灌条件下水肥一体化较旱地作物种植亩增产 1 000 千克；地膜马铃薯比露地平均亩增产 250～800 千克。地膜谷子平均亩增产 20 千克，增产率 7%，亩增效益 64 元；地膜胡萝卜平均亩增产 900 千克，增产率 28%，亩增效益 720 元。甘肃省在出现历史罕见的严重伏秋连旱情况下，全膜双垄沟播尤其是秋覆膜玉米、马铃薯表现出超强的抗旱能力，旱作农业全膜覆盖技术推广面积和生产粮食占全省粮食播种面积和粮食总产的 36% 和 46%，在全省粮食安全中发挥了不可替代的作用。

（二）社会效益凸显

通过项目实施，建立旱作节水农业、水肥一体化综合示范区，在示范区集成配套膜下滴灌、水肥一体化、测土配方施肥、新品种示范推广、农业智能化管控等多项新技术应用，节省大量人力、物力和财力，有利于种植大户、加工企业、种子企业、农膜回收加工企业、农机合作社等龙头企业及社会化服务组织发展壮大，有利于产业基地建设，提升粮食生产能力，推进农业结构战略性调整和优势作物区域布局。河北承德市坚持把旱作农业与"五位一体"发展战略统筹实施，促进了农业园区、乡村旅游、美丽乡村、扶贫攻坚、山区开发的同步提升，真正达到了"产业率先突破、农村综合建设"的基本要求，带动了农村综合实力整体提升。

（三）保护生态环境

通过项目的实施，地膜覆盖、膜下滴灌、水肥一体化等旱作农业技术广泛应用于生产，大幅提升天然降水利用率，减少了地下水的开采量。测土配方施肥、水肥一体化等技术的推广应用，优化了肥料施用结构，提高了肥料利用率，减少了化肥的使用量，减少了过量施肥对环境的污染。地膜回收制度的完善和可降解膜的推广应用，逐步降低和减少白色污染。通过地膜的增温保墒特性增强了作物抗性，温室大棚水肥一体化技术降低了空气湿度，减轻了作物生理病害的发生，减少了农药使用量，促进无公害食品和绿色食品生产，减少农业面源污染，保护了自然生态资源，涵养了水源。宁夏回族自治区在项目实施过程中，注重残膜回收，不仅回收当年使用地膜，还回收历年残膜，回收面积 219.5 万亩，回收量 2.57 万吨，加工塑料颗粒 5 150 吨，减少了白色污染。

四、经验和体会

（一）各级领导重视是关键

长期以来，农业部、财政部始终把加快旱作农业发展作为一项增产增收、节本增效、扶贫攻坚的战略性措施来抓，财政部连续多年安排专项资金，支持西北和华北地区开展旱作农业技术推广应用。农业部印发了《关于推进节水农业发展的意见》和《地膜覆盖指导意见的通知》，并多次召开全国旱作节水农业会议，每年举办全国旱作节水农业技术培训班和全国水肥一体化技术培训班。各级农业部门大力推进旱作节水农业，鼓励并支持农业科技人员探索新技术，调动农民应用新技术的积极性，建立并完善分区域、分作物的旱作农业技术体系，推动了旱作农业的蓬勃发展。

（二）增加资金投入是保障

旱作节水农业是一项系统工程，集工程、农艺、农机、管理为一体，需投入大量的资金。各地积极整合多方资金，建立健全旱作节水农业体系，有力地促进了旱作节水农业新技术的引进与研究，加大了旱作节水农业技术的推广力度，确保了旱作节水农业的健康发展。甘肃省在省财政困难的情况下，每年省配套资金1亿~1.5亿元，大力推广旱作节水农业技术，促进了旱作农业在全省的快速发展和老少边穷地区农民的脱贫增收。

（三）抓好示范引领是支撑

"典型引路、示范带动"是农技推广过程中非常重要的环节。在旱作农业技术推广项目实施过程中，各项目区结合当地实际，以突出问题为导向，以旱作农业技术推广项目为抓手，纷纷开展典型示范，通过在重点区域对重点技术的示范推广，引领带动了旱作农业技术推广。内蒙古自治区因地制宜，在旱作区内改建、扩建水肥一体化示范区，实行以水定灌，量水而行的政策，注重综合节水提效益，强本固基增后劲，实现了节本增效，减水减肥减药，促进了农业可持续发展。

（四）加强宣传培训是基础

每一项农业新技术的推广都要经历宣传引导、逐步认知、普遍接受、进而大面积推广这样一个过程。旱作区地处偏远山区，群众普遍文化水平较低，对新技术的接受能力不高，导致生产落后，农民生活贫困。对此，各地千方百计筹措资金，加强宣传培训，重视人才建设，为发展旱作节水农业、靠科技脱贫致富奠定了比较坚实的基础。

五、问题和建议

（一）残膜回收优惠政策乏力

目前没有强制性的措施约束企业或个人交售残膜。现有的回收利用优惠政策施惠面小，没有形成良性的市场机制，农田中大量的废旧农膜得不到捡拾，污染环境。建议进一步完善废旧农膜回收利用办法，提高对地膜回收机械手和农民回收地膜的补贴标准，鼓励企业开展可降解农膜和废旧地膜回收再利用的技术研发和创新，提高农民和企业回收地膜的积极性。

（二）技术研发和试验示范不足

目前许多降解膜存在成本高，田间破裂早，物理机械拉力不够，机械铺膜容易断裂等问题，应继续开展降解膜、长效膜、多功能转光膜等的引进、研发和试验示范。研制的降解膜要适应秋覆膜和顶凌覆膜覆盖时间，在作物生长期保墒保水增温，在作物成熟后期开始降解；长效膜要能够铺一次，使用两年或三年，在两年或三年后容易回收。开展旱作区集雨补灌技术，开发新型集雨材料，优化设计，配套高效补灌和施肥装备。开展抗旱抗逆试验，开发高效抗旱剂、保水剂、抗逆制剂，提高作物抗旱能力。开展粮食作物水肥一体化等新技术试验示范，引导群众认识、接受水肥一体化技术，切实推进粮食作物水肥一体化技术推广应用。

（三）机械化水平有待提升

由于旱作农业区地块较小，耕地质量较差，田间机耕道路等配套设施不完善，机械起垄覆膜和机械化收获比重仍然不高。废旧地膜回收机械很少，大部分地区主要靠手工捡拾，回收的速度慢，数量小。现有的回收机械与农业生产不相适应，废旧地膜回收机械由于受到农业生产条件的制约，回收的地膜、秸秆等杂物无法分离，回收率极低。建议进一步加强覆膜机械和回收机械研发和技术创新，提高旱作农业机械化水平。

水肥一体化试验示范

一、项目执行情况

2016年，中央财政继续安排专项资金开展水肥一体化集成示范项目，农业部通过《农业部关于下达2016年农作物病虫害疫情监测与防治等项目资金的通知（农财发〔2016〕35号）》在11个省（自治区、直辖市）安排资金2 547.4万元开展水肥一体化示范工作。项目下达后，各地紧紧围绕创新、协调、绿色、开放、共享五大发展理念，服务"提质增效转方式，稳粮增收调结构"的工作主线，按照项目方案要求，认真组织项目实施，根据各省份的种植特点和农业供给侧结构性改革的主要任务，建立示范区，强化培训宣传与指导，加大地方投入，不断扩大农田节水技术推广应用面积，取得了显著的经济、社会和生态效益。为进一步加大水肥一体化技术应用提供了技术支持，确保相关工作迈上新台阶。

（一）项目立项及其分布情况

项目主要安排在西北、西南、华北地区的11个省（自治区、直辖市）实施，建立11个高标准水肥一体化技术示范区，示范面积28 000亩。一是在北京、天津、四川、西藏开展喷滴灌水肥一体化技术示范，二是在内蒙古、甘肃、宁夏、新疆开展膜下滴灌水肥一体化技术示范区，三是在重庆、贵州、云南开展集雨补灌水肥一体化示范。

（二）经费安排及规模

2016年水肥一体化集成示范项目资金规模2 547.4万元，主要用于水肥一体化技术模式示范以及技术支撑与保障工作补助。资金安排如下：

（1）水肥一体化技术示范2 450万元，建立示范区28 000亩。一是膜下滴灌水肥一体化技术示范960万元。在内蒙古、甘肃、宁夏、新疆各建设1个膜下滴灌水肥一体化技术示范区，示范面积16 000亩，主要用于农民购置滴灌设备、地膜、水溶肥等补贴和技术推广部门开展技术指导、试验、总结、验收等工作补助。二是集雨补灌水肥一体化690万元。在重庆、广西、贵州各建设1个集雨补灌水肥一体化示范区，示范面积4 500亩，主要用于农民购置滴灌设备、集雨设施、水溶肥等补贴和技术推广部门开展技术指导、试验、总结、验收等工作补助。三是喷滴灌水肥一体化技术示范800万元。在北京、天津、四川、西藏各建设1个喷滴灌水肥一体化技术示范区共7 500亩。主要用于购置物联网系统、滴灌设备、水溶肥等补贴和技术推广部门开展技术指导、试验、总结、验收等工作补助。

（2）水肥一体化技术集成示范推广97.4万元。主要用于水肥一体化和缓释肥技术支撑工作，包括水肥一体化、旱作农业和高效肥宣传报道、技术指导、专题调研、监督检查、规划编制与现场验收等。

二、主要做法

（一）扩大社会影响，加强宣传报道

一是协调央视经济半小时栏目组赴北京通州和昌平区采访水肥一体化应用情况，于2016 年 3 月 31 日晚播出《水肥携手润大田》专题报道，聚焦水肥利用中的前景，报道水肥一体化节水节肥，提高水肥利用效率的技术效果。二是组织农民日报对水肥一体化工作进行采访报道，于 2016 年 1 月 28 日、4 月 21 日和 8 月 25 日开展三次专版宣传。三是各省根据自身情况，通过电视、广播、报纸、网络等平台对相关工作进行宣传报道，加强了社会各级对水肥一体化技术的关注，充分发挥了技术示范的辐射带动作用。内蒙古广播电台全程报道了内蒙古自治区控肥增效大拉练活动，对多伦县马铃薯水肥一体化技术示范区进行了宣传报道。

（二）全面统筹谋划，强化组织领导

为进一步加强模式集成，农业部制定印发《推进水肥一体化实施方案（2016—2020年）》，提出加快推广水肥一体化的指导思想、发展目标、工作思路、区域布局和重点工作，统筹谋划、全面推动水肥一体化工作。在保证项目实施的过程中，各项目积极强化组织领导，确保项目稳步推进。宁夏回族自治区成立以分管副厅长为组长的项目领导小组，同时成立由项目承担单位自治区农技总站主管站长为组长，区、县、乡三级农技推广部门负责人和节水农业技术骨干为成员的项目实施小组，区级技术人员主要负责项目的组织实施和技术指导，在项目实施过程中，各级人员层层把好项目监督检查和任务落实，具体工作分工落实到人。内蒙古自治区土壤肥料和节水农业工作站与项目实施旗、县农业局组织成立项目领导小组和技术服务小组，遵守"两学一做在田间"活动和履行"三带头五落实"的工作要求，同时在工作考核上实行三方考核制度即建立一套农民满意度调查、县乡干部反馈意见和上级部门综合考核的新机制，保证工作落到了实处，保障项目圆满完成。

（三）强化技术集成，加强技术引导

水肥一体化技术模式集成示范进展顺利，全年项目按计划示范推广 2.8 万亩。甘肃省为确保水肥一体化技术示范技术与作物的落实，项目技术管理专家组多次实地察看了项目区，对已实施膜下滴灌区域进行了摸底考察，就配套水肥一体化相关技术的内容与项目区进行了座谈。四川省各项目县及农科院土壤肥料研究所按照省上方案的要求，进一步细化方案，落实示范区、试验作物、示范内容。通过资源整合，统筹协调行政、推广、科研等多方力量，形成合力推进的工作机制，打造精品喷滴灌水肥一体化示范区。

（四）开展技术试验，集成节水新技术

2016 年在全国 20 多个省（自治区、直辖市）开展节水农业新技术试验 200 多项次，

涉及小麦、玉米、水稻、马铃薯等主要粮食作物，以及棉花、蔬菜、果树等主要经济作物，取得了良好的抗旱抗逆、节水高效和增产增收效果，筛选、储备了一批节水农业新技术、新产品，提升了节水农业技术水平。一是开展农化抗旱抗逆技术试验，验证和展示各类农化抗旱抗逆技术在增强作物抵御干旱、干热风、低温、倒春寒、早霜、冷冻等灾害性天气能力，以及提高产量、改善品质、生态环保等方面的作用；二是旱作保墒与测墒灌溉试验，针对广大旱作区和地面灌溉区，试验覆盖保墒、测墒灌溉等技术；三是开展水肥一体化试验，集成创新水肥一体化模式下的水分养分管理与灌溉施肥的方法，科学制定灌溉施肥制度和施肥方案，提升抗旱节水设备装备水平。

（五）加强技术指导，强化项目管理

2016 年农业部组织专家先后到贵州、内蒙古、甘肃、新疆等地开展技术指导，现场查看技术示范情况，及时发现和解决项目执行中存在的问题。调研项目中的新技术、新情况、新问题。同时根据工作安排，督促 2015 年项目承担单位及时组织完成项目自验。云南省把技术培训、技术指导、督促检查作为项目实施的工作重点，采取多种形式，抓好项目技术培训、技术指导、督促检查工作。西藏自治区邀请区外相关专家进行授课，定期对基层技术人员和农户进行水肥一体化技术培训，提高其节水技术水平。对乡村技术人员和农民开展培训 5 次，受训 600 人次。

三、主要成效

（一）经济效益

据统计，整个项目已经实施面积 2.8 万亩，其中粮食作物 1 万亩（其中包括马铃薯 5 000 亩），经济作物 1.8 万亩。总增产粮食 235 万千克，总节本增收 1 820 万元。膜下滴灌水肥一体化种植马铃薯亩均增产 400 千克，节本增收 600 元。蔬菜、果树水肥一体化技术，节本增收 1 000～1 500 元。

（二）社会效益

社会效益体现在以下五个方面：一是农田节水农业示范区在农业增产农民增收、资源节约高效利用等方面效果显著，成为建设资源节约、环境友好农业的典范，为各地转变农业发展方式，发展现代农业提供了宝贵的经验；二是通过项目示范，提高了农民使用新技术、新设备的意识和兴趣，在广大农村播下了资源节约型农业生产的火种；三是有利于增强农技推广部门的服务手段和服务农村新型经营主体的能力，增强农业节水技术推广部门自身的服务功能；四是通过对专业技术人员和广大农民的技术培训，锻炼和造就了一大批专业人才；五是总结摸索出适合不同区域的节水农业发展的思路和技术模式。

（三）生态效益

通过项目实施，取得了巨大的生态效益。一是示范区水资源利用率大幅度提高，对高效利用农业水资源、促进农业可持续发展具有重要意义。项目区降水的利用率由目前的

50％提高到 70％，水分生产效率由 1 千克粮食提高到 1.5 千克以上。据统计，项目示范区总节水近 400 万米^3，其中，粮食作物水肥一体化平均亩节水约 120 米^3，蔬菜设施水肥一体化技术平均亩节水 150 米^3；二是采用膜下滴灌、水肥一体化等技术可提高肥料利用率 15％以上，减少病虫害的发生，减少了化学农药喷施 20％，减轻农田环境污染，改善农产品质量，提高了农产品竞争力；三是监测表明，膜下滴灌和集雨补灌等技术不仅能大幅提高降水利用率，还能明显减少土壤风蚀水蚀，尤其是西北、西南采取膜下滴灌和集雨补灌，农田保水保土能力显著提高。

四、主要经验和体会

（一）技术示范是发展节水农业有效手段

2016 年通过项目示范，建设了一批高水平的精品示范工程，充分发挥了示范带动作用，技术示范效果显著，有效地宣传了项目成果，推动全国节水农业快速发展。东北四省区玉米马铃薯膜下滴灌、西北内蒙古马铃薯地膜覆盖、西南地区果树、蔬菜水肥一体化等技术模式呈现蓬勃发展的态势，大幅增产粮食、作物 20％以上，为我国农产品供给侧结构性改革做出了突出贡献。

（二）技术培训是提高项目水平的重要环节

通过同期执行农业业务培训水肥一体化技术培训项目，专门就项目管理进行了培训，明确了不同技术模式的示范面积、资金使用比例、技术模式效益观测和评价方法、项目总结和成果要求等，并组织科研教学专家就不同技术模式进行了深入浅出的讲解，提高了技术骨干的技术指导水平。同时，项目省、县也分别进行项目宣传和技术培训，提高基层技术人员、科技示范户和农民应用节水技术的积极性和技术水平，有力地推进了项目开展。

（三）严格监督检查是项目顺利实施的重要措施

农业部深入项目区进行检查监督和技术指导。一是进行监督检查，调查项目组织管理和实施进展，督促地方加快项目进度，确保落实到位；二是进行技术指导，发现项目中存在的问题，及时解决；三是开展调研，通过现场考察与交流，发现新需求、集成新技术，掌握技术实质，做好技术储备。同时，充分利用中国节水农业信息网等信息平台跟踪项目进展，促进项目执行水平有较大程度的提高。

地下水超采综合治理

2016 年是河北省开展地下超采综合治理试点工作的第三年，中央财政下达河北省农业节水项目资金 18 亿元，省级财政配套 2.5 亿元，总资金 20.5 亿元。根据国家财政部、水利部、农业部、国土资源部四部门对河北省地下水超采综合治理的有关要求和《河北省人民政府办公厅关于印发河北省地下水超采综合治理试点方案（2016 年度）的通知》精神，2016 年度试点范围扩大到石家庄、张家口、唐山、廊坊、保定、衡水、沧州、邢台、邯郸 9 个设区市（含辛集、定州市）的 115 个县（市、区）。根据各市、县申请，我们在其中 92 个县（市、区）安排调整种植结构（含季节性休耕）、推广冬小麦品种及稳产配套技术、水肥一体化等农业节水项目实施面积 987.36 万亩，预期实现节水量 7.66 亿米³。各级党委、政府高度重视，有关部门密切配合，农业部门主动作为、积极推进，目前 2016 年度农业节水项目实施工作进展总体顺利，除水肥一体项目外，其他项目基本完成。由于是跨年度项目，预计 2017 年 5 月底之前所有项目能够全部完成，达到验收标准。

一、投资计划和任务目标

（一）调整种植模式项目

在廊坊、保定、沧州、衡水、邢台、邯郸 6 个设区市的 56 个县（市、区）压减小麦种植面积 200.31 万亩，改冬小麦、夏玉米一年两熟为种植玉米、棉花、花生、油葵、杂粮、杂豆或牧草等作物一年一熟，实现"一季休耕、一季雨养"。其中，对 2014 年、2015 年度已经实施的 103.65 万亩进行持续补助，2016 年度新增实施面积 96.66 万亩。每亩补助 500 元，共投资 10.01 亿元，预期每亩减少用水 180 米³，实现地下水压采 3.6 亿米³。为了探索休养结合模式，我们在景县、馆陶等县安排试点，在休耕期间种植二月兰等绿肥作物，实行"一季生态绿肥，一季雨养种植"，既减少灌溉用水，又能培肥地力。同时，在地下水漏斗区，推广旱作农业模式 14.45 万亩，发展旱作冬油菜—青贮玉米、旱作冬油菜（绿肥）—夏玉米、旱作油葵—早熟谷子等种养结合或旱作农业模式，引导农民改变种植习惯，减少农业用水，每亩补助 100 元，总投资 0.14 亿元。

（二）推广冬小麦节水稳产配套技术

在石家庄、唐山、廊坊、衡水、沧州、邢台、邯郸等市的 75 个县（市、区）组织实施，重点推广小麦节水品种、农机农艺良种良法结合、配套推广播后镇压等综合节水保墒技术，小麦生育期内减少浇水 1～2 次，突出浇好拔节水，适墒浇灌孕穗灌浆水，实现小麦节水稳产，计划新增推广面积 700 万亩。每亩种子补助 75 元，投资 5.25 亿元，每亩预期节水量 50 米³，预期实现地下水压采 3.5 亿米³。

（三）推广冬小麦保护性耕作节水技术

在石家庄、廊坊、保定、衡水、沧州、邢台、邯郸市的 32 个县（市、区）推广以免耕、少耕和农作物秸秆还田为重点的保护性耕作技术，提高土壤肥力和作物抗旱能力，实现节水稳产增效。计划实施面积 40 万亩，每亩补助农机作业费 50 元，每亩预期节水 50 米^3，预期实现地下水压采 0.2 亿米^3。

（四）推广粮食作物水肥一体化技术

在石家庄、张家口、廊坊、保定、沧州、邢台、邯郸市的 46 个县（市、区），在小麦、玉米、马铃薯等粮食作物上推广微喷、固定式喷灌、移动式喷灌等不同方式水肥一体化技术。计划实施面积 20.2 万亩，每亩综合补助 1 500 元，投资 3.03 亿元。预期每亩节水 60 米^3，预期实现地下水压采 0.18 亿米^3。其中，在鸡泽、宁晋、深泽、献县各建立一个集中连片千亩示范方，进一步发挥辐射带动作用。

（五）推广蔬菜水肥一体化技术

在张家口、廊坊、保定市的 18 个县（市、区），在蔬菜上重点推广滴灌、喷灌、微灌等水肥一体节水技术，计划实施面积 12.4 万亩。每亩综合补助 1 500 元，投资 1.86 亿元。预期每亩节水 200 米^3，预期实现地下水压采 0.25 亿米^3。

二、项目完成情况

通过对 9 个设区市 92 个县进行调度，截止到 2016 年 11 月底，2016 年度农业项目进展情况如下：

（一）调整种植模式

已落实到了乡（镇）、村、农户、地块，有关市、县组织了公示、验收和面积核实，计划面积 200.31 万亩，实际完成 199.44 万亩，完成率 99.5%。

（二）种养结合、旱作模式

已分解落实到乡村、农户、地块，计划面积 14.45 万亩，已完成 7.62 万亩，剩余 6.83 万亩为春播作物，计划 2017 年春季完成。

（三）推广冬小麦节水稳产配套技术

在今年秋季小麦播种期间，已落实到了乡（镇）、村、农户和地块，省级组织专家推介了小麦节水品种目录，有关市、县组织供种企业与行政村进行对接，统一采购，向农民免费供应节水品种种子，并宣传培训配套节水技术，已经进行公示、面积核实和验收等工作，计划实施面积 700 万亩，实际落实 699.7 万亩，完成率 99.9%。

（四）推广冬小麦保护性耕作节水技术

计划面积 40 万亩，已全部落实，已进行公示、面积核实和验收等工作。

（五）推广水肥一体化节水技术

2016 年度水肥一体化项目共 32.6 万亩。其中粮食作物水肥一体化 20.2 万亩，蔬菜水肥一体化 12.1 万亩。有一半多的县已经完成招标，正在组织施工，其余的县正在组织招标等工作。中南部地区各县预计明年 3 月底前全部完成施工任务，张家口市由于季节原因预计明年 5 月底前全部完成。

三、主要措施

为实施好地下水超采综合治理农业项目，完成国家四部门赋予我们的农业节水压采任务，重点采取了以下措施：

（一）加强组织领导

为强力推进全省地下水压采工作，省政府成立了以省长张庆伟任组长，常务副省长袁桐利、副省长沈小平为副组长，省政府办公厅、省财政厅、省水利厅、省农业厅（省农工办）、省国土厅等 13 个部门的主要负责同志为成员的河北省地下水超采综合治理工作领导小组，统一组织指挥协调全省地下水压采工作。2016 年 11 月 11 日省政府召开了地下水超采综合治理试点工作第三次领导小组会议，总结试点经验，专题研究部署了 2016 年地下水压采工作。张庆伟、袁桐利、沈小平等省领导对进一步做好地下水压采工作提出了明确要求。省财政厅、水利厅、农业厅等有关部门就进展情况做了汇报。为实施好农业节水项目，省农业厅（省农工办）成立了以厅长魏百刚为组长，副厅长段玲玲为副组长，厅（办）属相关 12 个处、室、站的主要负责同志为成员的河北省农业厅地下水超采综合治理工作领导小组，成立了以中国工程院院士、中国科学院副院长刘旭、中国工程院院士、中国农业大学教授康绍忠为顾问，省内有关专家为成员的河北省地下水超采综合治理工作专家指导组。为顺利开展、科学推进地下水超采综合治理试点农业节水提供了组织保证和技术保障。

（二）制定配套文件

为进一步贯彻落实好国家财政部、农业部等四部门对河北省地下水超采综合治理试点工作的总体部署，2016 年 7 月 1 日，河北省政府办公厅印发了《关于印发河北省地下水超采综合治理试点方案（2016 年度）的通知》，明确了 2016 年度的试点范围与目标任务，对压采项目的组织实施、投资标准、节水目标等提出了明确要求。为实现农业节水目标，省农业厅（省农工办）多次召开常务会议和厅长办公会议，研究地下水超采综合治理工作，并组织专家对 2016 年度农业项目进行研究论证，完善细化实施方案。魏百刚厅长亲自听取汇报并把关。8 月 9 日，省农业厅（省农工办）、省财政厅联合印发了《关于印发

2016 年度河北省地下水超采综合治理试点调整农业种植结构和农艺节水相关项目实施方案的通知》（冀农业财发〔2016〕37 号），为落实相关农艺节水技术，省农业厅组织厅内各个项目牵头管理单位印发了《冬小麦节水稳产配套技术》等 5 个项目技术方案和节水技术工作手册。明确实施地点、技术措施、组织程序、补助标准、亩压采量、节水目标和完成时限。同时，省农业厅（省农工办）、省财政厅联合印发了《河北省 2016 年度地下水超采综合治理试点调整农业种植结构和农艺节水相关项目管理办法》，为确保农业项目科学实施、规范运行打下基础。

（三）严格落实责任

省、市、县三级农业部门将农业节水项目进行层层分解，将任务目标落实到了相关单位和责任人。省农业厅（省农工办）将 6 个农业节水项目分别落实到特色产业处、种子总站、土肥总站、技术总站等 5 个处、站，由各单位具体牵头负责管理，厅（办）种植业处牵头汇总、综合协调有关工作。省、市、县农业部门实行了农业干部和技术人员包县、包乡（镇）、包村责任制，并登记造册备案，强化了责任落实。

（四）强化调度交流

今年 9 月 23 日，省农业厅（省农工办）召开全省地下水压采农业项目推进工作视频会议，9 个设区市 92 个项目县（市、区）农业局主要负责同志、分管负责同志和相关科、室、站的负责人参加了会议。段玲玲副厅长认真总结了 2015 年度地下水压采农业项目完成情况，对 2016 年度农业压采任务进行了安排部署，有关市县农业部门汇报了工作准备情况。为及时掌握项目实施进度，确保按时间节点完成任务，省农业厅（农工办）专门下发调度通知和调度报表，每半月对项目进展情况进行调度，及时向省地下水综治办反馈。2016 年 12 月 13 日省农业厅（省农工办）在石家庄召开 2016 年度地下水超采综合治理试点工作汇报调度会议，段玲玲副厅长对农业项目完成的时间节点提出了明确要求，承担地下水压采项目的 9 个设区市和定州、辛集两个省直管县农业部门分管负责同志汇报了农业项目进展情况、存在的问题、下步工作打算，有力地推进了试点工作开展。

（五）强化督导检查

为及时掌握农业项目实施进度，发现和解决项目实施过程中存在的问题，2016 年 10 月，省农业厅（省农工办）组成 3 个督导组深入到 9 个市的 18 个县开展督导检查，督导工作结束后，段玲玲副厅长主持召开督导情况汇报会，听取进展情况汇报，分析研究农业项目存在的问题，研究下一步的推进措施。2016 年 10 月，先后配合国家四部地下水压采考核组和技术专家组以及耕地轮作休耕制度试点督导组，深入到衡水、沧州、邯郸、邢台市的有关县（市、区）进行督导检查，为推动农业项目落实发挥了重要作用。

（六）搞好品种推介

为了确保 700 万亩冬小麦节水稳产配套技术项目顺利实施，2016 年 8 月 2 日，省农业厅（省农工办）邀请中国农业大学、中国农业科学院、北京市农业科学院、河北农业大学等单位的 19 位专家，在市、县、乡、村层层推介节水品种的基础上，对 2016 年度小麦节水品种补贴目录进行论证推介，分两个类型区共推介 49 个节水品种，供项目区农民选择使用，其中外省品种 5 个。为确保供种工作顺利进行、不误农时，省农业厅（农工办）先后召开冬小麦节水稳产配套技术项目推进会和节水品种供种工作协调会，明确了市、县农业部门、种子管理部门、供种企业、乡（镇）、村委会各自的责任，对种子质量、供种程序、合同签订、供种时间、留样备检、监督管理等提出了明确要求。

四、试点工作成效

地下水超采综合治理农业节水项目的实施，得到了项目区干部群众的普遍欢迎和认可，通过总结近三年来的实施情况，开展地下水压采，既节约利用了水资源，又取得了显著的经济效益和生态效益。

（一）节水与农民收益实现双赢

调整种植模式，实施"一季休耕、一季雨养"，是压采地下水的重要举措。为保证农民利益，确保农民收入不降低，国家对农民实施季节性休耕的地块给予每亩 500 元补贴，减少一季农田用水。项目实施后，省农业厅（省农工办）组织厅属有关单位和有关市县，对项目区农民收入情况进行了初步调查分析，项目区农民比非项目区农民每亩可增加纯收入 100 元左右，既节约了水资源，又保证了农民收入。

（二）节水与稳产得到统一

2015 年度推广冬小麦节水稳产配套技术 1 000 万亩，据市、县农业部门测产，项目区小麦平均亩产 460.2 千克，高于全省平均水平，还涌现出了一批高产典型。春季只浇一遍水的麦田亩产达到了 446 千克，浇两遍水的麦田亩产达到 470 千克，总体算账平均每亩少浇一次水，共实现地下水压采 5 亿米^3 左右。

（三）有利于生态保护和恢复地力

实施季节性休耕后，不仅减少农田用水，还可以减少化肥、农药等化学品的投入，减轻对土壤的污染。长期以来，为获得小麦高产，在小麦全生育期内每亩需要投入化肥 26 千克（折纯）、农药 0.5 千克。小麦休耕后，这些化肥和农药不再使用，自然减少了面源污染，保护了生态环境和地下水。另外季节性休耕地块与非休耕地块相比，具有养地作用。据市、县农业部门监测，休耕两年后，虽然土壤有机质略有降低，但速效磷含量提高 0.3%，速效钾含量提高 0.12%，土壤物理性状和团粒结构得到改善。

（四）精准、节约的灌溉方式正在稳步推进

推广水肥一体化节水技术，精确控制灌溉用水量和施肥量，推动了农业种植由粗放的水肥管理模式向精准定量的现代节约灌溉模式转变，提高了农田灌溉的科技水平和灌溉用水用肥有效利用系数，减轻了作物的病虫害，实现了节水、节肥、增效，示范、辐射带动

了现代农业节水灌溉技术的推广和发展。

五、主要经验

2016 年度地下水压采农业项目总体进展顺利，截止到 11 月底，调整种植模式和农艺节水项目已基本完成，水肥一体化正在有序推进，我们深深地认识到，确保地下水压采农业节水项目顺利推进，实现年度节水目标，圆满完成国家四部赋予的节水压采任务，重点有以下 3 点体会：

（一）领导重视是关键

地下水超采综合治理试点是党中央国务院在河北省的唯一试点，是推进生态文明建设，实现农业绿色发展的伟大工程，是一项功在当代、利在千秋、惠及子孙的民心工程，试点工作一开始，省、市、县政府就成立了由政府主要负责同志任组长，分管负责同志任副组长，相关部门主要负责同志参加的领导小组和领导小组办公室，省、市、县农业部门也成立了相应领导机构，统一组织领导协调地下水压采农业节水工作。在项目实施的关键环节，适时召开相关会议，统一思想、明确任务、强力推进，省、市、县政府和农业部门的主要负责同志和分管负责同志高度重视、亲临项目实施现场，面对面开展工作指导，面对面解决实际问题。领导重视是确保地下水超采综合治理试点农业项目按时按质完成任务的关键所在。

（二）规范管理是基础

为确保地下水压采农业节水项目规范运行、顺利实施，省、市、县政府和各级农业部门，根据国家四部门相关要求，结合地下水超采实际，分别制定了项目实施方案和项目管理办法等规范性文件，进一步明确了项目的实施范围、工作程序、完成时限、补助标准和压采量等，对项目的组织实施作出了明确规定。为了确保工作落实，省、市、县三级层层分解目标任务，将任务具体分解到乡（镇）、村、农户和地块，层层签订了目标责任状。省、市、县农业部门实行了包市、包县、包乡（镇）、包村工作责任制。规范管理是确保农业项目顺利推进和有效落实的重要基础。

（三）加强督导是保障

地下水压采农业项目投资量大、涉及农户多、节水压采任务重，为了确保农业项目有效落实，省、市、县农业部门结合秋收秋种等农业项目实施的有利时机，及时召开项目工作推进会、现场观摩会、进展情况调度分析会等强力推进，2016 年 11 月张庆伟省长在石家庄召开了省地下水压采工作领导小组第三次会议，9 个市政府的主要负责同志参加，调度相关工作进展情况，明确了有关项目完成时限和工作标准。2016 年 10 月、11 月，省农业厅段玲玲副厅长为确保按时间节点完成任务，亲自安排部署，亲自带队开展督导，及时掌握项目进展情况，解决存在的问题。督导检查是确保按时间节点完成任务、确保工程质量的重要保障。

六、存在的问题

通过对近三年来地下水压采农业项目完成情况、节水效果试验总结分析等，在工作推进中还存在以下几个问题：一是个别项目乡（镇）、村工作积极性不高。地下水压采农业项目投资大、任务重，涉及乡、村众多，在工作推动上，缺少方式方法和工作力度。在发挥主观能动性方面，没有切合本地实际的具体举措，工作主动性不够，造成个别项目不能按期完成。二是管理难度大。部分农业项目由于要保证持续压采效果，在项目实施地点上要求相对稳定，一般情况下要求三年不变，但由于受修路、修桥、绿化、城镇化等影响，有的项目实施地块被占用，造成个别项目实施地点不能连续；有的项目在实施前计划已分解到村、到地块，但项目下达后具体实施时地块又被占用，造成项目当年不能完成任务；季节性休耕项目每亩补助 500 元，由于受粮价下跌、种粮效益低，农户对 500 元补助看得很重，积极性高，造成一些市、县在分解休耕任务时，为了平衡各方利益，将任务安排的过于分散，不够集中。三是水肥一体化节水项目农民认识程度低。由于计量设施安装和农业水价改革不到位，农民浇地只需缴纳电费即可，用水成本低，农民主动使用节水设施的积极性不高。河北省中南部地区是一年两熟种植模式，在夏收夏种时，为了不影响农机作业，部分田间节水设施设备需要收集到地头和重新铺放，农民嫌麻烦、费工费时，有的第一年使用，第二年就主动放弃使用，大田和设施蔬菜水肥一体化都不同程度地存在废弃现象。

全国土壤墒情监测

全国农业技术推广服务中心

水是生命之源、生产之要、生态之基，是农业生产不可或缺的重要生产资料。我国干旱缺水严重，发展节水农业是保障国家粮食安全、促进农业可持续发展的必然选择。墒情是评价农田水分状况满足作物需要程度的指标，土壤墒情监测是指长期对不同层次土壤含水量进行测定，调查作物长势长相，掌握土壤水分动态变化规律，评价土壤墒情状况，为农业结构调整、农民合理灌溉、科学抗旱保墒、节水农业技术推广等提供依据。其特点是立足田间水分监测，围绕作物需水规律和生长状况，综合考虑土壤、施肥、栽培等因素，提出农田水分管理措施，服务农业生产，促进高效用水、节约用水，提高资源利用效率。随着全球气候变化的不断加剧，我国旱涝自然灾害发生日趋频繁，土壤墒情监测已经成为保障农业生产不可或缺的重要组成部分，在发展现代农业和推进农业可持续发展中具有重要作用。

一、墒情监测工作现状

（一）建立了全国墒情监测体系

1996年开始，国家启动旱作节水农业示范基地建设项目，开始建立土壤墒情监测点，开展墒情监测工作。2007年，农业部在7个省建立18个农田土壤墒情监测标准站。在农业部的带动下，各地结合优质粮食产业工程标准粮田建设、旱作节水农业建设和农技推广体系建设等项目，配套完善了部分省、县级土壤墒情监测站，2010年，农业部印发《关于做好土壤墒情监测工作的通知》，明确了工作职责，标志着土壤墒情监测作为重要的农业基础性工作在全国正式展开。2012年农业部印发《全国土壤墒情监测工作方案》，设立土壤墒情监测专项，每年财政投入800万元，组织开展监测工作。在项目带动下，许多省份也开展了土壤墒情监测工作。目前，共有600个监测县、3 000多个监测点开展土壤墒情监测工作。

（二）形成了技术方法和操作规范

为做好土壤墒情监测工作，组织开展了土壤墒情监测技术方法研究，制定了《农田土壤墒情监测技术规范》，编印了《农田土壤墒情监测技术手册》，提出了国家级土壤墒情监测标准站的建设要求，开发了土壤墒情监测管理信息系统，并组织部分省开展土壤墒情指标体系研究。2012年农业部印发了《全国土壤墒情监测工作方案》，明确了墒情监测工作总体要求及基本原则，并规范了监测点布设、数据采集、墒情评价等关键技术环节，建立了较为规范的技术方法和操作规程,为土壤墒情监测工作发展奠定了坚实的基础。现已形成每半个月到一个月汇总一次信息,每年3～4次会商的惯例。

(三)培养了一批技术人员队伍

据统计,目前各级监测技术人员共计1 700多名,其中,省级监测技术人员50多名,市级监测技术人员150多名,县级监测技术人员1 500多名。近年来,农业部每年都举办一期全国土壤墒情监测技术培训班,讲解墒情监测工作方案和技术规范,交流各地工作经验,培训国内外墒情监测新技术,研讨指标体系建立方法,每年培训省、县级技术骨干100多人次,各地也纷纷开展市县级监测技术人员培训,每年培训1 000多人次。通过常年组织开展土壤墒情监测工作,锻炼、培养了一批国家级、省级、地县级监测专家和技术人员。近年来,各地不断提高对土壤墒情监测工作重要性的认识,强化体系建设,充实技术人员,墒情监测服务能力进一步提高。

(四)营造了良好的社会氛围

各级土肥水技术推广部门积极努力开展工作,特别是在春耕备耕、"三夏"、秋冬种以及旱涝自然灾害发生期间,积极开展土壤墒情监测,获取大量监测数据,及时发布信息,组织专家研讨会商,制定出适合当地的灌水、排涝和施肥方案,指导科学抗旱灌溉和节水农业技术推广,有效地缓解了灾害影响,取得了很好的成效。土壤墒情作为农业"三情"(墒情、苗情、病虫情)之一,成为各级政府农业生产研究和决策的重要参考依据。

二、开展的主要工作

(一)早部署,重培训,确保全年工作顺利开展

2016年3月10～11日,全国农业技术推广服务中心在海南省海口市举办了全国土壤墒情监测技术培训班,培训班讲解了墒情监测关键技术,介绍了国外墒情监测新技术和新产品,进行了现场教学,并安排部署了全年墒情监测和节水农业工作,为确保全年墒情监测工作顺利开展起好头、开好局。在2016年5月成都举办的全国农田节水项目管理与技术培训班上,通报了各省墒情监测工作进展和信息上报情况,规范了墒情信息发布环节,确保了墒情监测工作质量。9月在银川市举办的旱作节水农业技术培训班上提出了抓好秋冬种期间墒情监测和做好墒情监测工作总结的要求,确保了关键农时季节墒情监测工作的及时性和全年监测工作的成效。据不完全统计,内蒙古、山西、河北、山东、河南、陕西、甘肃等省(自治区)也逐层逐级开展了墒情监测和节水农业技术培训,各地共举办省县级技术培训班20多次,培训技术骨干1 000多人次。通过培训,规范了墒情监测关键技术环节,提升了各地墒情监测技术水平,培养了技术队伍。

(二)建站点,提能力,加快土壤墒情监测网络建设

各地积极整合相关项目资金,按照"五统一"要求,即统一设计、统一设备、统一方法、统一要求和统一管理,充分应用现代自动化、信息化、物联网技术,加快建立健全土

壤墒情监测网络，提升墒情监测装备水平。江苏省耕地质量保护站争取省级财政资金 1 000 万元，全省新增自动墒情监测站 135 个、全球眼监控点 61 个。目前全省共建立墒情自动监测监站 160 个，基本覆盖全省主要农区。其中 82 个站配备远程监控设备，可实时查看农作物的长势长相及受旱状况，实现对各监测地块的远程精确化管理。为及时掌握全省墒情及农田长势长相等情况，还建立了江苏省土壤墒情监测网，并将在 2017 年年初，实现信息自动上传，实况影相显示。山东省 21 个县区新建 54 个墒情自动监测站，根据主要耕地类型、质地、地形地貌进行布局，8 个项目县新建 23 个，21 个非项目县新建 31 个，补充完善全省土壤墒情监测网络。据不完全统计，2016 年全国主要农区新建土壤墒情自动监测站 150 多个，其他监测仪器设备 100 多台（套）。提升了墒情监测装备水平。

（三）抓监测，抓会商，积极服务当地农业生产

各地积极开展墒情监测，每月 10 日和 25 日定时监测并上报数据信息，在春耕备耕、"三夏"、秋冬种及旱涝灾害发生时，增加监测频率和报告次数，内蒙古、吉林、安徽、河南、山东等省在关键农时季节 5 天一测或 7 天一测，增强了墒情监测工作的针对性和及时性。据统计，每年各地采集监测数据 50 多万个（次）。全国农业技术推广服务中心分别于 3 月、5 月、7 月、9 月关键农时季节组织专家召开全国主要农区春耕备耕、夏收夏种、夏季及秋冬种 4 次墒情会商会，通过总结各地土壤墒情现状，结合近期及今后天气变化趋势，分析会商春耕备耕、夏收夏种、秋冬种、夏季伏旱及洪涝期间土壤墒情状况，提出相关应对措施，编制春耕、夏收夏种、夏季及秋冬种期间全国土壤墒情简报，绘制全国主要农区土壤墒情现状图及预测图，提出水肥管理指导意见和灾害应对措施，为全国农业生产提供了有力支撑。

（四）多形式，促宣传，扩大监测成果应用和范围

2016 年，编发全国墒情信息，以种植业司快报、全国农业技术推广服务中心农技信息发布 12 期，同时在中国农业信息网上开辟墒情专栏，编发墒情监测信息 400 多期（次），在中国节水农业信息网上和中国农技推广网上发布信息 4 000 多条，9 月建立土壤墒情微信公众号，发布墒情信息 70 多条。各地也纷纷采用广播、电视、报刊、杂志、网络、手机短信等多种形式，向广大农民和社会公众提供墒情信息服务，发布墒情监测信息 7 500 多期（次），其中省级发布信息 500 多期次，市县级发布信息 7 000 多期（次），及时有效地为各级农业部门指导农业种植结构调整、科学灌溉、抗旱排涝和节水农业技术推广等提供了依据。

（五）制标准，编手册，推进墒情监测关键环节标准化

针对目前墒情监测工作中数据采集和数据传输不规范，很多自动监测仪器设备和速测仪器设备不符合工作要求，价格低质量差，数据不稳定，数据偏高或偏低甚至出现负值，数据接入端口不一，部分仪器没有售后服务等突出问题，编制《土壤墒情监测数据采集规范》农业行业标准，规范了数据采集、存储传输、质量控制、设备维护等关键技术环节，努力确保墒情监测成果的科学性、准确性和一致性，目前标准已经通过审定。针对基层监

测技术人员培训较少，变动频繁，监测手段更新较快等问题，编写《土壤墒情监测技术手册》，对墒情监测网络体系的建立、墒情监测内容和方法、数据采集和处理、墒情指标体系建立和评价、数据的汇总和信息发布、数据库系统和监测仪器设备的使用和维护等都做了详细描述和说明，使基层技术人员有章可循，有据可依，确保了监测成果的统一性和稳定性。

（六）建平台，强基础，做好墒情监测技术储备

升级改版"全国土壤墒情监测系统"，加强管理功能，完善墒情数据采集和分析模块，探索墒情监测图示化显示，推进墒情监测成果的应用；继续集成国内外传感器、自动控制、互联网、无线传输等技术，在田间开展土壤墒情监测仪器设备产品集成示范，对比、筛选技术设备；针对土壤墒情监测海量数据，缺少数据快速分析的方法，开展墒情监测数据应用调研，研究提出墒情监测数据挖掘方法。面对快速更新的仪器测试方法和信息化技术应用，陕西、甘肃、内蒙古等省（自治区）开展实测验证，和基层技术人员一起研究仪器法和传统烘干法数据间的联系，并进行数据校正。按照《全国土壤墒情监测工作方案》要求，结合不同地区气候特点、主要作物不同生育期特点，逐步建立各区域主要作物土壤墒情指标体系，并根据实际情况进行调整。

三、取得的主要成效

（一）开展墒情监测，科学指导抗旱减灾

西北地区普遍干旱少雨，大部分地区年均降水量不到 400 毫米，且季节分布不均，经常出现冬春连旱或夏伏旱。各地通过开展墒情监测，变被动抗旱为主动调整，使各级农业行政部门及时、准确地掌握当地农田的墒情状况，结合气象资料，预测墒情变化趋势，为指导农业生产和防旱抗旱提供了技术支撑。陕西 2016 年 8 月以来，全省高温少雨，蒸腾蒸发加快，出现轻到中旱，中下旬持续高温少雨，旱情进一步加剧，造成陕北关中局地绝收。陕西省土壤肥料工作站加密墒情监测频次，针对抽雄期或灌浆期的玉米，指挥农民充分利用水库、河流等一切水资源，大力推广节水灌溉，扩大灌溉面积，或采取叶面喷雾等措施，确保秋粮作物正常生长，把因旱造成的损失降到最低程度。

（二）开展墒情监测，实现农业高效用水

华北地区由于地表水短缺，地下水已成为主要的供水水源，过度开采地下水，加剧了水资源紧缺，引发了植被退化、地面沉降、海水入侵等严重生态环境问题。墒情监测是发展节水高效农业的关键环节，根据监测结果，制定科学合理的灌溉制度，采取节水农业技术措施，可大大提高水资源利用效率。河北省在石家庄、衡水、沧州、邢台、邯郸等地开展地下水超采治理，通过测墒灌溉，指导春季减少浇水 1～2 次，适墒浇灌拔节和孕穗灌浆水，实现小麦节水稳产，亩均节水量 50 米^3，实现地下水压采 3.5 亿米^3。北京市大力发展测墒精量灌溉，2016 年小麦播种面积 24.3 万亩，小麦总灌溉量 3 725.2 万米^3，较 2015 年节水 1 929 万米^3，实现农业绿色可持续发展。

（三）开展墒情监测，确保春季适墒播种

东北地区"十年九春旱"，是造成农业灾害减产的主要原因。通过关键时期进行加密监测，及时发布墒情信息，提出对策建议，可确保春播顺利进行。内蒙古自治区土肥站每月 3 月 10 日开始，由每月 2 次增加到 5～7 天 1 次，通过墒情简报发布墒情信息并及时通报受灾情况，提出科学抗旱措施。据统计，春播期间科学指导旱作区农户适墒造墒抗旱播种面积 2 000 万亩以上，大幅度降低农户损失。黑龙江土肥站通过组织开展墒情监测，2016 年指导各地增加适墒播种面积 2 800 万亩，增产 140 万吨，实现农业稳产增产。

（四）开展墒情监测，助力水肥一体化快速发展

在灌溉区，开展墒情监测控制灌溉，大力发展水肥一体化，精确控制灌溉用水量和施肥量，推动了农业种植由粗放的水肥管理模式向精准定量的现代灌溉模式转变。河北实施地下水超采治理项目，大力推广小麦、玉米、马铃薯水肥一体化技术，重点推广因墒微喷、喷灌等水肥一体化技术，亩均节水 100 米^3。推广蔬菜和中药材水肥一体化技术，亩均节水 120 米^3。目前水肥一体化在近 30 个省（自治区、直辖市）推广应用，由棉花、果树、蔬菜等扩展到小麦、玉米、马铃薯等粮食作物，应用面积超过 8 000 万亩，大幅提高了农田灌溉施肥的科技水平和灌溉用水有效利用系数，实现了节水、节肥、增产、增效，带动了现代农业的发展。

四、存在问题

虽然土壤墒情监测工作条件初步改善，监测能力和手段有所提高，但与目前现代农业发展需要相比还有很大差距，突出表现为：一是土壤墒情监测网点覆盖面小。由于投入严重不足，全国农田土壤墒情监测网络尚未完全建立，监测网点能覆盖面小，工作开展不系统，远远不能满足农业生产需要；二是土壤墒情监测能力不足。绝大部分土壤墒情监测点的仪器设备都已经运行了多年，老化损坏严重，长期得不到更新。很多设备价格低质量差，用不了多久便出现一系列问题，甚至成了摆设，还有各地采购的设备属于不同的厂家，数据稳定性良莠不齐，端口也不一，很多监测点数据需要人工填写上报，从而造成自动化监测设备利用率低，严重影响墒情监测工作的速度和能力；三是墒情监测工作不稳定。墒情监测是一项长期性、经常性的工作，取样、监测成本高，中央财政项目资源有限，各地缺乏固定的经费渠道，都是通过整合其他项目筹措资金开展墒情监测，难以保障工作的连续性；四是旱涝频发的紧迫形势对墒情监测提出了更高要求。随着全球气候变化加剧，我国旱灾发生越来越频繁，在墒情监测的时效性、全局性、预见性等方面要求也越来越高。因此，迫切需要加大投入力度，建立健全系统的农田土壤墒情监测网络体系，满足粮棉油菜果等主要农作物高产、优质、高效、生态、安全的要求，为土肥水资源合理利用和指导农业生产提供科学依据，全面提升我国农业应对灾害的能力。

五、几点启示

(一)土壤墒情监测是农业抗旱减灾的迫切需要

我国属于大陆性季风气候区,降水分布极不均匀,70%左右的降水集中在6～9月,平均每三年就会遇到一次干旱年份。据统计,近10年来全国平均每年旱灾发生面积4亿亩左右,是20世纪50年代的两倍以上,平均每年成灾面积2亿多亩,因旱损失粮食300亿千克以上,应对干旱成为农业生产的常态。2009年2月国务院颁布《中华人民共和国抗旱条例》第二十四条规定"县级以上人民政府农业主管部门应当做好农用抗旱物资的储备和管理工作,指导干旱地区农业种植结构的调整,培育和推广应用耐旱品种,及时向人民政府防汛抗旱指挥机构提供农业旱情信息。"第二十六条规定"县级以上人民政府应当组织有关部门,充分利用现有资源,建设完善旱情监测网络,加强对干旱灾害的监测"。国家农业节水纲要(2012—2020年)提出,"推广土壤墒情监测等技术,提高降雨入渗量,增强田间蓄墒能力。"做好全国土壤墒情监测工作,及时了解和掌握农田土壤干旱和作物缺水状况,采取相应对策,缓解和减轻旱灾威胁,提高农业生产的稳定性,是促进防灾减灾、稳产增产的迫切需要。

(二)土壤墒情监测是现代农业建设的重要基础

我国是世界上水资源严重紧缺的国家之一,人均水资源占有量约2 200米^3,仅为世界平均水平的28%,每年农业用水缺口达300亿米^{3}以上。长期以来,由于缺乏对农田墒情、作物水情等信息的及时了解,农业节水应用以经验判断为主,水资源开发利用不合理,导致水分粮食生产效率不高,平均为1.0千克/米^3,不到以色列的一半。很多地方出现地下水超采现象,华北平原已形成12万千米^{2}的世界最大地下水开采漏斗区。加强墒情监测,合理开发和利用水资源,调整农业生产布局,对于建设现代农业,促进农业可持续发展具有重要意义。

(三)土壤墒情监测是发展节水高效农业的关键环节

水分是土壤的重要组成成分,是土壤肥力的重要因素和作物生长的基本条件。针对作物生长情况,合理调控农田土壤水分状况,是农业增产增收的重要措施之一。无论是降低农业生产成本、提高农产品产量和质量,还是实现农业可持续发展,科学用水都是必然的选择。开展土壤墒情监测,可以掌握土壤墒情变化规律,针对作物生长状况、水分需求和土壤水分状况,科学确定灌溉时间和灌溉数量,指导农民采取合理的灌溉方式,科学浇水。并及时采取覆盖、镇压、划锄、抗旱坐水等蓄水保墒措施,保证作物生长期间的水分需求。因此,做好土壤墒情监测,是推广农田节水新技术,实现科学用水和农业高产高效的关键技术环节。

六、下一步工作要求

(一)统一思想认识

近年来,我国气候不确定性显著增加,旱涝灾害呈现频发、重发和突发的趋势,干旱缺水对农业生产的威胁越来越大。抓好土壤墒情监测，及时采取应对措施，缓解和减轻旱涝灾害威胁，对保障国家粮食安全意义重大。各级农业部门要充分认识墒情监测工作的重要意义，进一步增强紧迫感和责任感，积极争取将墒情监测列入地方财政预算，保障土壤墒情监测工作顺利展开。

（二）加快网络建设

积极整合相关项目资金，按照"五统一"（统一设计、统一设备、统一方法、统一要求和统一管理）的要求，加快建立国家、省、县三级墒情监测网络体系，扩大覆盖范围。充分利用现代自动化、信息化技术，改进监测技术方法，推进数据自动采集、信息无线传输和结果可视化表达，全面提升监测效率和服务能力。

（三）健全工作制度

制定工作计划和管理制度，严格布点、监测、汇总、分析、评价等工作程序，提高监测质量，按时上传数据和发布墒情信息。定期检修仪器设备，按要求进行维护、保养和校正。推行绩效管理，逐步实现墒情监测工作规范化、标准化和程序化。

（四）培养技术队伍

加强人才队伍建设，每县配备 2 名以上具有相关专业知识的技术人员，专人负责墒情监测工作，保持相对稳定，确保工作开展的连续性。开展多层次、多形式的技术培训，提升监测人员业务水平，保证工作质量。

（五）加强指导服务

及时发布墒情信息，提出对策措施，为各级党委政府决策提供技术支撑。采用广播、电视、报刊、杂志、网络、手机短信等多种形式，向广大农民和社会公众提供墒情信息服务，指导节水农业技术推广，提高农业用水生产力。同时，要组织开展监测方法、监测技术集成研发和应用示范，强化现代高新技术应用，提高墒情监测的时效性、针对性和科学性。

锌肥示范推广

农业部全国农业技术推广服务中心

　　锌是作物生长和人体健康所必需的营养元素，合理施用锌肥，能够提高作物产量，改善农产品品质，具有显著的经济、社会和生态效益。中国土壤缺锌严重，据 20 世纪 80 年代全国第二次土壤普查结果，全国缺锌面积 9 亿多亩，占总耕地面积的 51%。随着农业发展和产量提升，土壤缺锌面积不断扩大，农作物缺锌现象越来越普遍。据 1995—2004 年调查，全国缺锌范围扩大到 61%。推进锌肥在农业生产中的应用意义重大，影响深远。

　　2011 年以来，经农业部国际合作司批准，全国农业技术推广服务中心与国际锌协会、加拿大泰克资源公司合作，实施旱作农业和水肥一体化中锌肥示范推广项目。2016 年，全国农业技术推广服务中心按照项目方案要求，开展田间试验示范，大力宣传锌肥提高作物产量、改善农产品品质的效果，推广"用锌农业、健康生活"新理念，打造"锌肥—粮食—健康"的人类锌营养循环链，在争取政府支持、试验示范、农民教育和与企业互动等方面加大工作力度，圆满完成了各项活动，取得了显著成效。

一、在争取政府支持方面持续发力

　　继续不懈努力，成功将科学施用锌肥纳入了农业部春季、秋冬季施肥指导意见。农业部分别于 2016 年 3 月份和 9 月份向全国发布了《2016 年春季主要农作物科学施肥技术指导意见》和《2016 年秋冬季主要农作物科学施肥指导意见》，提出对小麦、玉米、水稻、油菜、棉花、苹果、桃、梨、荔枝、蔬菜等多种作物推荐施用锌肥，推荐用量为每亩 1～2 千克。在此带动下，山西、湖南、山东烟台等地也把科学施用锌肥纳入农作物施肥指导意见。锌肥施用进一步纳入全国和各地科学施肥指导意见，营造了补施锌肥的社会氛围，有力地推动了锌肥在全国的推广应用。

二、超额完成试验示范工作

　　根据项目协议要求，制定 2016 年锌肥示范推广方案。2016 年 3 月 25 日下发全国农业技术推广服务中心印发《2016 年锌肥示范推广方案》的通知（农技土肥水函〔2016〕110 号），组织开展锌肥试验示范工作。3 月份在海南省海口市举办培训班，安排部署 2016 年锌肥示范推广工作。本年度共在全国 20 个省（自治区、直辖市）安排落实锌肥试验示范区 28 个，超出计划 18 个，超额 180%。共完成试验示范 28 个，其中玉米 14 个，苹果 5 个，水稻 4 个，番茄、马铃薯各 2 个，小麦 1 个。取得了大量的数据，并进行了整理分析。

试验示范结果如下：

玉米：采用任何方法对玉米施锌都有一定增产效果，平均增产 7.93％。生产上可优先采用滴灌施用硫酸锌和喷施黄腐酸锌，如无条件，可底施硫酸锌 1～2 千克。

水稻：平均增产 4.74％，加大锌肥施用量或喷施黄腐酸锌则有显著增产效果。

苹果：平均增产 5.55％，其中喷施硫酸锌、滴灌施硫酸锌和底施黄腐酸锌均有较好的增产效果。施锌均能显著提高果实中的含锌量，平均提高 17.24％，其中以滴灌施硫酸锌效果最佳。

番茄：增产效果极显著，平均达到 11.39％，尤以滴灌施硫酸锌的增产效果最高。滴灌施硫酸锌还可增加番茄果实中可溶性总糖、糖酸比、维生素 C 和全锌含量。

马铃薯：在马铃薯上施用硫酸锌或黄腐酸锌均能获得极显著的增产效果，平均达到 11.15％。硫酸锌以滴灌方式施用效果最佳，黄腐酸锌以喷施施用效果最佳。

三、继续强化技术培训和农民教育

（一）组织 2 次全国性技术培训

对农业技术推广人员和企业人员培训科学施用锌肥技术，共培训 230 人。其中，2016 年 3 月在海南省海口市举办 1 期，樊明宪博士做了"锌素缺乏与生物强化"专题讲座，培训 110 人。7 月份在新疆维吾尔自治区博乐市举办 1 期，培训技术人员 120 人。

（二）编印锌肥科学施用技术彩页

查阅相关资料，组织有关专家参与，编印了《柑橘科学施用锌肥技术》和《苹果科学施用锌肥技术》彩页，各印刷 5 000 份。通过省市有关部门向柑橘示范区和苹果示范区农民免费发放，宣传锌肥的重要性和科学施用锌肥技术，促进果农对锌营养的重视和锌肥的施用。

（三）组织开展技术研讨

2016 年 9 月 1 日在宁夏回族自治区银川市召开锌肥项目研讨会，来自全国土肥水推广系统、企业代表、政府官员约 120 人参加。国际锌协会樊明宪博士、中国农业科学院、宁夏农业科学院等 4 名专家作了报告。北京、河北、云南、宁夏等 4 省（自治区、直辖市）交流研讨项目执行及锌肥示范推广进展情况，总结项目成效，展望未来发展。这次研讨会对促进锌肥在中国进一步推广应用起到了积极推动作用。

（四）组织开展现场观摩和农民培训

2016 年，以 20 个省（自治区、直辖市）建立的 30 个锌肥示范区，开展技术培训和施锌效果观摩活动。据不完全统计，各地共组织技术培训 127 次，培训技术人员和农民 11 980 人。共组织现场观摩活动 57 次，参加人数达到 18 270 人。通过这些活动，教育了广大农民，增强了其施用锌肥的意识和行动。

四、进一步加强与肥料企业的互动

（一）参加有关会议活动

全国农业技术推广服务中心节水处派人参加有关会议活动，宣传锌肥的重要性和项目成效。2016 年 4 月参加在武汉召开的第八届全国中微量元素生产及其应用高级研修班，作"农业缺锌与锌肥科学施用"报告，300 多人参加。6 月 22 日参加第七届中国国际水溶性肥料会议，宣传水肥一体化和锌肥应用，参会代表约 500 人。樊明宪博士 8 月 25 日参加全国锌肥联盟举办的第十一届全国中微量元素生产及其应用高级研修班，作"锌素缺乏与锌肥使用"专题报告，参会厂家代表 200 人。

（二）参加企业培训活动

2016 年 3 月 19 日参加金正大在西双版纳举办的培训班，培训水肥一体化和锌肥应用技术，培训种植大户和农民 400 多人。3 月 31 日参加诺贝丰公司在陕西举办的培训班，培训水溶肥和锌肥施用技术 300 多人。6 月 18 日参加金正大水肥一体化示范推广工作会，培训水肥一体化和锌肥应用技术，参会代表约 500 人。

（三）指导肥料企业开发含锌肥料

全国农业技术推广服务中心重点联系指导山东金正大、深圳芭田、云图控股、鲁西化工、诺贝丰、史丹利、山东创新、贵州瓮福、江苏博尔日等大型肥料企业开展含锌肥料开发。20 个项目省重点联系指导的企业 80 多家，根据土壤测试和田间试验结果，全年共开发含锌肥料配方 90 多个，全部推荐给肥料生产企业，有 40 多个被采用。在项目带动下，越来越多的企业开始生产各种含锌肥料，如含锌复混肥、含锌掺混肥、含锌大量元素水溶肥等。

五、加强媒体覆盖和宣传报道

（一）农民日报专版宣传

2016 年 5 月 26 日在农民日报上开展锌营养和锌肥科学施用专版宣传报道。以用"锌"农业，浇开"生命之花"为题，从问题倒逼、技术支撑、产业跟上、宣传普及四个方面报道了锌肥示范推广项目进展和成效。刊登了樊明宪博士《补锌先从田间做起》《用锌农业、健康生活》文章 2 篇，内蒙古、湖北、宁夏、北京、河北省（自治区、直辖市）的典型农户示范结果文章 5 篇，苹果、柑橘科学施用锌肥技术文章 2 篇，发行量 40 万份以上。

（二）翻译发表专业论文

组织翻译了国际锌协樊明宪博士和 Andrew Green 先生论文《亚洲土壤中微量营养元素的缺乏》，在中文核心期刊《世界农业》2016 年 12 月发表，重点介绍了亚洲尤其是中国锌肥等微量元素缺乏及锌肥示范推广工作情况。

（三）通过微信文章培训

通过农民日报"帮农问"微信网络平台，宣传锌肥项目和科学施用，转发几十次，阅读 2 000 多次。通过中国新型肥料网平台，培训如何正确使用锌肥，阅读 500 多次。

（四）报道重要项目活动

在网络媒体上对项目重大活动进行宣传报道 22 次。主要有：锌肥示范推广项目工作会议在京召开，中国农技推广网。用"锌"农业，浇开"生命之花"，凤凰财经、搜狐、中国化肥网、中国农业新闻网、中国科技网等。国际锌协会樊明宪博士考察指导重庆、云南锌肥项目工作，中国农技推广网。加拿大泰克资源（中国）总裁李克欣赴京郊考察锌肥示范项目，中国农技推广网。加拿大泰克资源（中国）总裁李克欣在京郊参加苹果施锌项目考察活动，中国农技推广网等。

六、加强项目检查指导

（一）项目检查与技术指导

2016 年开展了多次项目检查与技术指导。4～6 月，派员赴四川、内蒙古、河北等地检查指导项目进展。7 月下旬派员赴新疆检查玉米示范项目。7 月 13 日陪同李克欣先生赴北京昌平、延庆查看苹果、玉米试验。8 月下旬陪同樊明宪博士赴重庆和云南检查柑橘和番茄示范项目。9 月初，派员赴宁夏检查玉米示范项目。

（二）颁发 2015 年度锌肥研究与推广突出贡献奖

2016 年 2 月，中国植物营养与肥料学会下发《关于颁发"中国锌肥研究与推广杰出贡献奖"（2015 年度）的通知》，表彰张文敏等 51 位在锌肥示范推广中表现突出的先进个人，3 月份在海南培训班上举办了颁奖仪式，极大地调动了大家做好锌肥工作的积极性。

（三）举办项目座谈会和苹果施锌现场观摩活动

10 月 14 日，加拿大泰克资源（中国）总裁 Rulph Lutes 先生一行赴京郊昌平参加锌肥项目座谈会和苹果施锌现场考察。全国农业技术推广服务中心汇报了 2016 年项目进展情况，双方交流了下一步工作安排。随后赴南邵镇营坊村观摩苹果施锌现场，向果农宣讲了苹果施用锌肥的好处及锌营养对人体健康的重要性，分发了苹果科学施用锌肥技术彩页。

七、下一步工作设想

锌肥示范推广项目实施 5 年，带动中国农业锌消费量快速增长。2016 年 10 月，中共中央、国务院印发《"健康中国 2030"规划纲要》，提出制定实施国民营养计划，重点解决微量营养素缺乏等问题。中国农业每年播种面积超过 24 亿亩，目前锌肥应用面积还不到 1/10，锌肥进一步推广应用的潜力非常巨大。2017—2018 年将继续实施锌肥示范推广项目，重点做好以下工作：

（一）开展大规模田间示范

田间示范是带动农民应用锌肥的重要抓手和展示平台。扩大示范规模，在主要区域和主要作物上，每年建立 20 个锌肥应用示范区，取得技术数据，展示应用效果，发挥辐射带动作用。

（二）进一步强化政府支持

继续将施用锌肥纳入科学施肥指导意见，争取将锌肥施用与农业结构调整、旱作农业、水肥一体化、化肥零增长等重大项目结合，丰富锌肥施用方式方法，扩大影响。

（三）开展大规模农民教育

以示范区为依托开展农民田间学校、现场技术观摩、农民大讲堂等活动，鼓励补施锌肥；将锌肥使用纳入地方推广项目，扩大锌肥施用。

（四）加大对肥料行业的工作力度

继续推进含锌复合肥、富锌尿素、含锌水溶肥、锌硫铵等新型的开发和示范推广，打造富锌肥料产业，鼓励肥料企业生产和销售含锌肥料。除联系和指导重点企业外，加强与相关协会的合作。

（五）其他方面

继续加强媒体宣传、项目检查指导、技术研讨，组织 2 年一届的锌肥研究与推广突出贡献奖评选工作。

第三部分 各地节水农业发展分述

北京市节水农业发展报告

北京市农业节水推广站

2016 年，北京市节水农业工作紧紧围绕市委市政府关于《调结构 转方式 发展高效农业节水的意见》，瞄准农业部提出的"一控两减三基本"的目标，以粮食作物、设施作物、露地蔬菜和精品果园四大产业为高效节水的载体；以"转方式"为核心工作，转变缺乏激励的用水管理方式，转变地面灌溉为主的落后灌溉方式，转变以经验为主的灌溉决策方式，全面推进高效节水农业的发展。

围绕四大产业，承担实施科技项目 6 个。推广粮食喷灌施肥、蔬菜微灌施肥、覆膜沟灌施肥和果树环绕滴灌施肥等水肥一体化技术模式。在密云区河南寨镇平头村、大兴区长子营镇沁水营村、通州区潞县镇罗庄村、顺义区李桥镇西树行村、昌平区小汤山镇大汤山村、昌平区兴寿镇辛庄村新建节水技术展示基地 6 个。集中展示了粮食地埋式自动伸缩喷灌施肥、露地蔬菜滴灌施肥、设施蔬菜智能灌溉施肥、草莓自动控制滴灌施肥、果树环绕滴灌施肥等节水技术。

开展了活性水在黄瓜上的应用效果试验、痕量灌溉在油麦菜上的应用效果试验、新型水溶肥料筛选、适于不同粮食生产规模的灌溉方式筛选、蔬菜微灌设施与栽培模式的融合、蔬菜智能灌溉技术、露地蔬菜滴灌施肥、蔬菜沼液滴灌等试验研究 16 项。编写农田墒情和旱情简报 15 期。发送推广信息 164 条。在中央电视台经济频道、农民日报、京郊日报等媒体上宣传 3 期。举办高效节水技术培训 5 期，培训技术人员和农户 462 人次。

一、建立高效节水示范区，集中展示节水新技术

1. 小麦水肥一体化示范区

在顺义、房山、密云和通州等 8 个郊区建立 39 个小麦水肥一体化示范区，配备喷灌施肥装置 67 套，示范面积 14 973 亩，主要包括半固定式喷灌施肥、中心支轴式喷灌施肥、微喷施肥和滴灌施肥等方式。据统计示范点平均亩产 501 千克，较全市监测点亩增产 30.6 千克，增产 6.5%。示范点平均亩灌水 140.9 米³，加上降雨 190.1 毫米，亩耗水 267.6 米³，亩施纯养分 33.6 千克，平均单立方米（方）水产出小麦 1.9 千克，每千克养

分生产小麦 14.9 千克，较全市监测点分别提高 6.7% 和 4.2%。

（1）密云区河南寨镇平头村。2015 年，密云区河南寨镇平头村 3 000 亩小麦实现喷灌全覆盖，包括 3 套中心支轴式喷灌（700 亩），地埋式自动伸缩喷灌 2 200 亩。我站与密云农业服务中心联合为该村配备了 21 套喷灌施肥装置，使 3 000 亩小麦实现水肥一体化。在市站技术人员指导下，小麦全生育期灌水 3 次（冻水因雨雪未浇），亩均灌水量 116.4 米³，较之前漫灌（全生育期灌水 5 次，平均每次灌水量 55 米³）亩均节水 57.7%；春季分次追肥（返青期尿素 15 千克＋灌浆期水溶肥 2 千克）17 千克，较常年（返青期一炮轰尿素 40 千克）节肥 57.5%，小麦亩产 426.7 千克，较常年增产 6.68%，实现了节水节肥增产增效。

（2）顺义区都市型现代农业万亩方。2015—2016 年，北京市农业技术推广站继续在顺义区都市型现代农业万亩方开展水肥一体化技术示范工作，示范面积 1 000 亩，包括中心支轴式喷灌施肥 300 亩、滴灌施肥 50 亩，微喷施肥 80 亩，半固定式喷灌施肥 570 亩。在北京市农业技术推广站技术人员指导下，小麦全生育期灌水 4 次（冻水因雨雪未浇），亩均灌水量 120 米³，较全市喷灌平均灌水量节水 11.9 米³，节水 9.0%；春季分 2 次追施水溶肥（16-4-25）15 千克，与常规追肥量相同。水肥一体化示范区亩穗数 50.2 万，穗粒数 31.9 粒，千粒重 41.2 克，亩产 560.8 千克，较对照（人工撒施＋喷灌，亩穗数 45.1 万，穗粒数 30.6 粒，千粒重 40 克，亩产 469.2 千克）增产 19.5%。

（3）房山区窦店镇窦店村二农场。窦店二农场示范点面积 253 亩，示范了以喷灌施肥为核心的节水轻简高效技术，实收测产 3.525 亩，平均亩产 673.8 千克，为北京市历史上小麦单产第二高，单方水产出小麦 2.56 千克，每千克纯养分生产小麦 16.07 千克，实现了节水、高产与高效的有机结合。

2. 设施蔬菜高效节水示范区

在通州、大兴、顺义、昌平、房山、密云和延庆等 10 个郊区选定了 24 个高标准生态节水示范区，针对现有的作物、设施和灌溉方式，更新节水灌溉设施 2 201.8 亩，配备机井首部变频设备 8 套，过滤设备 45 套，新建或更新设施（温室、冷棚）田间小首部系统 877 套，安装微喷带 104 千米，滴灌管 372 千米，铺设 PE 管线 133 千米，目前设施改造工作已经基本完工；在示范区主推微灌施肥技术模式，以微灌技术为核心，配合高效灌溉制度、水肥一体化、地膜覆盖、培肥保墒等技术。同时，在每个园区典型设施安装远传水表，共安装 80 套，实现用水数据的实时记录和远程传输。在部分园区配套智能墒情监测系统，实现土壤墒情数据的自动监测和记录。

3. 露地蔬菜综合节水示范区

在通州区漷县镇罗庄村、大兴区礼贤镇大辛庄、顺义区大孙各庄赵家峪村、延庆区延庆镇广积屯村、北京市农作物品种试验展示基地（位于丰台区王佐镇庄户村）建立露地蔬菜水肥一体化示范区 223.1 亩，主推滴灌施肥和微喷施肥技术模式。滴灌施肥技术模式，以滴灌技术为核心，配合高效灌溉制度、水肥一体化、地膜覆盖等技术；微喷施肥技术模式，以微喷技术为核心，配合高效灌溉制度、水肥一体化等技术。其中滴灌施肥技术模式 140.5 亩，主要种植生菜和大白菜等露地蔬菜，以春茬露地生菜为例，亩均实现节水 161 米³、省工 2 个、增产 456 千克，节本增收约 706 元。微喷施肥技术模式 82.6 亩，主要种植芹菜、生菜、大白菜等露地蔬菜，以春茬露地生菜为例，亩均实现节水 139 米³、省工 2 个，增产 525 千克，节本增收约 763 元。

4. 膜面集雨高效利用技术示范区

全市现有集雨窖（池）总容积 9.7 万米³，覆盖了顺义、密云、房山和昌平等 10 个郊区。集雨材料有砖砌混凝土结构和 pp 模块（聚丙烯）式，覆盖了联栋温室、日光温室和塑料大棚等农业设施。根据北京市水务局相关数据，2016 年 1 月 1 日至 11 月 7 日，全市累计平均降水 652 毫米，全市累计回收利用雨水约 18.9 万米³，可满足 450 亩设施蔬菜全年用水。

5. 草莓自动控制精量灌溉施肥示范区

在昌平区崔村镇、兴寿镇和小汤山镇建立草莓水肥一体化示范区 280 亩，示范区平均亩节水 66 米³，节肥 20 千克。其中自动滴灌施肥技术 90 亩，包括果实生产 50 亩和草莓育苗 40 亩，平均亩节水分别达到 84 米³ 和 97 米³。

6. 果树环绕滴灌施肥示范区

共建立苹果高效节水示范区 2 个，其中在昌平区兴寿镇辛庄村新建 120 亩。主推环绕式滴灌施肥技术模式，以环绕式滴灌施肥为核心，配合高效灌溉制度、覆盖保墒（地膜覆盖、枝条粉碎覆盖、生草覆盖）、培肥保墒等技术。示范面积 1 745 亩，亩均节水 86 米³，共计节水 15.00 万米³；亩均节肥 13.2 千克，共计节肥 23.0 吨；亩均节本增收 872 元，共计节本增收 152.2 万元。

二、开展节水试验研究，摸清技术应用参数

（一）蔬菜

1. 蔬菜微灌设施与栽培模式的融合研究

试验地点通州区漷县镇罗庄村，在番茄—芹菜倒茬栽培的条件下，设置 3 种灌溉方式处理，分别为微喷带、滴灌和上喷下滴。滴灌设置 4 种布置模式处理（滴灌管布设间距 35-35-35-35、50-40-50、70-70 和 100-40），1 个处理为上喷下滴（地面铺设常规滴灌 100-40，设施上部安装倒挂式微喷头，喷头喷洒宽度为 3 米，布设间距的 1.5 米。栽培番茄时使用滴灌，栽培芹菜时使用倒挂式微喷头），以常规沟灌为对照。所有处理均采用张力计指导灌溉（灌溉下限为相对含水量 0.7，上限为 1.0），目前冬春茬番茄已经拉秧，芹菜尚未收获。供试番茄品种为 100 分，1 月 28 日定植，膜下微喷处理番茄产量最高，较膜下滴灌和常规沟灌分别增产 11.3% 和 6.8%。膜下滴灌处理平均全生育期用水 108.7 米³/亩，较膜下微喷处理节水 35.3 米³/亩。

2. 露地蔬菜微灌施肥技术研究

试验在通州区漷县镇罗庄村进行，供试生菜品种为美国雷达，2015 年 12 月 20 日播种，2016 年 3 月 27 日定植，5 月 29 日采收。

（1）适宜露地蔬菜的微灌方式选型。试验以常规畦灌为对照，设微喷带、边缝式滴灌带、薄壁内镶片式滴灌带 3 个微灌方式处理，亩均灌水量 70 米³。结果表明，常规灌溉处理植株株高显著小于微喷处理，叶片数和维生素 C 含量显著小于边缝式滴灌带处理；微

喷带处理植株维生素 C 含量显著低于边缝式滴灌带处理，且植株硝酸盐含量显著高于边缝式滴灌带处理。生菜整个生育期内，微喷处理、边缝式滴灌带处理和薄壁内镶片式滴灌带处理平均灌水量较常规畦灌处理亩均分别节水 139 米³、161 米³ 和 160 米³，增产 525 千克、456 千克和 431 千克，实现节本增收 762.8 元、706.2 元和 680.6 元。综合综合考虑植株生长、品质、产量和水分生产效率等要素，边缝式滴灌带最适宜春茬露地生菜的生产，亩均产出 2 797 千克。

（2）不同滴灌灌水量对露地生菜的影响研究。试验以常规畦灌为对照，设极低水（JD，75 毫米）、低水（D，90 毫米）、中水（Z，105 毫米）和高水（G，120 毫米）4 个滴灌灌水量水平，在试验梯度范围内，不同的灌水量对生菜的株高、球径、维生素 C 含量、硝酸盐含量等指标影响不显著，但极低水量处理的展开度、叶片数、单球重以及产量均显著低于高水处理。除可溶性固形物含量外，中水处理植株各指标均与高水处理差异性不显著。低水处理植株展开度、叶片数、单球重等指标与高水处理差异性不显著，但其可溶性固形物含量显著高于极低水量处理和高水处理，且该处理的水分生产效率达到最大，为 33 千克/米³。综合考虑植株生长、品质、产量和水分生产效率等要素，低水处理（实际灌水 93.3 毫米）最适宜春茬露地生菜的生产，亩均产量达到了 2 797 千克，可实现亩均节水 161 米³、省工 2 个，增产 456 千克，节本增收约 706.2 元。

3. 设施蔬菜耗水规律研究

试验地点在顺义区木林镇王泮庄村，供试番茄品种为迪安娜，采用椰糠栽培基质，2016 年 1 月 13 日播种，2 月 29 日定植，7 月 6 日拉秧。在充足灌溉量的前提下，选择 8 株番茄，采用称重法测定番茄耗水量，利用 HOBO 气象站每 10 分钟采集一次日光温室环境因子数据，包括光辐射、温度、相对湿度、土壤温度、土壤水分等。试验结果表明，番茄苗期日平均耗水量为 94.1 毫升/株，开花期日平均耗水量为 539.2 毫升/株，结果期日平均耗水量为 746.8 毫升/株。

4. 蔬菜新型灌溉施肥产品的研发与应用

（1）智能控制精量灌溉施肥系统应用研究。

①依据光辐射能量的智能控制灌溉在番茄上的应用。试验地点在顺义区木林镇王泮庄村，供试番茄品种为绝粉，2 月 22 日播种，4 月 16 日定植，8 月 10 日拉秧，依据光辐射能量和番茄的生育时期计算适宜的灌水定额，由灌溉控制器控制电磁阀开启实现定时定量灌溉施肥。试验在番茄不同生育期设置了 3 个不同的灌溉频率，T1（低频 6 000～7 500～10 500 焦耳/厘米²）、T2（中频 4 000～5 000～7 000 焦耳/厘米²）、T3（高频 2 000～2 500～3 500 焦耳/厘米²），以依据土壤墒情灌溉决策系统作为对照（CK）。结果表明，T1、T2、T3 和 CK 亩产量分别为 4 872.8 千克、5 039.6 千克、5 019.2 千克和 4 964.8 千克，其中 T2 处理的亩产量最高，但是与 CK 差异不显著。

②依据土壤墒情的智能控制灌溉在黄瓜上的应用。试验地点顺义区李桥镇沿特蔬菜基地，示范面积 4 个大棚，春大棚黄瓜品种中农 22 号，于 3 月 30 日定植，依据土壤墒情确定灌溉起点，目前的灌溉起点为土壤相对含水量 0.75。土壤质地为中壤土，土壤容重 $\gamma = 1.40$ 克/厘米³，田间持水量 c 取 24%。土壤湿润比 p 取 70%。灌水定额 $W = 10p \times h \times \gamma \times (\theta_后 - \theta_前) \times c \times 0.667$。苗期单次灌溉量为 4.7 米³/亩、根瓜期为 7.8 米³/亩、结瓜期

为 9.8 米³/亩。黄瓜亩产 6 747 千克，亩均用水 200 米³，单方水产出 33.7 千克。

（2）番茄水溶性肥料筛选。试验地点在顺义区木林镇王泮庄村，供试番茄品种为绝粉，2 月 22 日播种，4 月 16 日定植，8 月 10 日拉秧，定植密度约为 3 400 株/亩。在番茄整个生育期，各个元素肥料施用总量一致的前提下，共设置 T1（聚磷酸铵，24～45）、T2（工业磷酸二铵，20～52）、T3（磷酸脲，17～44）3 个施肥处理，以基地常规使用的圣诞树牌水溶肥（16-8-34）作为对照，采取随机区组设计，每个处理 3 次重复。结果表明，聚磷酸铵可以有效促进番茄生长，有利于叶绿素合成，提高产量。聚磷酸铵处理的 SPAD 值较 CK 高 29.61%，促进光合反应，加速番茄生长。T1 和 T3 产量分别比 CK 高出 12.64%、4.74%。T1 的可溶性糖含量比 CK 高 9.17%，有效提高了糖酸比，但维生素 C 含量有所降低，同时 $NO_3^- - N$ 含量升高，这可能与铵态氮有关。T1、T3 土壤 pH 与 CK 相比分别降低了 0.07 和 0.08。

（3）施用锌肥对番茄生长和产量的影响。试验地点在顺义区木林镇王泮庄村，供试番茄品种为迪安娜，1 月 12 日播种，3 月 10 日定植。7 月 5 日拉秧，试验共设计底施（T_1）、滴灌施肥（T_2）、叶面喷施（T_3）和空白对照（CK）4 个处理，锌肥施用量为 2 千克/亩，分 3 次施用。研究结果表明，生长发育后期 T_3 处理株高大于其他处理，在生长前期 T_2 的茎粗高于其他处理。施用锌肥在一定程度上促进了番茄的生长，可以提高番茄产量，其中，T_2 的单果重量比 CK 高 19.5%，T_2 产量比 CK 高 19.52%，增产效果最明显；T_2 处理可以增加番茄果实中可溶性总糖、糖酸比、维生素 C 和全锌含量。T_3 处理的果实全锌含量最高；与种植前相比较，T_1 和 T_2 均可以提高土壤有效锌含量，T_1 提高幅度最大，T_3 和 CK 土壤有效锌含量则有所下降。综上所述，增施锌肥对于番茄生长和产量均可以起到促进作用，并且可以提高土壤的有效锌含量，改善土壤养分；3 种锌肥施用方式相比较，滴灌施肥试验效果最佳，可以促进番茄生长，提高产量，改善品质。

（4）沼液微灌研究。试验在昌平马池口镇娄子庄财会之家种植园进行，黄瓜品种为中农 16，2016 年 4 月 12 日定植，5 月 18 日开始采收，7 月 26 日拉秧。在滴灌条件下，设置 6 个处理，处理 1：对照（清水）；处理 2：EC 值 1.5 毫西/厘米；处理 3：EC 值 2.0 毫西/厘米；处理 4：EC 值 2.5 毫西/厘米；处理 5：EC 值 3.0 毫西/厘米；处理 6：EC 值 3.5 毫西/厘米。各处理全生育期灌溉量一致，为 190 米³/亩。沼液用量依次为 0.00 米³/亩、3.06 米³/亩、4.10 米³/亩、5.07 米³/亩、6.07 米³/亩和 7.08 米³/亩。全生育期分 6 次施用沼液。试验结果表明，随着沼液浓度增加，植株长势增强，产量增加。EC 值 3.5 毫西/厘米处理产量最高为 5 027 千克/亩，对照产量最低只有 3 714 千克/亩。与对照相比，5 个沼液处理分别增产 16.5%、20.8%、25.5%、32.5% 和 35.4%。

（5）痕量灌溉对油麦菜生长发育的影响。试验地点在大兴区魏善庄镇立春农业示范园区，以滴灌作为对照，选用油麦菜品种为美利剑，2016 年 9 月 14 日播种，10 月 18 日完成定植。目前试验进展顺利，油麦菜长势正常，滴灌处理的油麦菜株高为 14.64 厘米，平均 4.4 片叶；痕量灌溉处理的油麦菜株高为 17 厘米，平均 4.2 片叶，下一步将继续做好相关试验数据的收集工作。

（6）活性水对黄瓜生长影响研究。试验地点在顺义区沿特菜基地，在冷棚水源处安装活水器，以普通灌溉作为对照，选用黄瓜品种中农 12，播种时间为 2016 年 8 月 2 日，11

月 1 日拉秧。试验结果表明，黄瓜的株高、茎粗、叶片数与普通灌溉水差异不显著，普通水灌溉亩产量为 3 409.1 千克，活性水亩产量为 3 458.9 千克，高于普通水灌溉，但差异未达到显著。

（二）草莓自动灌溉施肥系统应用研究

试验在昌平区崔村镇天润园进行，供试品种红颜，定植日期为 2015 年 8 月 31 日～9 月 2 日。选择 7 个地力水平相近的温室进行试验监测。以常规文丘里施肥器为对照，设 3 个自动灌水施肥系统处理。处理 1：西班牙 NUTRITEC 施肥机，采用硝酸钙、硫酸镁、磷酸二氢钾、硝酸、微肥等按一定的配比自动混合后灌水施肥。处理 2：比例施肥泵自动灌溉施肥系统，肥料配比同处理 1。处理 3：注肥泵式自动灌溉施肥系统，采用商品高浓度水溶肥，营养生长期配比为 20：20：20，结果后配比为 16：8：34。结果表明，西班牙 NUTRITEC 施肥机亩用水量 158 米^3，亩产 2 244 千克，灌水生产效率达 14.2 千克/米^3。与对照相比亩节水 88 米^3，节水 35.8%，增产 11.1%，灌水生产效率提高 5.7 千克/米^3。比例施肥泵式自动灌溉施肥系统平均亩用水量 175 米^3，亩产 2 199 千克，灌水生产效率达 12.6 千克/米^3。与对照相比亩节水 71 米^3，节水 28.9%。

三、开展定点墒情监测，指导抗旱节水灌溉

全年共布置小麦—夏玉米和春玉米墒情监测点 60 个，代表面积分别为 0.76 万亩和 0.12 万亩，开展墒情监测 20 次，获得墒情监测数据 12 000 余个，发布墒情与旱情简报 15 期，近期农事信息 15 条，并发布在中国节水农业信息网上。指导小麦合理灌溉，指导春玉米等雨抢墒播种。全年小麦玉米累计应用因苗因墒节水灌溉技术 35.3 万亩次，实现节水 1 200 多万米^3。

四、开展高效管理节水试点

分别在大兴区庞各庄镇东义堂村（设施西瓜—蔬菜）、密云区古北口镇龙洋村（设施蔬菜）和房山区窦店镇窦店村（冬小麦—夏玉米）建立高效管理节水试点。

试点区遵照总量控制、定额管理、用水计量、量水计费、奖励物资、鼓励节约的节水管理原则。具体管理操作如下：针对试点区的作物制定相应的年度用水定额，大田年度用水定额为 220 米^3，设施为 550 米^3。根据用水主体相应的生产面积确定其年度总用水定额，实行总量控制。试点村机井全面配备计量装置，准确测量并记录用水量。实行用水年度盘点，不足年度用水定额的用户，根据其节水量的多少进行物资奖励，激发节水积极性。

大兴区庞各庄镇东义堂村：参与周年用水监测的试点农户 12 户，46 个塑料大棚。农户签订了《大兴区庞各庄镇东义堂村节水管理协议书》，并按照《北京庞安路西瓜专业合作社基地节水栽培管理制度》进行灌溉施肥。试点已经进行了 3 年，针对部分节水设施损坏的情况，与瓜类作物科、设备供应商实地检查并协调解决。2016 年 1～6 月期间，按照

每棚 1 个水表进行用水计量，46 个冷棚平均亩用水量为 220.0 米³/亩，控制在半年用水定额（275 米³/亩）之内。其中有 12 个棚超出用水定额，74％的冷棚实际用水量控制在定额之内。实际用水量小于 50％定额的农户有 12 个冷棚，占 26％。实际用水量在 50％～100％定额的有 22 个冷棚，占 48％。

密云区古北口镇龙洋村：参与周年用水监测的试点农户参与农户 52 户，生产面积 196.5 亩，全部为塑料大棚。设施蔬菜生产采用滴灌。从 2015 年 8 月至 2016 年 7 月，共计用水 94 418 米³，较上年度减少 3.4％。71.2％的农户实际用水量控制在定额之内，28.8％（15 户）农户超出用水定额。

房山区窦店镇窦店村：在市站技术人员指导下，窦店小麦全生育期灌水量较去年有所降低。2015—2016 年小麦全生育期共灌水 5 次，较去年减少 2 次（造墒水和出苗水），亩均灌水量 150 米³，较去年减少 50 米³，仅占灌溉定额的 68.1％，全村 1 210 亩小麦较去年同期节水 6.05 万米³。据初步统计，2016 年全村小麦平均产量 600 千克，单方水产出 2.16 千克。

五、其他工作

1. 定期学习党的方针政策

积极参加"两学一做"专题教育活动，节水支部先后学习了中国共产党章程、中国共产党廉洁自律准则、中国共产党纪律处分条例等材料，并在支部内开展批评与自我批评的讨论。

2. 京津冀一体化工作

筹划成立"京津冀农业高效节水技术推广创新协作组"，在全国农技推广中心的指导下，由京津冀三地的农业节水部门作为初创成员。中国农业大学、中国水利水电科学研究院、中国农业机械化科学研究院等科研单位作为技术支撑。并与相关企业开展深度合作。从京津冀统一墒情监测网络建立、高效节水示范区创建等方面入手开展相关合作。

六、组织实施和工作方法

1. 开展技术培训和现场观摩

2016 年共计开办市级农业节水技术培训班 5 期，培训 462 人次，组织现场观摩 10 次，观摩人数达 350 人次。组织外埠学习 4 次，先后赴海南、四川成都等地观摩了设施蔬菜滴灌施肥、农牧业园区畜禽粪污沼液水肥一体化综合利用和水稻覆膜节水栽培等技术。

2. 加大设施改造和物化补贴力度

新建设施蔬菜滴灌施肥设施 2 200 亩，露地蔬菜滴灌施肥和微喷施肥 223 亩；新建小麦喷灌施肥 1.0 万亩，新购置并配套灌溉施肥装置 60 套。新建草莓精量灌溉施肥系统 1 套，控制面积 4 亩。在示范区年累计补贴滴灌专用肥料 42 吨。

3. 广泛开展宣传报道

全年编写墒情与旱情简报 15 期，报送信息 164 条。发放《蔬菜水肥一体化节水技术研究与应用》《农业节水技术百问百答》《农业节水与灌溉施肥》《果类蔬菜滴灌施肥技术明白纸》等技术手册 640 余册。在中央电视台经济频道、农民日报、京郊日报等媒体上宣传 3 次。

七、存在的问题与下一步工作重点

(一) 存在的主要问题

1. 限制节水技术推广的技术瓶颈仍未完全解决

(1) 适于京郊粮食作物的节水灌溉方式仍没明确。适用性强的灌溉方式价格高,低成本的灌溉方式与农机作业冲突。如半固定式喷灌费工费时,中心支轴式喷灌存在灌溉死角、地埋式喷灌造价偏高,微喷滴灌与农机作业不配套等问题。

(2) 设施蔬菜茬口轮换与灌溉设施的矛盾突出。撒播密植蔬菜和成行栽培蔬菜无法应用同一套灌溉设施,造成现有灌溉设施在某一蔬菜茬口的闲置。

2. 技术人员专业素质仍待提高

节水灌溉设备、自动化技术方面相关的专业急需补充,需要密切的关注国内外节水技术的发展动态,强化自身业务素质。

(二) 下一步工作重点

1. 集中精力突破技术瓶颈,助力"转方式、促节水"

针对现有的粮食节水技术模式劳动效率低和与农机作业冲突的问题,重点研究适于京郊粮食作物的高效节水技术模式,力争在粮食节水技术模式上实现突破。

针对设施蔬菜茬口轮换与灌溉设施的矛盾,开展新型灌溉设施的研发,用一套灌溉设备同时满足撒播密植蔬菜和成行栽培蔬菜的灌溉施肥需求。

2. 继续开展高标准节水示范区建设

借助农业部 2017 年喷滴灌水肥一体化项目,建成一批有设施、有制度、有技术、有人员、有监测、有效果的高效节水示范区,主推设施蔬菜高效节水技术模式。

3. 继续落实管理节水试点工作

继续在 3 个试点开展管理节水工作,落实节水奖励方案,分析试点前后的用水数据,总结试点建设经验。

4. 继续开展高效节水技术培训

选择各区县的节水示范户及核心示范园区的技术人员,集中进行全市节水政策和形势、节水设备使用和维护、节水配套产品选择及注意事项的培训。

5. 加强媒体宣传报道

计划继续与《农民日报》、《京郊日报》等相关媒体联系,针对全市农业节水成效及各作物的高效节水技术模式等开展相关宣传报道,扩大农业节水技术的影响力。

天津市节水农业发展报告

天津市土壤肥料工作站

根据农业部和市农业局要求，2016 年天津市土壤肥料工作站认真组织落实了有关节水农业项目、试验示范和培训宣传工作，取得了实效。现将我站 2016 年节水农业工作总结如下。

一、基本情况

天津市属于重度资源型缺水地区，区域性、季节性、水质性缺水的特点尤为突出，人均水资源量仅为全国的 1/15。2014 年全市农田灌溉用水总量 9 亿米^3，占全市用水量 34.5%，每年缺口在 8 亿～10 亿米^3；化肥总施用量 23.3 万吨，作物亩均化肥用量 32.4 千克，是全国（每亩 24.2 千克）的 1.3 倍，主要粮食作物氮肥利用率仅为 28%。水肥资源约束已成为制约农业可持续发展的瓶颈因素。节水农业一直是天津市农业工作的重点，农业部门多年来组织实施了农业部农田节水示范区建设、水肥一体化技术集成示范等重点项目，开展了节水农业试验示范和土壤墒情监测等工作，有力地促进节水型农业快速发展。

二、工作措施

（一）加大水肥一体化技术示范文件政策宣贯落实

根据农业部办公厅关于印发《推进水肥一体化实施方案》的通知要求，组织技术人员编写《天津市推进水肥一体化实施方案》，并上报市农委进行全市发布。

（二）开展节水农业调研

在京津冀协同发展战略背景下，市委市政府提出了农业结构调整，实行"一减三增"，围绕京津冀都市圈现代农业发展重点工作，加强节水农业调研，归纳出适合天津大田作物、设施蔬菜、棉花等作物的节水农业重点技术模式。

（三）加大节水农业技术的宣传与培训力度

结合项目实施，组织技术人员参加全国土壤墒情监测、旱作节水农业、水肥一体化等技术培训，举办全国现场观摩会；本市邀请专家举办了节水农业技术与墒情监测技术培训班。

（四）不断拓展节水农业示范作物范围

在深化设施蔬菜、草莓水肥一体化技术示范的同时，争取农业部、市科委、市财政项目资金，推动大田作物小麦、玉米水肥一体化技术示范工作，通过试验示范探索了不同作物水肥一体化技术特点，积累了很好的技术示范经验。

（五）多个节水农业项目合力影响明显

实施农业部、全国农业技术推广服务中心、天津市科委、市财政、市农业青年人才培育的水肥一体化技术示范4个项目，在武清区、静海区、西青区、宁河区、滨海新区大港等区落实大田小麦、玉米，设施蔬菜、草莓等作物的水肥一体化技术示范；通过多个节水农业项目，使得领导、社会对节水农业技术更加关注，对节水农业技术在转变农业生产方式中的贡献有了深刻认识。

（六）土壤墒情监测服务水平进一步提高

在开展常规土壤墒情监测同时，今年借助农业部、市财政资金，大胆创新，建立了以64个常规监测点、16个固定站、11个便携站、7个作物长势监测站、12个移动速测仪，集中上传到天津市土壤墒情监测与预警系统平台进行采集、分析、管理，并实现数据及时上报和信息直观发布。同时对系统平台进行第二期的功能升级，对自动固定站进行了传感器标定工作，探索性开展监测数据分析应用，目前进行相关监测数据的应用的拓展工作。

三、取得成效

（一）水肥一体化技术示范进一步扩大

1. 启动实施农业部2 100亩喷滴灌水肥一体化示范项目

在主管局长带队下，多次组织设备技术设计人员深入到项目区市玉米良种场和实验林场，开展现场勘察、测量和询问，结合场站实际要求，完成了2016年农业部喷滴灌水肥一体化技术示范项目设计方案编写，并通过专家论证，完成了招标采购工作。完成建设核心示范区面积为930亩，其中已完成了550亩玉米膜下滴灌（其中春玉米400亩、夏玉米150亩）、180亩小麦微喷（冬小麦120亩、春小麦60亩）、100亩西瓜膜下滴灌、100亩设施蔬菜水肥一体化试验示范。组织宁河、玉米场和林场技术人员参加农业部项目技术培训班，布置了试验田土壤水盐动态监测2个。

2. 完成天津市2016年支持粮食适度规模经营小麦玉米精准水肥一体化技术示范项目实施方案、指导意见

组织专家进行了方案论证，并联合市财政局下发，组织区县上报方案。2016年支持粮食适度规模经营小麦玉米精准水肥一体化技术示范项目主要在蓟县、静海、宁河和滨海新区大港落实7 000亩小麦、玉米示范。下一步将组织实地田间勘察设计、组织招标采购，编写示范技术方案。

3. 开展了农业部物联网水肥一体化技术示范园区 2016 年春季示范工作

安排了 150 亩不同水量的灌溉试验和不同肥料品种的施肥试验，同时将物联网水肥一体化示范平台正式对接到天津市服务器，完成田间设备调试，灌溉施肥、监测设备正式投入应用。

4. 市科委小麦、玉米水肥一体化技术示范项目继续实施

安排小麦、玉米示范 200 亩，实施了出苗、拔节、灌浆关键期的灌溉、施肥和田间调查。

5. 实施设施草莓智能化精准水肥一体化示范项目

在开发 2 套智能施肥机，并取得实用新型发明专利申报。开展水溶肥试验、二氧化碳发生剂引进示范和基质栽培基础上，针对津南小站草莓种植基地水质含盐量高等问题，集成了水质净化器，并与智能施肥机集成，组织开展了草莓智能精准化水肥一体化技术试验现场观摩等。

6. 开展以色列水肥一体化技术土壤水盐动态运移监测分析工作

与原种场中以园对接，针对天津土壤黏质、含盐高、地下水位浅及天津降水和土壤蒸发季节差异较大等特点，购置了 3 套土壤水盐监测设备，1 套安排在露地番茄上，2 套安排在设施土壤番茄种植上，目的是在应用以色列水肥一体化技术后，开展土壤水盐动态运移监测和观测，进行分析研究，以此为天津地区引进和以色列水肥一体化技术应用提供一定的技术支持。

（二）土壤墒情监测手段进一步改善、水平明显提升

2016 年对前期 13 个远程固定监测站和 10 个便携站进行维护保养、传感器标定。完成了 2016 年 2 个远程固定监测站建设和 5 个移动监测站、7 个作物长势监测战布置，安装调试，全部投入使用。对天津市土壤墒情监测与预警系统进行升级。组织各区县开展土壤墒情监测，发布天津市土壤墒情简报 20 期。开展总结、软件知识产权登记，完成技术鉴定和成果登记工作。

（三）节水农业技术培训和试验示范

积极落实农业部 2016 年节水农业技术相关配套产品，抗旱抗逆剂、锌肥、水溶肥和地膜等试验 5 个。邀请内蒙古 3 位土肥水技术专家，针对静海区种植大户需求，积极推动种植结构调整，配合静海区组织了玉米膜下滴灌水肥一体化、谷子灌溉施肥栽培和中草药种植技术的培训。完成全国农业技术推广服务中心抗旱抗逆节水农业试验示范落实，其中水溶肥 2 个，锌肥 2 个，地膜 1 个，保水剂 1 个。

（四）加快了节水农业相关技术标准化进程

在多年承担农业部、市农业科技成果转化项目设施农业水肥一体化技术集成示范项目基础上，2016 年天津市土壤肥料工作站承担质监局《土壤墒情远程自动监测技术规范》和《玉米物联网水肥一体化技术规范》编写工作。

河北省农业节水发展报告

河北省土壤肥料总站

针对河北省水资源严重匮乏，干旱缺水严重制约现代农业发展的现状，按照旱地保墒地膜覆盖、水浇地高效灌溉节水，水肥一体化的工作思路，紧紧围绕推广旱作节水和粮食作物水肥一体化技术等工作重点，认真组织实施了旱作农业技术推广项目和地下水压采粮食作物水肥一体化技术项目，极大地促进了全省农业节水工作开展，取得了阶段性成效。工作开展情况总结如下：

一、认真推进地下水压采粮食作物水肥一体化技术项目实施

（一）任务目标

一是 2015 年度新增项目。实施面积 20 万亩。各地根据当地实际因地制宜选择高效节水灌溉施肥模式，优先与小麦保护性耕作项目配套实施，达到小麦玉米水肥一体化节水技术指标要求，实现亩均节水 60 米^3 以上，压采地下水 0.12 亿米^3。二是 2016 年度新增项目。在邯郸、邢台（含辛集市）等 8 个市 46 个县实施粮食作物水肥一体化项目 20.2 万亩。

（二）完成情况

截止到 2016 年 12 月 5 日，完成 2014 年度持续补助项目面积 5.09 万亩。完成 2015 年度新建项目面积 20.23 万亩，超额完成任务。2016 年度项目正在紧张推进，廊坊市所辖项目县已完成田间设计和项目设施方案审核，邯郸市 8 个项目县、吴桥、河间、献县、泊头、晋州、任县、隆尧、新河、清河、大曹庄、博野、辛集已开始招标。石家庄市其他项目县全部开标，赵县、高邑、新乐已开始田间施工。张家口市所辖项目县及保定市蠡县正在进行田间设计方案编制及审核。

（三）实施效果

2015 年度项目建成后实际应用取得了显著成效。据石家庄市调查，项目区小麦一季节水 45～60 米^3，每眼井省工 30～50 个，平均节地 7% 左右，亩增产 5%～10%。既降低了农业成本，实现了粮食生产的节本增收，高产高效，又普及了水肥一体化技术，积累了实施小麦玉米水肥一体化项目的经验。邯郸市调查，大名县项目区小麦测产最高亩产达到 675 千克，实打产量 655 千克，比全县平均 473.3 千克高出 181.7 千克，总增小麦 36.34 吨，总增效益 94.5 万元（按 2.6 元/千克计）。

（四）主要作法

在推动地下水压采粮食作物水肥一体化项目实施过程中，一是强化组织领导。为了保证项目顺利实施，各地都成立了地下水超采综合治理领导小组，各级农业部门也成立了相应的组织，形成了职责明确、管理有序、运转高效的组织领导体系。邯郸市农牧局及时调整了项目领导小组，统筹推进农业项目实施，并与各项目县签订了目标责任书，还聘请石家庄市农业科学院名誉院长郭进考，河北农业大学农学院教授崔彦宏担任顾问，成立专家指导组。石家庄市建立目标考核机制，将任务落实到岗位、落实到人，实行周报、月报制度，制定时间节点保证该项工作的及时推进。二是科学制定方案，规范项目运行。为了确保水肥一体化项目能够按期完成，河北省农业厅（河北省委省政府农村工作办公室）、河北省财政厅先后印发了《关于提前实施 2016 年度地下水超采综合治理水肥一体化项目的通知》、《关于印发 2016 年度河北省地下水超采综合治理试点种植结构调整和农艺节水相关项目实施方案的通知》（冀农业财发〔2016〕36 号）、《河北省 2016 年地下水超采综合治理试点种植业结构调整和农艺节水相关项目管理办法》（冀农业财发〔2016〕44 号）。同时编制了配套技术方案。各项目县按照省市制定的实施方案，根据各自实际，充分摸底，进村走访调查，科学确定实施地点和实施模式，实地量测，认真开展田间工程设计，制定出符合实际的实施方案，经财政审核后批复实施，确保了项目顺利开展。三是落实责任，强化管理。各项目县围绕任务目标层层分解任务，市、县、乡、村逐级签订责任书，明确任务目标和责任。邯郸市实行局领导包县责任制，在 13 个项目县分别明确一名局领导分包，同时落实一个局属单位作为责任单位，并明确 2 名蹲点人员，督导、指导项目县全面抓好农业项目实施，协调解决存在的问题。邢台市农牧局制定了局领导包片，专家包县制度，从项目方案的编制、实施、验收一督到底，通过查看相关资料，深入现场等形式对各县（市、区）逐一进行督导，确保整体工作平稳、有序推进。四是强化宣传培训。各地充分利用电视、网络、广播、报纸等媒体，广泛宣传，营造有利于地下水压采综合治理的良好氛围。省土壤肥料总站先后组织开展了 2015 年度小麦玉米水肥一体化项目县中标企业情况调研，举办了粮食作物水肥一体化座谈，召开了河北省粮食作物水肥一体化技术培训会，召开了地埋伸缩一体化喷灌技术现场观摩会。邯郸市举办大型培训 2 次，印发《小麦玉米水肥一体化节水技术 100 问》《邯郸市小麦节水稳产高产栽培技术手册》等 1 万份。石家庄市采取请进来培训、走出去学习等多种形式进行多方面培养相关人员。正定县为了让合作社业主更好地学习小麦玉米水肥一体化技术，先后组织乡镇农办主任、区域站长、合作社到保定市望都县现场考察学习固定立杆式喷灌方式的安装和喷灌演示；到农哈哈集团学习卷盘式喷灌机的使用方法。邢台市项目县（市）充分利用明白纸，县电视台、村大喇叭网络、宣传车、悬挂条幅等多种形式深入宣传小麦玉米水肥一体化技术，提高了广大农户的水患意识、节水意识、保护意识。五是强化项目管理，完善后续服务体系建设。邢台市强化监理作用，试点县（市）政府组织财政、审计、纪检监察等部门强化监督和审查，利用"监理"查找盲区和死角。巨鹿县聘用"铁面监理"的张志行确保本县小麦玉米水肥一体化项目工程质量。邯郸市建立了由农牧（业）局、施工公司技术人员和农业园区、农业专业合作社、家庭农场的技术人员组成的 76 个技术服务组织，形成长期的服务机制，保证农民在使用中出现问题能够及时解决。

二、认真推进旱作农业技术推广项目实施

（一）完成情况

截止到 2016 年 11 月底，共完成 2015 年度旱作农业技术推广项目面积 162.39 万亩，完成任务面积的 107.7%。完成 2016 年度项目面积 156.92 万亩，占任务面积的 101.45%。覆盖 257 个乡镇、1 610 个村、157 728 户。完成试验 71 个、示范 123 个、示范面积 117 747 亩。招标采购地膜 7 698.94 吨，平均招标价格 11 809 元/吨。涉及玉米、马铃薯、谷子等作物，主要旱作模式为全膜覆盖、半膜覆盖、膜下滴灌等。

（二）应用效果

通过旱作农业技术推广项目的实施，地膜覆盖技术的应用，留住了天上水，利用了土壤水，节省了地下水，提高了水资源利用效率，提升了旱作农业区粮食综合生产能力，促进了粮食增产，农民增收，农业增效，对保障粮食安全和水资源安全发挥了重要作用，经济、生态、社会效益显著。

1. 经济效益

据调查统计，通过项目实施，项目区地膜玉米平均亩增产 93.3 千克，增产率 8.25%，亩增效益 142.2 元；地膜马铃薯平均亩增产 255 千克，增产率 13.7%，亩增效益 245.5 元；地膜谷子平均亩增产 20 千克，增产率 7%，亩增效益 64 元；地膜胡萝卜平均亩增产 900 千克，增产率 28%，亩增效益 720 元。在蔚县，通过实施旱作农业综合配套技术，谷子、玉米产量平均增加 50% 以上，半膜覆盖玉米比露地玉米亩增产 250 千克，达到 600 千克；全膜覆盖玉米比露地亩增产一倍以上，一般都在 800 千克；半膜覆盖绿豆比露地绿豆亩增产 50 千克以上，达到 125 千克，全膜绿豆比露地绿豆亩增产 80 千克，达到 150 千克以上；半膜谷子比露地谷子亩增产 100 千克，达到 300 千克，全膜谷子比露地谷子翻一番，达到 400 千克以上；杂交谷子地膜覆盖增产效果更加明显。在沽源县，马铃薯双行种植，滴灌条件下水肥一体化，亩产量为 3 350 千克，商品率（4 两以上）84%，较常规种植亩增产 1 090 千克。在涿鹿县，玉米全膜覆盖双垄沟播技术示范区平均亩产达到 760.3 千克，较露地玉米种植平均增产 106.7 千克/亩，增产效果非常显著。围场县马铃薯产区单纯推广旱作节水农业技术，项目区平均亩产达 3 000 千克，较改造前亩均增产 1 000 千克，亩种植增收 1 000 元。围场县一年内完成的 3.33 万亩核心示范区，总计节本增效 3 296 万元；辐射带动 10 万亩可增加收入近 1 亿元，项目区农民人均增收 1 625 元。

2. 社会效益突出

通过项目实施，建立水肥一体化、旱作节水农业综合示范区，综合配套膜下滴灌、水肥药一体化、全程机械化栽培、测土配方施肥、病虫害综合防控、脱毒种薯应用、新品种示范推广、农业智能化管控等多项新技术应用，节省大量人力、物力和财力，有利于种植大户、加工企业、种子企业、农膜回收加工企业、农机合作社等龙头及社会化服务组织发展壮大，有利于产业基地建设，提升粮食生产能力，推进农业结构战略性调整和优势作物

区域布局。承德市坚持把旱作农业与"五位一体"发展战略统筹实施，促进了农业园区、乡村旅游、美丽乡村、扶贫攻坚、山区开发的同步提升，真正达到了"产业率先突破、农村综合建设"的基本要求，带动了农村综合实力整体提升。探索总结出了旱作节水农业技术推广中应坚持的"六个一体化"建设标准（水肥药一体化，政企产学研一体化，新技术、新机制、新模式一体化，高值农业、有机农业、功能农业一体化，项目资金、财政资金、社会资金一体化，美丽乡村、扶贫攻坚、产业发展一体化），起到了很好的示范引导作用。

3. 生态效益

通过项目的实施，旱作节水、水肥一体化等技术广泛应用于生产，天然降水的利用率大幅提升，减少了地下水的开采量。平衡施肥、培肥改土技术的推广，优化肥料施用结构，提高肥料利用率，实现化肥使用量零增长，减少了化肥的使用量，减轻了过量施肥对环境污染。可降解膜的推广和地膜回收制度的完善，逐步减少了白色污染。通过地膜的增温保墒特性增强了作物抗性，减轻作物生理病害的发生，减少农药使用量，促进无公害食品、绿色食品生产，减少农业面源污染，保护自然生态资源，涵养了水源。承德市通过项目实施，10 万亩项目区每年节约用水 700 万吨，减少化肥、农药使用量 3 050 吨。

据调查，通过项目实施，项目区地膜玉米平均亩增产 93.3 千克，增产率 8.25%，亩增效益 142.2 元；地膜马铃薯平均亩增产 255 千克，增产率 13.7%，亩增效益 245.5 元；地膜谷子平均亩增产 20 千克，增产率 7%，亩增效益 64 元；地膜胡萝卜平均亩增产 900 千克，增产率 28%，亩增效益 720 元。蔚县西合营镇通过大户带动、政府推动，重点推广地膜覆盖技术，旱地玉米不盖膜亩产 350 千克左右，半膜覆盖亩产 550 千克左右，全膜覆盖达到 750 千克左右，比不覆膜玉米增产 114.3%。半膜地膜覆盖绿豆模式亩产 110 千克，全膜地膜覆盖绿豆模式亩产 150 千克。围场县马铃薯水肥药一体化综合示范区，马铃薯平均亩产达 3 000 千克，亩增产 1 000 千克。

（三）采取的主要做法

1. 加强领导，密切配合

省农业厅、省财政厅高度重视项目实施，加强领导，明确责任，密切配合，扎实推进。省农业厅负责组织协调、方案制定、培训指导、监督检查等工作，省财政厅负责补贴资金落实、拨付和监督管理。省土壤肥料总站负责制定项目实施的技术方案，确定主推技术模式。项目县（市）农业、财政部门负责落实项目的组织发动、宣传培训、试验示范、技术服务和资金保障。落实项目责任制，将任务落实到户，责任落实到岗。

2. 综合示范，强化带动

在承德、张家口两市，选择交通便利、便于参观的区域，围绕八"结合"，建立 7.499 6 万亩旱作农业综合示范区，集成创新展示以地膜覆盖为主的旱作节水农业综合技术。一是与全程农机化技术相结合，推广新型全膜覆盖机械，实现起垄、铺膜、铺滴灌带、播种、灌溉、覆土、施肥、除草等全程田间作业机械化，灌溉施肥智能化。建立了张家口蔚县玉米全膜覆盖双垄沟播技术模式示范区，张杂谷机械穴播半膜覆盖技术示范区。二是与水肥一体化相结合，综合提高水肥利用效率。建立了沽源县马铃薯膜下滴灌示范区，在承德市建立了 6 个万亩旱作农业节水技术示范园区，带动全市发展膜下滴灌水肥一体化技术。通过在旱作农业示范区内配套智能化灌溉施肥、用药、抗旱耐寒品种、生物有机肥料、功能富硒肥料、病虫害综合防治、深松深耕等集成技术，实现了"节水、节肥、节药，提产、提质、提效益"，推动了传统农业向生态高值农业的转变提升。三是与高校科研相结合，引入先进技术和理念，提高示范区科技含量。围场县引入中国农业大学王涛副校长科研团队，集成多类抗旱、节水、增产技术，重点抓实技术创新、技术转化、技术培训三个关键环节，建立了马铃薯膜下滴灌智能水肥一体化技术示范区，实现了无线智能控制、一体化墒情监测。四是与化肥使用量零增长行动相结合，调整肥料品种结构，提高肥料利用率。在围场县建立了化肥零增长新型肥料施用技术示范区，应用测土配方施肥技术，推广液体水溶肥、生物有机肥等新型肥料。在张家口推广玉米底施配方肥、水肥一体化追肥技术。在蔚县示范推广"玉米铺膜沟播集雨技术"，底肥选择可控释配方缓释肥，用足量一次性做底肥施入，不再追肥，省工、省时、省肥，解决了全膜覆盖追肥难的困难，大大提高旱地玉米的产量和效益。蔚县玉米、杂交谷子推广合理增加种植密度、改种生长期较长的高产品种、改粗放用肥为配方施肥＋控释肥的"一增二改"技术 30 万亩，显著提高了产量。与化肥零增长行动相结合，示范区做到了少用肥、用够肥、效益高，实现了化肥零增长、负增长。五是与农业面源污染治理结合，探索建立残膜回收与畜禽粪便综合利用机制。项目区推广地膜科学使用技术，减少残膜对环境的污染，建立多功能降解地膜示范区，积极试验示范新型可降解膜并进行大力推广。围场县将旱作农业与养殖、加工业相结合，发展"循环农业"。按照"种植—加工—养畜—肥田—种植"模式，调整优化农业种植结构，促进土地集中规模经营，延伸农业加工末端链条，加大农业剩余物加工转化力度，提高压块饲料、生物肥料的产出和应用水平，有效保证了种养平衡和资源循环利用。张家口塞北示范区探索牛粪综合利用技术，建立了牛粪综合利用技术示范区，利用大型沼气池，牛粪发酵，沼液与氮磷钾肥配比，作为液体肥料为示范区马铃薯提供追肥。六是与功能农业相结合，提升农业增效能力。在围场县启动建立了国内首个"10 万亩有机富硒马铃薯功能农业示范区"，将围场马铃薯培育为全国功能农业"单品冠军"，打造"功能农业＋脱贫攻坚"模式。七是与休闲观光农业相结合，打造美丽农业。围场县在旅游沿线和高速公路沿线布局旱作农业示范基地，利用丘陵区规模地膜覆盖和马铃薯花形成的视野效果，打造马铃薯地膜覆盖观光带，形成"百里画廊、万亩花海"壮美景观，促进农业休闲旅游。同步建设休闲农庄、乡村旅店、生态经济沟等富民产业，使农田变美景、农活变体验、民房变民宿，促进生态农业向休闲旅游农业转型提升。八是与农业社会化服务相结合，促进农企对接。引入市场机制，扶持测土施肥、残膜回收和农机作业社会化服务网点，建设智能配肥站、液体肥加肥站，为农民提供社会化服务。张家口市积极进行社会化服务机制创新，利用社会化服务组织或企业参与农机作业，使分散的一家一户的生产变成标准统一的企业化生产形式。与云天化集团、保定沃森肥料公司等企业合作，建设测土施肥、长效底肥和全营养液体肥、水溶肥供肥施肥等社会化服务体系。

3. 健全机制，促进回收

建立废旧地膜回收制度，鼓励以旧换新，促进残膜回收利用。平泉县在 4 个乡镇分别建立了地膜回收网点 4 个，完善了地膜回收加工利用收储体系。以项目村为单位统一签订地膜回收承诺书，采取以奖代补政策，对当年残膜回收率高于 80％的村，下一年度优先安排地膜补贴项目；对未履行地膜回收承诺的村，取消下一年度地膜补贴项目。同时，制定了两种残膜回收机制：一是农户直接清理回收，销售给废旧农膜加工企业设立的废旧农膜收购站，收购站建立回收档案；二是由收购站统一组织进行地膜清理回收并建立档案。对于不清理自家地膜以及阻碍地膜回收站统一清理地膜的农户，取消该户下一年度地膜补贴项目。

4. 强化宣传，营造氛围

各地按照"技术指导直接到户、良种良法直接到田、技术要领直接到人"的农技服务机制，采取集中授课、现场指导、网络会诊等方式进行服务指导，对项目村种植大户、专业合作社、家庭农场等进行培训。抓住农时季节组织技术人员分乡包片深入生产一线，向农民传授地膜覆盖相关技术，解决生产中存在问题，使地膜栽培技术传送到千家万户，确保了各项关键技术落实到位。张家口市农牧局建立领导班子联系县区、科技人员帮扶农户的技术服务机制，每位领导班子成员定点帮扶指导 1 个县区，农技人员定期为农民提供技术服务。据统计，全省开展宣传培训 1 068 场次，培训技术人员 2 252 人次，培训农民 7.33 万人次，印发宣传资料 17.711 5 万份，辐射带动 109.58 万亩。

5. 规范操作，加强监管

严格执行相关政策规定，确保项目规范操作。在项目区提倡整村整乡集中连片推进，落实公示制度，公示项目补贴标准、补贴名单和补贴金额，接受群众监督。项目区全部采用厚度 0.01 毫米以上的地膜，促进残膜回收利用。要求设区市统一组织地膜招标采购。设区市和项目县（市、区）农业、财政部门负责地膜补贴项目监管，省、市农业和省财政部门多次组织督导检查。

三、积极开展田间水肥一体化试验示范

组织开展了新型肥料、新型地膜和抗旱抗逆技术等专项试验示范。在任县、河间、正定、藁城、围场、沽源、蔚县、赤城 8 个县（市、区）玉米、马铃薯田共开展水肥一体化和水溶肥料、旱作保墒、测墒灌溉与长效肥料、节水农业生物肥料应用、抗旱抗逆范及新型地膜试验示范 33 个，锌肥应用试验示范 7 个。一是在精灌农业区的围场县、沽源县、蔚县、赤城县，开展了水肥一体化和水溶肥料的试验示范。二是在旱作区的围场县、沽源县、蔚县、赤城县，开展了旱作保墒、测墒灌溉与长效肥料试验示范。三是在蔚县开展了新型地膜试验示范。四是在围场县、沽源县、蔚县、赤城县，开展了节水农业与生物肥料的试验示范。五是在任县、河间市、藁城区、正定县开展了抗旱抗逆试验示范。六是在任县、河间市、藁城区、正定县开展了锌肥应用试验示范。通过试验示范，明确了新型地膜、抗旱剂、保水剂、抗逆制剂、水溶肥料、长效肥料、缓控释肥料等在增强作物抗逆性的能力和提高产量、改善品质、节本增效等方面的作用，为大面积推广奠定了基础。

四、积极开展土壤墒情监测工作

2016 年我们按照农业部统一部署，精心安排，统筹规划，组织墒情监测站按期开展

土壤墒情监测工作，及时上报土壤墒情简报和监测数据，按时完成网络上传、报送有关领导、发送相关部门，为农业抗旱减灾和指导合理灌溉提供了科学依据。截止到 12 月初，全省各墒情监测站点提供数据 11 980 条，在中国节水农业信息网等相关网络发布墒情监测信息 84 期，其中省级土壤墒情信息 9 期，地级墒情信息 1 期，县级墒情信息 74 期。

五、存在问题与建议

一是农民重视对水肥一体化设备建设，忽视配套使用技术，有的只灌溉不施肥，有的使用节水设备浇大水。建议加大技术培训力度。二是技术指导服务体系建设不健全。有的系统有了问题不知道怎么维护修理。三是覆膜机械对农民应用地膜覆盖技术具有重要影响，由于缺乏先进的地膜覆盖机械，制约了地膜覆盖新技术如全膜覆盖双垄沟播等技术的推广应用。建议在项目中适当增加对覆膜机械进行补贴。四是地膜回收利用难度较大。地膜回收机制不健全，项目县多数都没有废旧塑料回收加工企业，且回收成本相对较高，回收工作存在一定难度。部分项目县存在地膜随意堆放、掩埋、焚烧等情况，污染环境。建议扶持废旧塑料回收加工企业，回收各种塑料薄膜，减少环境污染。加强对新型无污染可降解地膜筛选，加大可降解地膜试验、示范推广力度。

内蒙古自治区节水农业发展报告

内蒙古自治区土壤肥料工作站

内蒙古现有耕地1.37亿亩,人均耕地5.3亩,地广人稀,耕地资源丰富。粮食综合生产能力超过275亿千克,总产量进入全国前10强,每年为国家提供商品粮100亿千克,是全国净调出商品粮的六个省(自治区)之一,不但是祖国重要的粮食生产基地,还是祖国北疆生态屏障。但内蒙古农业生产的基础条件较差,旱地面积占总耕地面积的68%左右,大部分耕地没有灌溉条件,靠天吃饭。年平均降水量150~450毫米,蒸发量1 800~3 100毫米,并且降水主要集中在7、8、9月。耕地亩均水量544.7米³,不到全国亩均水量的1/4。春旱发生率高达80%以上,平均每年有37%的耕地受不同程度的旱灾影响,年均减产粮食约29.2亿千克。十年九旱,连年春旱,伏旱、秋吊时有发生,这是内蒙古农业生产的真实写照,干旱缺水已经成为内蒙古农业发展最主要的制约因素。2016年内蒙古自治区土壤肥料和节水农业工作站围绕"控水降耗、控肥增效、控膜提效"三大目标,依托国家和自治区土肥水重大项目,突出"科技节水、作物节水、绿色节水"三大理念,采取示范引领、宣传引导、培训带动三大措施,示范推广水肥一体化、节水灌溉、地膜覆盖等技术模式,取得了显著成效。

一、主要工作

(一)积极抓好水肥一体化项目,发挥示范引领作用

2016年,内蒙古自治区土壤肥料和节水农业工作站继续在喀喇沁旗实施2015年农业部部门预算膜下滴灌水肥一体化技术示范项目。通过2015年3 400亩水肥一体化技术示范带动,2016年喀喇沁旗玉米膜下滴灌水肥一体化示范面积快速扩张到5万亩,仅示范区周边就直接扩大到1万亩。2016年9月,项目通过全国农技中心领导和相关专家组成专家验收组的验收,专家组一致认为该项目实施期间,农民接受水肥一体化技术意识和水平得到了大幅提高,项目真正起到了示范带动作用。

2016年农业部膜下滴灌水肥一体化技术示范项目在锡林郭勒盟多伦县实施,项目区依托多伦县瑞祥农业专业合作社、利农高原种植有限责任公司和田园种植专业合作社三家大型合作社建设马铃薯滴灌水肥一体化高标准示范田2 430亩。项目区实现了节水50%,节肥20%,亩减本增效700多元的目标。同时在项目区内举办5次培训观摩会,媒体宣传报道10次以上,培训农民1 000多人。通过项目的实施,有效带动了周边区域节水农业及水肥一体化等技术的全面推广。同时使项目区示范农户掌握了3~5项农田节水适用技术,普遍提高了农民的科技文化素质和种植管理水平,辐射带动项目区农业生产由粗放

经营向集约经营转变。

（二）节水农业快速发展，大力推动控水降耗行动

2016 年通过旱作农业技术推广项目的引领带动，全区节水农业得到快速发展。据统计，全区高效节水灌溉面积达 2 020.9 万亩，其中大型喷灌 364.1 万亩，移动式喷灌 659.8 万亩，软管微喷 27.0 万亩，膜下滴灌 851.5 万亩，高垄滴灌 79.0 万亩，浅埋式滴灌 39.5 万亩。还有节水管灌面积 1 065.9 万亩，地膜覆盖 2 439.9 万亩（不含膜下滴灌），集雨窖池补灌 1.9 万亩，坐水种 235.7 万亩，深耕深松 3 470.7 万亩。其中高效节水灌溉中水肥一体化面积 747.6 万亩（含果树 3.8 万亩）。高效节水灌溉面积较 2015 年增加 280.3 万亩，滴灌面积较 2015 年增加 82.8 万亩。节水农业技术的快速推广和应用，实现了农业控水降耗。

（三）深入开展试验研究，提高服务水平

2016 年针对全内蒙古自治区水溶肥料市场混乱，农民盲目施用等问题，内蒙古土壤肥料工作站下发了《关于开展新型肥料应用现状调研的通知》（内农土肥发〔2016〕第 6 号），开展水溶性肥料应用现状调研。根据调研结果，内蒙古土壤肥料工作站选择了其中的 13 种水溶肥料（其中玉米用水溶肥 6 种、马铃薯用水溶肥 7 种）在全区 9 个盟市的 9 个旗县（东部 4 旗县为玉米，西部 5 旗县为马铃薯）开展了不同水溶肥料品种筛选试验，各试验区按照自治区制定的统一试验方案，分别安装独立的灌溉施肥设备，同步开展肥料筛选试验。试验结果显示，成都一心化工有限责任公司生产的利多宝水溶肥、北京新惠农农业生产资料有限公司生产的优斯美液态氮肥在马铃薯上应用效果较好，分别增产 5％和 7％。山东金正大公司生产的平衡性水溶肥料和山东创新腐殖酸科技有限公司生产的含腐殖酸液态肥在玉米上增产效果较好，分别增产 9％和 7％。

另外还开展了不同水溶性肥料、抗逆抗旱试剂、长效肥以及锌肥施用方式及用量试验示范。通过大量的试验研究，明确了不同作物水肥一体化灌水定额、肥料配比、水肥管理等多项关键指标，为深入研究水肥一体化技术，集成技术体系，突破技术瓶颈提供技术支撑。

（四）全面开展墒情监测，提升服务能力

为做好墒情监测工作，下发了《关于认真做好 2016 年土壤墒情旱情监测工作的通知》（内农土肥发〔2016〕第 7 号），45 个监测旗县和 10 个监测盟市按照通知要求及时测试并上报简报，截至 2016 年 10 月 31 日，全区共采集测试土样 28 125 个，共完成了墒情简报 1 400 期，自治区发布省级墒情简报 25 期。为提升监测能力，2016 年依托农业部农业试验示范项目建设 12 个墒情自动监测站，实现了阴山北麓区自动化监测网络覆盖，同时，对在燕山丘陵旱作区安装的 13 台土壤墒情自动监测站进行仪器校正，通过校正提高了自动监测站监测数据的可靠性。自动化监测网络的建立不仅大幅地减少监测工作量，还实现了气象条件监测，进一步提升了我们的服务能力。

二、工作措施

（一）及早谋划部署，统筹安排工作

为了按时推进年初工作计划，顺利落实各个项目建设内容，内蒙古土壤肥料工作站本着及早谋划，统一部署的原则，年初制定了详细的工作方案，将各项工作详细分解，具体任务落实到人。下发了《关于认真做好 2016 年土壤墒情旱情监测工作的通知》《关于开展2016 年节水农业试验示范的通知》《关于开展水溶性肥料对比示范的通知》等文件，统一指导全区节水农业、水肥一体化以及墒情监测工作。

（二）转变推广方式，注重下乡指导

2016 年内蒙古土壤肥料工作站以水肥一体化项目建设为契机，在水肥一体化技术示范项目区开展专题调研和技术指导，对项目区农户进行生产情况及水肥一体化技术难题摸底调研，对种植业合作社进行发展模式及水肥一体化技术市场调研，调研内容涵盖了种植结构、施肥情况、秸秆利用、地膜覆盖、滴灌水肥一体化应用状况等一系列农田生产情况。全面摸清水肥一体化技术推广中的问题，因地制宜，因户施策。针对调研中的问题，内蒙古土壤肥料工作站非常注重下乡指导，对水肥一体化技术及设备进行不断完善，使水肥一体化技术充分与当地实情结合，入乡随俗，因地制宜，确定了一套符合当地农业生产的水肥一体化技术体系。农民应用水肥一体化技术，实现节水、节肥、增产增收的效果，得到了新型技术带来的甜头，应用技术的热情也必将得到很大的提高。这就实现了发展动力的转变，由原来的被动接受，转变为现在的主动实施。

（三）加强宣传培训，营造良好氛围

2016 年内蒙古土壤肥料工作站以基层农技人员、种植业大户、农村科技示范户为培训对象，结合锡林郭勒盟多伦县马铃薯水肥一体化技术试验示范项目，培训人数 1 500 人次，发放培训教材 1 500 余份，技术资料 20 000 多份。召开不同规模现场会 4 次，截至10 月 31 日，内蒙古土壤肥料工作站节水工作方面接受电视新闻报道 3 次，农民日报专题报道 2 次，发布网络信息和简报超过 50 篇。使各级领导和农户全面了解水肥一体化技术、旱作节水农业和墒情监测的重要性，把技术通过媒介带到农户家中，推广到田间地头。通过宣传工作树立典型，展示工作风采，促进水肥一体化技术等推广工作全面开展。

三、主要成效

（一）增强了粮食综合生产能力

节水农业技术中的滴灌一般可节水 40%～80%、节肥 10%～40%、节地 6%～8%；省电 27～40 度/亩、省工 3 个/亩；增产 30%～500%。同时，滴灌单眼机电井控制面积可达到 300～500 亩，是漫灌的 3～5 倍，可利用现有水源条件扩大有效灌溉面积 2～3 倍，使资源利用率和劳动生产率明显提高，生产成本显著降低，生产效益成倍增加。通过大力

发展节水农业，全力推广膜下滴灌水肥一体化技术，使得农田抗旱水平得到了明显提高，抗灾能力得到了明显增强，粮食综合生产能力大幅提升。

（二）促进了新型经营主体发展

节水农业技术的大面积推广需要统一的田间管理和整片的规划设计，在推广技术的过程中，注重扶持以种植业大户和合作社为主的新型经营主体，在项目区实行统一式管理模式，统一技术方案、统一技术培训、统一机械整地、统一农资供应、统一机械播种、统一配方施肥、统一田间管理、统一病虫害防治、统一机械收获。打破了农户分散经营的限制，最大化地发挥了节水农业技术的优势。

（三）加快了节水农业技术集成

在推广节水农业技术的同时，内蒙古自治区土壤肥料工作站紧紧围绕"节、减、控、增"制定技术路线，实现农田灌水量减少、化肥使用量减少、严格控制地膜厚度、增加种植密度，同步推进配套技术，加快技术体系集成。在项目区实现了六个"全覆盖"，即测土配方施肥全覆盖、深耕深松全覆盖、膜下滴灌全覆盖、机械化种植全覆盖、水溶性肥料应用全覆盖、墒情监测全覆盖。这些技术的全面推广，不仅提高了种植水平，保障了粮食产量，同时形成了一套以膜下滴灌水肥一体化技术为核心的节水农业高产高效技术模式，对水肥一体化的大面积快速推广具有重要意义。

（四）实现了农田控肥增效

通过水肥一体化技术示范区的建设，将水肥一体化技术作为控肥增效的有效手段，取得了明显的效果。示范区实现了节水 50％，减肥 20％，增产 20％，增效 20％的效果，同时水分利用效率提高了 40％，肥料利用效率提高了 30％，其中氮肥利用率提高一倍，并且土壤环境、农田生态等方面也得到了改善。通过水肥一体化技术示范，证明了水肥一体化技术是实现农田控肥增效，完成"到 2020 年化肥使用量零增长"目标的最有效的手段之一。

四、主要经验

（一）统一思想认识，加强横纵联合

内蒙古农业生产一直受到干旱缺水的制约，尤其是旱作农业比重大，旱作区粮食产量已接近全区粮食总产的一半，旱作区农业的丰歉直接左右着全区粮食生产形势。这一严峻形势受到了自治区各级领导的关注，自治区各级党委、政府和广大农民群众早已统一了思想认识，高度重视节水农业的发展，将节水农业技术推广工作上升为政府行为。内蒙古自治区制定节水农业发展规划，农业部门组建技术骨干推广团队，自治区、盟市、旗县系统内纵向成立组织机构，按照规划设计，发挥自身优势，积极落实工作，做到了上下协调，密切配合。技术推广过程中，积极协调发改委、农业综合开发、水利、林业、农机等部门，以试点旗县为平台，整合当地农业综合开发、退耕还林还草、水土保持、高标准农田建设、深松整地等项目，配套协同推进项目工作。同时产学研企部门通力合作，组建技术

攻关组，深入研究技术理论，突破技术发展瓶颈，为节水农业技术推广提供保障。

（二）深入推进三级联创，保证工作务实高效

2016 年内蒙古自治区土壤肥料工作站继续按照自治区农牧业厅印发的《关于组织种植业系统科技人员下基层开展三级联创蹲点活动通知》和内蒙古自治区土壤肥料和节水农业工作站印发的《在全区土肥系统开展"下基层、转作风、抓落实"活动方案》通知要求，组织自治区、盟市、旗县三级技术人员通过长期蹲点的方式，吃住在乡村、服务在地头，开展土肥水示范区建设。在建设过程中，要求每一位蹲点技术人员要落实好 100 天左右的蹲点时间、帮扶好 10 个科技示范户、开展好 1 次有针对性的技术培训、参加好 1 次关键农时的现场观摩会、完成好 1 篇理论联系实际的调研报告。由于工作任务要求具体，目标明确，下乡蹲点工作扎实有效，不走过场，取得了很好的成效，让示范区确确实实起到了示范引领作用。

（三）注重入户调研，针对需求下药

水肥一体化技术作为一项新型高效节水农业技术，在推广和使用过程中还存在很多问题，为了摸清农民需求，为今后工作找准方向，在项目实施前，通过广泛深入细致地调查研究，了解和掌握了当地农业生产实际，把项目实施成效与种植业结构调整紧密结合起来，重点挖掘土肥水资源高效合理利用和增产增收潜力，最大限度地发挥当地区域优势和特点。2016 年内蒙古自治区土壤肥料工作站在水肥一体化技术示范项目区开展专题调研和技术指导，对项目区农户生产情况及水肥一体化技术难题摸底调研，对种植业合作社发展模式及水肥一体化技术市场调研，调研内容涵盖了种植结构、施肥情况、秸秆利用、地膜覆盖、滴灌水肥一体化应用状况等一系列农田生产情况。全面摸清水肥一体化技术推广中的存在的问题，为因地制宜，因户施策推广水肥一体化技术提供了依据。

（四）创新工作机制，落实责任考核

在水肥一体化技术推广过程中重建设轻管理、重工程轻农艺、重灌溉轻施肥，一直是限制水肥一体化发展的瓶颈，归根结底是工作机制不完善造成的。创新工作机制，打破传统限制，将工作落实到实处，是发展水肥一体化的必经之路。连续两年来，内蒙古自治区土壤肥料工作站通过"三级联创"蹲点技术服务活动在组织模式、工作机制、工作落实、技术模式、资金保障、工作载体等方面都进行了大胆的创新，探索出了一套党员带头抓落实，突出业务促发展，强化党建促和谐的共建党支部示范带头工作路线。通过创新工作机制，发挥党员的先进性和示范带头作用，并实行三方考核制度，即建立一套农民满意度调查、县乡干部反馈意见和上级部门综合考核的新机制，为水肥一体化技术推广工作提供了平台和抓手。

五、存在的主要问题

（一）存在的问题

主要体现在"一个不足、两个限制和三个不够"。"一个不足"是对可持续发展和生态

环境保护的认识不足。长期以来，许多地方对可持续发展和生态环境保护认识不足，大面积垦荒垦草，大量的打井，超采地下水，过量施用化肥、农药，重灌区、轻旱区，广种薄收，粗放经营，掠夺式耕作，造成大量浪费、污染和生态破坏。"两个限制"一是受农村牧区自然条件限制，农牧民规模化经营和组织化程度低，节水农业技术推广难；二是受法律法规缺失的限制，市场监管不到位，节水设备五花八门，质量和价格参差不齐，易挫伤农民的积极性；"三个不够"即扶持政策和资金不够持续，发展后劲不足；部门间工作不够协调，重建设轻管理；农业用水机制不够健全，缺少用水制约机制。

（二）解决办法

1. 引导资金投入，加强示范带动

应加大对节水农业的资金投入力度，建议设立节水农业专项资金，明确相关主体的责任和各级财政的投入比例和资金来源，完善多元化资金投入机制，激发社会资本对节水农业的投入热情。同时加快节水农业示范片建设，注重关键农业技术集成，形成典型技术体系，扩大引领示范带动效果。

2. 加强宣传引导，注重人才培养

节水农业技术的推广，离不开农技人员的努力。要注重对基层农技推广人员的人才培养工作，努力提高基层农技推广人员的业务素质和工作能力。要表彰先进，树立典型，带动全局，成为技术推广和项目建设的支撑力量。同时要加强对农业种植大户，和农村党员、技术人员的宣传培训工作，充分发挥示范带头作用，成为节水农业技术推广的生力军。

3. 完善法律法规，创新管理机制

在政策保障上要尽快完善节水农业发展规划，在顶层设计上进行优化，统筹全局长远规划，明确发展目标，细化建设内容，保证节水农业有序快速发展。同时要创新管理机制，引导企业、农户共同参与节水农业建设，规范市场秩序，保障产品质量。要建立相应的法律法规，明确用水责任及义务，细化法律规定，建立农业用水管理机制、规范农业用水行为、建立奖惩办法等。

六、下一步工作计划

一是继续扎实有效地做好农田节水工作。2017 年依托国家旱作农业技术推广、农业部水肥一体化专项等项目为示范引领。重点推广应用以测墒灌溉为基础，以水肥一体化技术为核心的控水降耗技术模式，实现农田节水工作的"2345"目标，即全区新增农田高效节水灌溉面积、水肥一体化应用面积、作物节水面积和亩节水率分别达到 200 万亩、300万亩、400 万亩和 50%；二是组织实施好旱作农业技术推广项目。在 7 个盟市 16 个旗县实施的国家旱作农业技术推广项目，重点在水肥一体化技术、坡耕地改造技术、残膜回收利用技术和新型旱作节水技术研究 4 个方面加以推进；三是继续组织实施好农业部水肥一体化示范项目。打开河套灌区节水灌溉的盲点，在黄灌区开展井黄双灌新型节水灌溉试验示范，研究自动化灌溉和互联网应用平台，实现数据深度挖掘和利用的同时，在深入开展

技术攻关试验以及水溶肥筛选等常规试验示范上下功夫；四是继续做好墒情旱情监测预报工作。重点抓好"建""校""扩""网"工作，即建立自治区、盟市、旗县简报签发制度，完善简报报送制度；在 12 个旗县开展自动化监测仪器校正工作；扩大自动化监测应用范围；完善全区网络墒情监控平台数据管理和建立微信公众号，定时上传全区墒情状况，提高服务农民意识，创新服务手段。

山西省节水农业发展报告

山西省土壤肥料工作站

山西十年九旱，干旱和缺水严重制约农业生产的发展。2016 年，我省立足田间节水，以农田节水设施建设和农田节水技术集成创新为主要内容，以解决灌区节水和旱区蓄水为主攻方向，积极探索创新旱作农业节水新技术新模式，建立了工程—农艺—生物相结合的旱作节水技术体系，为保证粮食安全和农民增收做出了积极贡献。

一、主要工作完成情况

（一）积极开展农田节水示范活动

一年来，我们以开展农田节水示范活动为抓手，大力推广旱作节水农业技术，显著提高了水资源利用率。全省建设高标准农田节水示范区 22 个，示范面积 18.6 万亩，涉及 20 个县 23 个乡镇 6.2 万户。辐射带动推广旱作节水农业技术 259.6 万亩，其中，秸秆覆盖蓄水保墒培肥技术 196.3 万亩、水肥一体化技术 15.6 万亩、W 型膜盖集水补灌技术 21.5 万亩、全膜双垄集雨沟播技术 16.3 万亩，少耕穴灌聚肥节水技术 8.3 万亩，渗水地膜 1.6 万亩。通过示范活动的开展，为全面普及推广农田节水技术树立了样板，起到了很好的示范带动作用。

结合示范活动的开展，积极探索创新旱作节水新模式，破解农业缺水难题。五台县通过多年试验，示范推广了集保墒、集雨、增光、增温于一体的机械化地膜覆盖半精量播种技术 15 万亩，在今年秋旱严重的情况下，降水利用率高达 75.2%，玉米亩产达到了 500 千克以上，取得了小旱大增产、大旱不减产的效果。吕梁市积极探索环保可持续宽膜多沟技术，研发出了垄膜可回收、边膜能降解的 2 米宽地膜。该地膜厚 0.012 毫米，具有抗氧化、强拉力，使用周期长等特点，边膜宽 12～15 厘米，厚 0.006～0.008 毫米，可降解。收获后，垄上地膜通过机械回收，埋入土中的边膜就地降解，达到绿色环保，试验取得初步成果。太原市阳曲县为了摆脱小旱小灾、大旱大灾、年年抗旱、年年受灾的被动局面，2011 年从甘肃引进全膜双垄沟播技术开始试验示范，经过多年探索和实践，技术应用取得了巨大进展，累计应用面积由起初的 100 亩，发展到目前的 10 万亩左右。作业机械同步发展，作业机具由当初的半自动化，发展到玉米双垄沟播全覆膜联合作业一体机，实现了旋耕、起垄、覆膜、精量播种一次性完成，走出一条"典型引路、示范带动、突出重点、全面推进"的旱作农业示范推广新路子。

全省通过大规模引进、示范、推广各类农田节水等实用农业技术，有效提高了耕地综合生产能力和农业抗灾能力，促进了农业稳定发展和粮食生产再上新台阶。

（二）全面做好土壤墒情监测工作

2016 年，为进一步强化墒情监测工作，与 20 个国家级土壤墒情监测县签订了《土壤墒情监测项目任务委托协议》，落实主题责任，进一步明确任务分工，完善了土壤墒情监测工作方案，各有关监测县密切关注土壤墒情变化，做到抗旱保墒两手抓，有效地促进了监测工作的顺利完成。

结合山西省自然气候、农业生产条件及优势农作物分布情况，2016 年在全省建立了 20 个国家级监测站（县）开展土壤墒情监测，包括五台、寿阳、长子、屯留、高平、乡宁、尖草坪、偏关、平定、盐湖、芮城、稷山、曲沃、祁县、汾阳、原平、代县、天镇、大同、应县。按照《土壤墒情监测技术规范》要求，每月 10 日、25 日开展两次监测，每次监测全县范围内的 10 个点，通常按照 0～20 厘米，20～40 厘米两层监测。在作物关键生育时期和旱情发生时，扩大监测范围，增加监测频率。

一年来，全省累计采集土壤墒情监测数据 5.3 万个，在作物生长关键时期及时组织墒情会商 3 次，把土壤墒情监测数据和报告以信息发布的方式，向当地政府和上一级农业部门报告，省站全年累计发布墒情监测信息简报 22 期，各市、县全年累计发布墒情监测信息 336 期，为各级政府、农业部门指导农业抗旱减灾提供了依据，尤其是为今年我省中北部地区抵御秋旱的危害，起到了很好的指导作用，为我省粮食总产突破"130 亿千克"，创造历史新高做出了贡献。

（三）锌肥试验示范

锌是植物生长发育过程中不可缺少的微量元素。为展示锌肥对农作物的生长影响，摸清农用高效颗粒锌肥（江西宝海锌业肥限公司，纯锌含量≥25％）和黄腐酸螯合锌（山东创新腐殖酸科技股份有限公司，黄腐酸≥10％，锌≥10％）对农作物生产的作用，为更广、更有效施用锌肥提供科学依据，我们在太原市小店区刘家堡王吴村进行了玉米锌肥试验示范。

试验地亩留玉米 4 500 株，5 月 5 日播种后，3 天内喷施苗前玉米地除草剂，5 月 16 日玉米出苗，5 月 23 日玉米两叶一心到三叶一心时，人工用喷雾器配杀虫剂灌根，防止地老虎的危害。5 月 25 日间苗，5 月 31 日定苗。6 月 2 日人工用锄头中耕锄草一次，6 月 10 日第二次中耕锄草。6 月 17 日用微耕机追肥并培土，促进玉米蹲苗，加快玉米根系生长。8 月 14 日人工拔草一次。

试验前期气候适宜，气温温和，玉米播种后，出苗前零星的两次降雨，保证了玉米的出苗，出苗后到 7 月上旬没有降雨，玉米生长受到一定的影响，7 月 13～20 日每天都有降雨，尤其 7 月 19 日当天小店地区降雨量达到 149.6 毫米，造成试验田积水，第二天组织人员排水，试验后期降水不均匀，温度偏高，玉米生长发育、成熟受到一定的影响。

试验结果表明，施用锌肥可有效提高成穗率，增加穗粒数和千粒重。施用黄腐酸螯合锌玉米平均亩产 753 千克，比对照增产 31.5 千克，增产 4.37％；农用高效颗粒锌肥平均亩产 745.5 千克，比对照增产 26 千克，增产 3.6％。

二、工作措施

在开展旱作节水工作中，我们始终注意调动各级政府、广大科技人员和农民群众的积极性，通过采取强化组织领导、广泛宣传培训、典型带动等措施，使旱作节水农业工作不断取得新进展。

（一）强化组织领导，确保措施落实

为进一步推进旱作节水工作的深入开展，多年来坚持开展不动摇，始终把建设农田节水技术示范区作为发展节水农业的重中之重，因地制宜地推广秸秆覆盖、少耕穴灌、水肥一体化及膜下滴灌、W 形膜盖等农田节水技术模式。并要求各市县土肥部门明确责任，各负其责，把农田节水示范活动做好、做实。今年为全面贯彻全省科技创新推进大会和全省农业工作会议精神，加快农业科技创新推广，省厅高度重视旱作节水农业，将旱作节水农业技术创新行动计划列入了"2016 年农业科技创新行动计划"，要求着力引进和集成创新，完善技术体系，因地制宜示范推广以蓄水、保水、集水、节水为主要内容的旱作节水农业技术，并将落实情况作为各市农业重点工作目标责任考核的重要内容。

（二）广泛宣传培训，营造良好氛围

为提高社会各界对农田节水工作的关注、支持和参与程度，我们以展示农田节水的先进典型、宣传农田节水的先进实用技术为平台，采取现场观摩、电视讲座、报刊登载、入户培训等多种形式，广泛营造发展农田节水的良好社会氛围。据统计，今年我省各级农业部门累计开展与农田节水有关的报刊宣传 630 次、电台讲座 240 次、电视报道 350 次；省、市、县共培训基层技术人员 15 000 人次、培训农民 128 万人次。今年年初，为进一步加强土壤墒情监测工作，在运城市举办了土壤墒情和耕地质量监测技术培训班。就墒情监测自动监测站的建立、使用和维护等情况进行了详细的现场培训讲解，培训了墒情监测技术方法，研讨了下一步发展思路，部署了全年墒情监测工作。

（三）狠抓典型培养、促进示范带动

在不同类型的旱作农业技术实行技术人员蹲点包村包户指导责任制，建立集中连片示范点、培育科技示范户，充分发挥典型示范作用，在工作中确定了抓示范典型引路，辐射带动全局的工作方针，带动了旱作节水技术的快速推广。据不完全统计，全省共建成万亩以上规模高标准农田节水示范区 22 个，建立不同区域、不同节水技术模式的示范观察点 186 个，为农田节水技术推广的奠定了基础。

三、发展思路

（一）建立农田节水工作长效机制

一是坚持以政府为主导，建立旱作节水农业的保障机制。继续做好"宣传领导、宣传

社会、宣传农民"的宣传造势工作，不断强化政府责任，完善旱作节水补贴政策；充分调动企业及农民投资旱作农业的积极性，努力形成全社会投资旱作节水的良好氛围。二是建立节水农业的科学发展体系。进一步明确有关部门职责，理顺关系，整合资源，建立和完善由农业、水利、气象、农业综合开发等多部门参与的、以农业部门为主力的节水农业发展体系。三是坚持以农民为主体，推进旱作节水工作持续快速发展。努力探索建立农民参与的节水农业机制，积极扶植和引导农民应用节水技术和设备，把节水和农民的利益结合起来，建立农民参与的科学的旱作节水工作发展机制。

（二）继续推进农田节水工作

针对不同区域的农业生产的实际，以提高农业用水效率和效益为核心，因地制宜推广以蓄水、保水、集水、节水为主要内容的旱作节水农业技术。

在东南部旱作区，以蓄水、保水为重点，推广玉米秸秆覆盖蓄水保墒培肥技术、旱井（窖）集雨补灌高效种植技术，配套相应农艺措施，达到增加雨水入渗、蓄水保墒、改土培肥、减少水土流失与环境污染、增产增收增效的目的。

在晋西北旱作区，以集水为重点，推广以全膜双垄、集雨沟播为主的地膜覆盖技术、少耕穴灌聚肥节水技术，确保春播作物出苗率，有效减少干旱寒冷、土壤瘠薄等不利因素对农业生产的不良影响，使水肥资源得到合理利用，作物单产显著提高。

在中南部盆地灌区，以水资源高效利用为重点，推广水肥一体化技术、膜下滴灌技术，优化灌溉定额，合理调整施肥制度，促进水肥耦合，提高水肥利用率，实现节水、节肥、增产、增收。

通过技术推广应用，力争到"十三五"期末，旱作节水农业技术应用面积达 1 000 万亩，初步形成不同区域稳产、高效的现代旱作节水农业发展模式，旱耕地的粮食生产能力得到显著提升，降水利用率达到 60%，实现农业增效、农民增收，农业生态环境明显改善。

（三）加强示范推广工作

我省旱作节水农业建设的实践证明，以示范促推广是推广普及旱作节水技术的有效措施，下一步我们将认真落实中央 1 号文件和这次会议精神，认真学习各省区的先进经验，在农业部的大力支持下，进一步加大旱作农业技术推广力度，建立不同模式、不同规模的旱作节水技术示范区，展示效果，宣传社会，引导广大农民积极应用旱作节水技术，推动旱作农业工作再上新台阶。

辽宁省节水农业发展报告

辽宁省土壤肥料总站

辽宁省是全国严重缺水的省份之一，2016 年，全省继续实施节水灌溉工程，开展了节水试验示范，进行了水肥一体化调研，强化了墒情监测，取得了明显成效，现将节水工作总结如下：

一、工作情况

（一）继续实施节水灌溉工程

2011—2016 年，我省实施了"千万亩节水灌溉工程"，项目实施以来，不仅转变了传统的农业生产方式，改变了农业靠天吃饭的被动局面，真正促进了农业增产、农民增收。

2016 年辽宁省计划实施节水灌溉（经济作物）项目 40 万亩，共涉及 7 个市 17 个县（市、区），全年计划新建和改善各类水源 1 773 处，新建首部工程 522 处，配套机泵 1 997 台套，铺设地埋管路 2 071.83 千米，地面管路 728.32 千米，滴灌带 2.19 万千米，省级投资 16 000 万元。10 月份，全省各地节水灌溉工程陆续进入实施阶段，截至 10 月末，省节水灌溉项目已新建和改善各类水源工程 1 496 处，控制面积达 35.53 万亩，占计划的 88.83%，新建首部工程 345 台套，配套机泵 1 261 台套；铺设地埋管路 1 490.87 千米，累计完成投资 13 134 万元，占计划的 82.1%。

（二）开展了节水试验示范

按照全国农技服务中心的工作部署，结合我省实际，在沈北新区和瓦房店市分别开展了长效肥料、锌等试验。共落实抗旱节水试验示范区 4 个，其中，长效肥试验示范 1 个，锌肥试验示范 3 个。

（三）进行了水肥一体化调研

为全面了解掌握我省水肥一体化技术应用情况，2016 年 10～11 月份，省土壤肥料总站组成调研组，深入到抚顺等 7 个市 11 个县（市、区），实地考察了设施农业蔬菜、果树、草莓等 19 个水肥一体化示范现场，就当前水肥一体化技术应用情况、存在的问题等进行了深入细致调研。通过调研发现，我省水肥一体化发展呈现以下三大特点：一是农民专业合作组织、龙头企业是应用主体。近些年来，我省农民专业合作组织（专业合作社、种植大户等）发展迅速，其实力不同所经营的规模不同，经营保护地的从几个到几十个大棚，经营果树的能达到几千株。由于经济实力较强，在实施水肥一体化方面投入大量资金，采用统一标准，进行规模经营；二是在设施农业（保护地）中应用广泛。蔬菜、果树、草莓等设施农业效益较高，农民投入的积极性也高，应用面积相对较大，而裸地和大田作物应用较少；三是经济效益好的作物应用较多。在蔬菜、果树和瓜果等效益可观的作物上水肥一体化应用较多，而在玉米、花生等效益不高的粮油作物上应用较少。

（四）强化了墒情监测工作

2016 年，辽宁省选择辽中等县（市、区）建立 20 个国家级土壤墒情监测站，开展农田土壤墒情监测工作，及时掌握作物水分状况和土壤墒情变化规律，发布墒情监测信息，为农业种植结构调整、指导农民科学灌溉、抗旱保苗、节水农业技术推广提供科学依据。每个墒情监测站设立 10 个墒情监测点，全省共 200 个土壤墒情监测点。墒情监测站在 4～9 月每月 10 日、25 日，将墒情数据上传至全国土壤墒情监测系统，并形成墒情监测报告，通过广播、电台、互联网等形式进行发布。在作物关键生育时期和旱情发生时，扩大监测范围，增加监测频率。其中，在 3 月下旬和 4 月、5 月、8 月中旬分别加测 1 次农田土壤墒情。全年进行农田土壤墒情监测 17 次，获得农田土壤墒情监测数据 6 000 余个，发布省级土壤墒情监测简报 17 期，县级土壤墒情监测简报 320 期。

二、主要做法

（一）开展调研，探索模式

2016 年省土壤肥料总站对全省水肥一体化情况进行了专题调研，对我省当前水肥一体化的经营模式以及全省水肥一化发展状况有了初步的了解，总结出适合我省的主要技术模式，为我省水肥一体化发展积累了重要的基础资料。目前，我省实施水肥一体化技术的作物主要有玉米、设施蔬菜、设施草莓、设施蓝莓、矮化苹果、葡萄等，实施水肥一体化技术根据其微灌方式和配套技术不同，大致可划分为以下 3 种类型：一是玉米机井膜下滴灌技术。是以机电井为水源，主体设备集中在固定的井房内，人工手动控制，采用大垄双行，地膜覆盖，膜下滴灌，毛管春铺秋起，综合配套高产栽培技术。二是设施蔬菜智能温控全自动水肥一体化技术。通过地下深井水源，室内安装主体设备，配有自动控制系统和棚内温、湿、光监控系统，实现全自动化蔬菜灌溉施肥。三是苹果大功率全自动节水滴灌技术。利用露天水源井，通过室内安装大功率自动化灌水和施肥系统，进行单垄双管或空中单管滴灌作业。

（二）加强宣传，扩大影响力

全省通过广播、电视、报刊、杂志、网络、手机短信等多种方式，向农民提供土壤墒情信息服务，指导科学灌溉，推广节水农业技术，取得了良好的社会效益。积极利用农村大集发放科普资料和宣传手册，普及农田节水和土壤墒情知识，提高全社会对农田节的认知。全省各地还举办了多种形式的培训活动，加强对基层技术人员和大户进行节水农业技术培训，提高基层技术农田节水的相关的知识水平，提高农民农田节水意识，让农民从了解到接受农田节水，以全面推进节水农业的发展。

（三）加强墒情监测，突出服务功能

在 2016 年年初，省土壤肥料总站就下发了《辽宁省 2016 年土壤墒情监测工作方案》，明确了一年的工作重点任务。在每月的 10 日、25 日进行常规监测的基础上，在 4 月、5 月、8 月的 17 日，增加了一次墒情监测，对及时了解墒情变化起到了重要作用。此外，2016 年提前了全年的墒情监测的时间，在 3 月末就开始进行土壤监测，及时了解春耕期间墒情变化情况，为春耕生产的准备，发挥了有力的参考作用。

三、存在问题

（一）资金投入不足

长期以来，国家和省内投入农业节水工程的资金比较少，农民收入水平低，投资能力弱，资金分散，项目面小，示范作用不突出，市场引导差，企业投资少，导致农田节水建设欠账较多，基础设施薄弱，防旱抗旱能力提升缓慢，影响了农业综合生产能力的提高。

（二）领导认识不足

我省许多地方领导对农田节水工作的战略地位认识不足，重输水工程措施、轻农田节水技术，缺乏对水肥一体化的扶持政策和发展措施。

（三）技术支撑差

经过多年的发展，我省已经形成了一些相对成熟的农田节水技术，但受技术支撑体系不健全、技术研究不连续、技术推广机制不完善、推广机构的公共服务能力差等多方面的影响，农田节水技术普及速度慢、范围小、到位率低。已推广的技术也以单项技术居多，综合配套技术推广不足，农民应用节水技术的积极性和作用还没有充分调动和发挥。

四、有关建议

（一）出台政策措施引导

政府要研究制定切实可行的鼓励政策，吸引社会各方面的力量共同搞好水资源的开发利用、节水技术的研究以及节水设备和制剂的生产等工作，以优惠的政策措施，鼓励农民自办各种节水设备和率先实施各项高效农业技术，为高效节水农业的发展创造良好的环境。

（二）加大资金投入

资金投入是发展节水农业的重要保障，当前，针对田间节水环节的技术推广方面严重不足，这就大大制约了今后节水农业的进一步发展。要建立起政府引导、多元化投资的资金投入机制。

（三）加强培训和工作交流

有些基层技术人员还存在着业务不熟、技术不精等问题，对工作造成了一定的影响。为此，我们要进一步加强对各地员的业务指导和培训工作，提高技术人员的业务素质。

（四）扩大宣传和技术推广

节水技术的最终落脚点在农民，只有通过宣传培训、典型引路和示范带动，才能引导越来越多的企业和农民，积极参与到节水设施建设和技术推广中来，提高对节水农业的认知度，从而引起社会关注、领导重视，不断扩大农田节水技术应用范围。省级电视台和报纸，应多播放一些农田节水专题片和开辟新的农田节水专栏，普及节水知识，让农民能看得懂、学得会。同时各市、县农业技术推广技术人员也要深入田间、地头开展技术培训。

五、下一步工作打算

（一）建立省级墒情网络

2017 年，在原有 8 个省级自动墒情监测点的基础上，再建设 2 个省级自动墒情监测点，搭建省级墒情监测平台，为省级墒情监测的实时化、自动化做好基础工作。

（二）做好节水试验示范

按照全国农业技术推广服务中心的统一部署，继续开展节水农业试验示范工作，开展抗旱节水农业新型肥料试验的研究，展示抗旱新技术，通过试验示范，为节水农业技术大规模推广奠定基础。

吉林省节水农业发展报告

吉林省土壤肥料总站

一年来，吉林省节水农业工作在全国农业技术推广服务中心的正确指导下，在各级政府的大力支持和相关部门的积极配合下，取得了显著成效。玉米膜下滴灌、抗旱坐水种等农田节水灌溉技术大面积推广应用，土壤墒情监测水平与指导作用进一步提升，节水灌溉示范区粮食产量大幅度提高。

目前我省节水农业已步入了较快的发展阶段，节水灌溉设施从无到有，节水措施由传统型向现代化迈进，应用范围由半干旱区向雨养农业区拓展，由单一环节向作物生育全程延伸，节水技术由旱田向水田探索。我省已初步建成了基层节水农业推广服务体系和全省土壤壤墒情监测网络体系，为保障粮食安全和农业发展方式转变提供了强有力的支撑。

一、立足省情，推动全省节水农业的快速发展

吉林省水资源匮乏，干旱缺水是影响粮食产量的主要障碍因素，年度水资源总量为404亿米^3，仅占全国水资源总量的 1.4%，亩均占有水量 672 米^3，仅占全国平均值的50%。而且水资源分布和降水从东部山区向西部平原区递减，旱区主要集中在中西部粮食主产区，最低年份全省平均降水量仅为 382.3 毫米。不仅春旱频繁，而且夏旱、伏旱、秋旱时常出现。鉴于以上省情，吉林省委、省政府高度重视节水农业，将节水农业工作作为粮食增产的一项重大措施，加大投入力度，加大管理措施，大力推进节水农业各项工作快速发展。

（一）因地制宜，建立三大区域节水技术模式

根据我省区域发展特点和水资源分布状况，建立了三大区域节水农业技术模式：东部山区半山区，坡耕地较多，降雨量偏高，容易发生水土流失。节水模式以治理水土流失为主，工程措施和农艺技术相配合，重点推广玉米垄侧栽培技术，变顺坡种植为等高种植，实施挖鱼鳞坑、修筑迭水埂等工程措施。中部台地湿润、半湿润区，春季多大风，春墒较差，春旱发生频率高，伏旱和秋旱时有发生，节水模式以充分利用天然降水，实施保护性耕作，建立土壤水库。重点推广机械化深松（翻）、重镇压、地膜覆盖、秸秆覆盖、玉米宽窄行留高茬休闲种植、垄侧栽培、保护性耕作等技术。西部平原盐碱、风沙干旱区，降水量低，蒸发量大，不仅春旱严重，而且经常发生全年性干旱，是我省受旱灾威胁最严重的地区。节水模式以补灌技术为主，重点推广机械化行走式坐水种技术、地膜覆盖、微灌

（喷灌、滴灌）等节水灌溉技术，特别是要重点推广玉米膜下滴灌技术。

据统计，今年我省推广农田节水技术 6 000 万亩次以上，节约农业灌溉用水近 7 亿米³，约占农业灌溉用水总量的 10％。其中，推广玉米膜下滴灌技术 260 万亩、机械化一条龙坐水种 2 000 万亩、机械深松（翻）1 000 万亩、玉米垄侧栽培 350 万亩、玉米宽窄行高留茬休闲种植 80 万亩、玉米秸秆覆盖 150 万亩、苗带重镇压 1 500 万亩、水稻浅—湿—干控制灌溉技术 110 万亩。这些节水技术的推广应用为我省粮食生产丰收做出了贡献。

（二）重视墒情，提升节水农业技术服务水平

目前我省已初步建立了"国家、省、县"三级农田土壤墒情监测网络体系，墒情监测已基本覆盖了全省粮食主产区，墒情监测工作已步入规范化、标准化和程序化轨道。2015年我站自筹资金，根据全省不同气候、农业生态及土壤特点，以中、西部粮食主产区为重点，兼顾东部山区，在洮南、大安、镇赉、乾安、长岭、双辽、九台、东辽、磐石、敦化10 个县（市）建设省级固定监测站 10 处，在原有 26 个监测县（市、区）建设土壤墒情流动监测站 26 个。以固定监测站为主，流动监测站为辅，通过无线远程土壤监测设备，自动采集土壤水分、温度、降雨量等数据，使土壤墒情数据的实时监控，即时传输，实现干旱灾害的实时预警。目前，10 座固定监测站运行良好，数据采集正常，同时，省级土壤墒情监测与预警平台一期工程也已建设完成，各监测县已经开始使用。

2016 年，为了全面提升监测效率和服务能力，我们在 4～6 月份春播期间，加大监测频率和密度，做到每五天监测一次，做到旱涝灾情不迟报、不漏报。仅 4～5 月春耕期间，我们就发布土壤墒情简报 228 期，其中省级 11 期，县级 217 期，为春耕期间农业生产提供了科学依据。同时，我们还积极与气象部门联合，实行了气象信息与土壤墒情信息共享，每月定期编写墒情简报，并及时将简报向上级部门及相关部门报送。截止到 10 月底，共采集墒情监测数据 5 349 个，发布土壤墒情简报 371 期，其中省级墒情简报 29 期，县级墒情简报 342 期。根据墒情监测结果，结合农业生产实际，提出了有针对性的措施和建议，为各级领导决策提供了科学依据，有效指导了农民科学抗旱、防涝，防御农业灾害，将自然灾害对农业的损失减小到最低程度。

当前我省农田土壤墒情监测网络体系已基本建成，土壤墒情监测工作步入了规范化、程序化管理，抗旱防涝预警能力有了较大提升。定期监测墒情和适时发布墒情信息，为科学防旱、抗旱提供了可靠数据支持，为农民适墒种植和科学灌溉提供了有效的技术指导，也为土壤资源管理、节水技术实施提供了很好的技术平台。农田土壤墒情监测已成为农田节水灌溉的基础，我省农田灌溉已经开始由"定时灌溉、大水漫灌"向"测墒灌溉、节水灌溉"转变。

（三）加强试验，探索节水农业新技术新模式

今年在全国农业技术推广服务中心统一安排下，我们开展了水肥一体化水溶肥料、旱作保墒与长效肥料、生物肥料、抗旱抗逆肥料、锌肥应用等 5 个节水农业试验项目，分别在黑土、淡黑钙土、白浆土 3 种土壤类型布置试验示范点 5 个，示范面积 75 亩，涉及肥

料品种 10 个。通过抗旱节水农业新型肥料试验的研究，展示抗旱、抗逆技术模式，筛选、验证各种抗旱剂、保水剂、抗逆制剂、缓控释肥料等在增强作物抵御干旱、低温、冷冻、干热风等自然灾害的能力和提高产量、改善品质和节本增效等方面的作用，为今后大面积推广应用奠定了一定的理论基础。

(四) 部省共建，积极推进节水农业示范区建设

"十三五"期间，我国农业发展呈现出高产高效、资源节约、环境友好的新形势。为治理农业面源污染问题，农业部明确规划"一控两减三基本"的目标，其中"一控"指的就是要控制农业用水总量，要划定总量的红线和利用系数的红线。为进一步贯彻落实农业部办公厅《2016 年种植业工作要点》中大力发展节水农业的目标要求，以及《推进水肥一条化实施方案（2016—2020）》和《全国农田节水示范活动工作方案》中具体工作要求，2016 年我省在松原市的宁江区和乾安县建立了 3 个节水农业示范区，示范区总面积 12 000 亩。示范区以节水节肥、增加粮食产量为主要目标，以示范宣传和培训节水农业新技术为重要手段，通过大力示范推广玉米水肥一体化技术和配套玉米高产栽培技术，探索适合我省旱区玉米节水高产栽培技术和水肥一体化技术模式，为全省发展高效节水农业树立样本。示范区集成展示水肥一条化、土壤墒情监测、秸秆还田、增施有机肥等节水节肥技术，通过技术集成应用，项目区实现节水 30%、节肥 10%～20%、增产 20%～30%。同时通过示范区的建设，积累了大田作物水肥一体化技术经验，为今后大规模推广应用树立示范样板。同时在示范区建设过程中，我们强化宣传与培训，发挥示范典型的辐射带动作用，7 月份，在松原市宁江区举办了"2016 年吉林省农田节水技术培训班"，来自全省各粮食主产县的节水技术骨干百余人参加了培训，通过培训大家对农田节水工作的重要性有了更深刻的了解，对农田节水技术有了更直观的认识，为未来推进我省节水农业快速发展奠定了基础。

(五) 技术集成，做好"三控"项目区新试点

为贯彻执行省委、省政府关于农业发展的总体部署，以建设"六型农业"为目标，进一步夯实农业基础，推进结构调整和转型升级，走节约型农业之路，发展环境友好型农业，推进黑土地保护治理，提升粮食综合生产能力。从 2015 年开始，我省开始实施"三控"试点项目，即控水、控药、控肥示范推广。2016 年建立水田"控水、控药"示范区 6 个、示范面积 1 800 亩，每个点建设 300 亩，项目区实现节水 20%，亩节水 150 吨，亩增产 35 千克，项目区共计节水 27 万吨，共增产粮食 6.3 万千克。落实旱田"控水、控肥"示范区 6 个，示范面积 1 800 亩，每点建设 300 亩。项目区实现亩减少化肥施用量 5 千克，化肥利用率提高 3 个百分点以上；灌溉水利用率由 0.8 千克/（亩·毫米）提高到 1.2 千克/（亩·毫米），自然降水利用率由 30%～40%提高到 60%～70%。

项目区在开展测土配方施肥的基础上，重点示范推广增施有机肥、改进施肥方式方法、旱作节水、水肥一体化、水稻控制灌溉等技术。通过项目的实施，进一步完善节肥节水技术措施，优选出适合当地农业生产的技术措施，带动农民推广应用控肥控水新技术。

二、强化措施，推动节水农业工作上台阶上水平

为确保节水农业工作有序开展，工作中突出了重点区域和主要作物，确定了主推技术模式，创新了工作方法，坚持行政推动与技术推广互动、工程措施与农艺措施结合、水分与养分耦合、高产与高效并重的原则，加强分类指导，强化工作落实，将各项技术措施落到实处。

（一）加大资金投入力度，为节水农业快速发展提供保障

近年来，国家和各级政府对农田节水工作投入了较大的资金，为了充分发挥这些资金的使用效率，省委省政府加大了统筹力度，按照"政府主导，多方参与"的工作原则，统筹发改、财政、农业、水利、土地等部门齐抓共管，充分利用农田水利建设、全国新增千亿斤[①]粮食生产能力规划、节水农业示范工程、旱作农业科技推广财政专项等项目资金，多渠道增加投入，并积极引导地方政府和社会各界加大对节水农业的投入力度。形成了国家支持、地方政府引导、农民为主体、社会广泛参与的农田节水投入机制。几年来全省投入节水农业资金 90 多亿元，积极组织开展了玉米膜下滴灌、水稻控制灌溉、水肥一体化等多项农业节水技术示范推广，加强了农田土壤墒情监测、田间节水工程和配套设施建设，极大提高了节水农业科技和装备水平，推动了我省节水农业工作快速发展。

（二）创新管理与运行机制，调动农民节水灌溉积极性

为适应新形势下农业用水管理，调动广大农民节水积极性，提高农业灌溉用水效率，我省积极推进以承包、租赁、拍卖和股份合作等多种形式的小型农田水利工程产权制度改革，并取得明显成效。全省 24 万处小型农田水利工程，已有 21.9 万处实现农民所有，1.7 万处集体所有，1 600 多处以承包租赁方式管理。同时，农民用水合作组织应运而生，目前全省用水协会达到 480 个，参与农户近 10 万户，参与管理的灌溉面积达到 155 万亩。用水协会的建立，有效调动了受益农民自觉管水、节水和参与建设的积极性。

（三）加强组织领导，促进节水农业各项工作有序开展

为了将节水农业工作抓好抓实，省政府成立了农田节水工作领导小组，由分管农业农村工作的副省长担任组长，各相关部门为成员单位，省农委负责具体的协调工作。各市（州）、县（市、区）也按照省政府的要求，成立了相应组织，负责本区域旱作节水农业发展的组织领导工作。目前全省已形成了农业、水利、财政等多部门协作、合力推进农业节水的工作机制，建立了行政推动、试验研究、示范引导的推广机制。同时，各级农业推广部门不断加强农田节水技术人员的培训，努力提高技术指导和服务水平，为农田节水工作提供技术支撑。目前全省农田节水技术推广人员达到 200 多人，其中大部分具有中、高级技术职称。

---

① 斤为非法定计量单位，1 斤＝0.5 千克。——编者注

（四）广泛宣传培训，营造发展氛围

为了让社会更多地关心、了解、支持农业节水相关知识，营造各界参与、合力推进农业节水工作的良好氛围。我们今年加大了对节水农业的宣传力度。一是以节水农业示范区建设和试验示范为契机，通过召开现场会、示范观摩、印发资料等广泛宣传节水农业的增产增收效果，提高农民对节水农业的认识；二是利用广播、电视、报刊等媒体宣传报道了一些好经验、好做法和好典型，让全社会更多地关心、了解、支持农业节水工作，为农业节水工作开展营造了良好氛围，使各级政府对节水农业更加重视，提高了资金投入力度。三是举办科技大集，组织科技讲座，制作宣传画、挂图等多种形式宣传指导，让农民掌握农田节水技术，全面推进节水技术的普及应用。四是各级农业技术推广部门还积极组织和派出科技人员到基层开展技术培训和指导服务，集中培育了一批典型示范户，为节水农业各项工作的顺利开展提供了技术支撑。

三、问题和建议

（一）农业部门的节水职能有待进一步加强

虽然国务院明确了农业部门"应用工程设施、农艺、农机、生物等措施发展节水农业"的工作职能，但由于长期以来部门之间职责不清，分工不明，有关部门及社会各界普遍对农业部门抓节水工作的职能缺乏足够的认识，不少地方农业部门领导还没有把节水工作纳入自身职责范围，对这项工作重视不够，经费投入不足，技术队伍不健全，严重影响了节水工作的开展。

（二）节水农业资金投入需进一步加大

资金投入是发展节水农业的重要条件。目前农民由于认识上的问题和经济条件的限制，对节水农业所需的设备和工程建设投入还不多，一些水源建设和现代节水农业设施的投入主要是靠国家，而目前国家投资主要以水源和输配水骨干工程建设为主，针对田间节水环节的技术推广和微工程建设投资严重不足，这大大制约了今后节水农业的进一步发展。因此要建立起政府引导、多元投入的资金投入机制，营造全方位、多渠道融资体系。

（三）农田节水技术支撑和推广手段需进一步强化

经过多年的发展，节水农业虽已初步建立了技术服务体系框架，形成了一批相对成熟的节水农业技术，但技术研发能力总体仍比较薄弱且力量分散，技术推广体制不完善，基层农技推广机构的公共服务能力和手段不足，导致重大节水农业技术研发滞后，技术成果普及速度慢、范围小、到位率低。已推广的技术也以单项技术居多，综合配套技术示范少，农民应用节水农业技术的积极性没有得到充分调动和发挥，不能适应现代农业发展形势的需要。因此必须加强节水农业基础建设，完善设施，提高农业部门的技术服务能力和服务水平，加大农业节水技术推广所需资金投入力度，促进节水农业快速发展。

黑龙江省节水农业发展报告

黑龙江省土肥管理站

　　我省是农业资源十分丰富的省份之一，农业和农村经济在全国占有重要的战略地位。全省属中、寒温带大陆性季风气候，年平均气温 2.9℃，常年有效积温 1 600～2 800℃之间，无霜期 100～150 天，年降水量 370～670 毫米，属于一季旱作农业区。全省现有耕地 2.39 亿亩，水浇地 0.37 亿亩，占全省耕地面积 15.6%。全省河流纵横，湖泊众多，全省流域面积 50 千米^2 以上河流有 1 918 条；分属黑龙江、嫩江、松花江、乌苏里江和绥芬河 5 大水系，其中松花江、乌苏里江两大河流汇入黑龙江，直接出境入海的只有黑龙江与绥芬河两个独立水系。除 58 条属绥芬河流域外，其余均属黑龙江流域。

一、主要工作

　　全省农业节水工作取得显著成效。几十年来，全省农业和水利工程技术人员以及广大农民，围绕着抗旱节水和提高粮食产量做了大量的工作，总结推广了工程节水、设施节水、技术节水等一些好的经验和做法，全省节水覆盖面积增加，灌溉水利用系数提高、定额下降。

　　针对水资源相对缺乏、时空分布不均的实际，为提高农业生产水平，从 20 世纪 80 年代初开始，全省重点围绕着旱田抗旱和水田灌溉，从保水、补水、增水等环节上进行了许多有益的探索和研究，总结出了一些成功的经验和做法，有些已在全省大面积推广应用。

　　一是总结推广了防止土壤水分蒸发和流失的保水技术。

　　主要有生物覆盖和耕作保水技术。生物覆盖保水技术即利用作物粉碎的秸秆、根茬等植物残体或地膜，覆盖于土壤表面，有效减少地表径流，降低土壤水分蒸发速率，提高土壤保水能力。一般可提高土壤含水量 0.6～2.6 个百分点，地表蒸发减少 10% 以上，增产 5%～10%。该植物残体覆盖技术主要在西南旱区推广，地膜覆盖主要在北部和南部的大豆、玉米产区应用。耕作保水技术主要利用机械全层深耕、深松、镇压和免耕、少耕等措施，保墒提墒，减少土壤水分蒸发，使降雨最大限度的蓄于"土壤水库"之中，土壤水分得到了有效地保存。据测定，深松、深耕在 20 厘米以上，耕层有效水分可增加 4.0%～5.6%，渗透率提高 13%～14%，而且秋季作业要比春季效果更好；少耕免耕可减少水分蒸发 10%～20%，使土体蓄水量增加 20%，水分利用率提高 10% 以上，利用效率提高 0.06 千克/厘米^3。

　　二是推广了以坐滤水为主的各项补水技术模式。

　　对于我省西部旱区，十年九春旱，农民和技术人员在长期与干旱作斗争中，总结出了如催芽坐水种和苗期注水、行间补水技术。一般用水量小、利用率高，抗旱作用持续时间长。当前我省在西部旱区大面积推广的坐滤水种补水技术，已经成为农民抗春旱保全苗的习惯。这项技术主要根据土壤墒情对用水量进行量化，每亩用水控制在 3～4 吨，有效抗旱时间可达 35～45 天，并使幼苗度过春旱期，保苗率提高 10%、基本达到全苗标准；水分利用率达到 60% 以上，利用效率提高 10.0 千克/米^3。

三是大力推广利用各种农艺、农机、生物措施的增水技术。

增水技术是指最大限度地增加土壤水库的容量，确保能起到"留住天上水、保住地表水、勾起地下水"的技术总称。主要有：坡耕地治理增水技术，通过建设水平梯田、水平沟、隔坡梯田、鱼鳞坑等水土保持工程，实施种植生物埂、围埂打垄等拦蓄雨水的措施，改善土壤蓄水状况，变"三跑田"为"三保田"，可以减少水土流失量 40%～60%，土壤含水量提高 3～5 个百分点，自然降水利用率提高 10%～20%，利用效率增加 0.1～0.2 千克/米^3；土地耕暄增水技术，实施深浅浅"三三"土壤耕暄制度，可减少径流 90%，提高自然降水利用率 80%；土体培肥改良增水技术，通过实施根茬粉碎还田、秸秆过腹还田，增加土壤有机物含量，改善土壤结构，提高土壤通透性和蓄水能力。土壤蓄水能力提高 30%，自然降水利用率提高 10%～20%，利用效率增加 0.1～0.2 千克/米^3。

四是大力推广节水利用技术。

主要包括水肥一体化技术、水稻控制灌溉技术及应用保水剂、保水包衣剂等化学制剂，提高作物抗旱能力。水肥一体化技术一般可节水 50%～80%，肥料利用率提高 30 个百分点。水稻控制灌溉技术一般可节水 10%～20%。保水剂、保水包衣剂等一般节水 5%～20%，有效抗旱时间可达 10～35 天；喷灌技术，一般可节水 30%～50%，增产 10%～30%；微灌技术，包括滴灌、微喷灌、涌泉灌、地下渗灌。与地面灌溉相比，微灌一般省水 50%～80%，增产效果十分显著。

二、主要问题

一是干旱面积大，旱灾频率高。全省年降水量多集中于 6～8 月份，约占全年降水量的 65%～70%，就大的气候条件来说，全省是以春旱为主的旱作农业区，易旱耕地面积常年达到 5 000 万亩以上，重灾年份耕地全部受旱，严重受旱面积曾达到过 8 500 多万亩次。无论是西部旱区，还是东部山区、北部三江平原易涝区都有旱灾发生。据新中国成立后 50 年统计，已发生严重旱灾年份 14 年，相当于每 4 年一次。尤其是近 10 年来，西部旱区的干旱频率加快，春旱、夏旱、春夏连旱多次发生。素有"十年九春旱"之说，其他地区也是"三年二旱"。

二是中低产农田面积大。全省现有中低产农田 1.4 亿亩，占耕地面积的近 60%。主要分布于松嫩平原西南部，松嫩平原东北部，三江平原腹地。松嫩平原西南部，土壤多为轻碱土和风沙土，年降雨量仅有 300 毫米，十年九春旱，干旱成为影响产量的主要障碍因素。松嫩平原东北部，土壤多为退化的黑土，沟壑纵横，水土流失严重。三江平原腹地，土壤多为黏质草甸土和白浆土，地势低洼，经常受到内涝的威胁。

三是水利工程欠账多。我省水利基础设施落后，主要江河缺乏控制性工程，水资源调控能力低下。全省各类水库总蓄水能力只有 85 亿米³，地表水截流能力不足 20％，调控能力只有 7％。农田有效灌溉面积只占 18％，大大低于全国 40％的水平。

四是过境水利用系数低。我省大部分河流的水量通过界河出境，如科洛河、讷谟尔河等流入嫩江；呼玛河、逊毕拉河、松花江等入黑龙江；穆棱河、挠力河等流入乌苏里江。全省流出省界河水量 72 亿米³，流出国境界河水量 972.3 亿米³。在两江一湖水资源利用上，缺乏必要的控制性工程，许多水无效流走。

三、推进措施

1. 农艺措施

主要包括四个方面：一是调整种植结构，培育节水高产品种。根据区域和种植区的实际情况，调整和优化种植结构，利用生物技术、基因工程技术等现代技术培育节水高产品种，进一步提高农田整体水分利用效率。二是增施有机肥，推广节水施肥技术。各地区根据实际情况，寻求以肥调水的最佳方案，提高水资源利用效率。三是深耕中耕。打破犁底层，加深耕层疏松土壤厚度，增加土壤蓄水容量。四是推进节水灌溉制度。针对农作物的生理特点，通过灌溉和农艺措施，调节土壤水分，对农作物的生长发育实施促、控结合。

2. 农机措施

进一步发展旱作节水农业为代表的土壤耕作制度，建立以深松为主体的蓄水保墒耕作体系，形成了发展以耕作为主的农机综合节水措施。具体做到三改，即改连年平翻为翻、松、耙相结合的耕作体系；改单机多次进地为复式作业；改地表裸露为覆盖耕作；改多耕为科学合理的少耕。大力推广抗旱播种、镇压保墒提墒、秸秆根茬粉还田等机械化旱作技术。

3. 政策措施

建立政府扶持和用水户参与相结合，强制节水和效益驱动相结合的节水灌溉发展机制。政府通过政策引导、资金补助、技术指导、监督管理等多种形式，调动用水户的节水积极性。鼓励农民建立用水户协会等多种形式的农业用水合作组织，让农民广泛参与节水灌溉的建设与管理，对节水中的重大问题进行民主协商、自主决策。注重节水的综合效益，提高经济效益，让农民从节水中得到实实在在的经济利益。

4. 科技措施

一方面，全面普及抗旱节水技术。根据灌区和旱区不同的自然条件，充分运用有利于提高降水和灌溉水转化效率的农艺管理技术，采取有机培肥、生物覆盖、地膜覆盖、保护性耕作（免耕、少耕等）、沟垄种植、抗旱新品种、抗旱保水剂、土壤改良剂、蒸腾抵制剂、抗旱种衣剂和水田旱整地旱耙地等农艺、农机节水技术，进行合理的组装配套，大力发展水肥一体化、水稻控制灌溉技术，实施土肥水种机一体化调控，减少土壤表层蒸发和植株蒸腾损失等生理生态需水，减少灌溉次数和灌溉定额，提高灌溉水的生产效率。另一方面，加强节水技术研究、开发、推广和培训工作。充分发挥农业科研、才学单位和节水灌溉设备生产企业的科研、生产和人才优势，选择有全局性、方向性和关键性的技术进行研发。着重研究适合高寒地区特点的控制灌溉技术、非充分灌溉技术、渠道防渗技术、研究抗旱节水剂、节水抗旱品种、节水农机具、喷、滴灌机具等系统关键技术与设备，组装和集成节水高效农业配套技术；要加强国外先进技术的引进、消化、吸引，走国产化道路；加强对农业技术人员、管理干部及农民技术骨干的培训，努力提高节水农业技术推广队伍的科技素质，为节水农业的稳定持续发展提供智力支持。

上海市节水农业发展报告

上海市农业技术推广服务中心

2016 年我国长江流域持续高温，南方季节性、区域性干旱日趋严重，干旱已成为制约农业可持续发展的主要因素。在这种紧迫形势下，大力发展节水农业，全面提高水资源的利用效率，是保障粮食安全生产、促进农业可持续发展的必由之路。在农业部的统一领导下，上海市把节水农业作为转变农业发展方式的战略性措施来抓，开展节水灌溉、水肥一体化示范、农田土壤墒情监测、新技术培训与指导，提高灌溉水和肥料的利用效率，促进生态环境安全。主要工作如下：

一、指导思想

以科学发展观为指导，以提高农业用水生产效率和效益为核心，以项目为抓手，立足田间节水灌溉，水肥一体化，节水节肥，集中开展农田节水技术模式的集成示范；以种植主导产业为基础，发挥政府主导作用，整合资源，建设标准化菜田节水示范区；以蔬菜标准园和大中型园艺场为纽带，树立典型，辐射带动，普及农田节水技术，实现节约用水和高产高效双重目标，促进农业可持续发展。

二、工作成效

上海市根据自然条件、优势农作物布局、水资源特点和农田节水发展状况，选择有代表性的农田节水技术模式：设施菜田微灌技术示范。在本市建立 2 个高标准设施菜田微灌节水示范区、5 个土壤墒情监测点及 1 个土壤墒情自动监测点。通过示范区和墒情监测点建设，达到蔬菜生产中节约灌溉水，节约肥料和减少肥料流失，提高产量，减少劳动力成本，减少农田污染为目的，同时为农业灌溉提供土壤墒情数据。

（一）建立设施菜田微灌示范区

在温室大棚等设施条件下，使用适宜的微滴灌、微喷灌、渗灌的蔬菜作物区作为设施菜田微灌示范区。以精确灌溉，节约用水，减少污染和提高效益为核心，充分展示现代农业的特点，示范微喷灌、滴灌以及水肥一体化、膜下滴灌等技术，实现水肥资源的科学精确利用。
建立两个蔬菜规模化生产基地示范区：

1. 嘉定华亭城市超市蔬菜生产基地
面积 1 575 亩，其中配备微灌设备生产面积 1 000 亩，以微喷、滴灌为主。微喷主要用于绿叶菜生产,滴灌与地膜覆盖相结合(膜下滴灌),主要用于茄果类和瓜类蔬菜生产。

2. 浦东新区蔡路园艺场

面积 93 亩,全部配备微喷设施,以生产绿叶蔬菜为主,茄果瓜类蔬菜面积约 10 亩。

(二)开展土壤墒情监测工作

土壤墒情监测预报对于掌握土壤墒情变化,决定播种施肥和增产措施具有重要指导作用。按照全国农业技术推广服务中心统一部署,全市现有 5 个土壤墒情监测点,分别选择在宝山区、奉贤区、浦东新区、青浦区和崇明县;1 个墒情自动化监测点。定时定点进行土壤墒情监测预报,为各级领导宏观决策和农业技术部门指导农业生产服务。到今年 12 月共发布了 132 期墒情简报,墒情监测已成为常态化工作,特别在春耕、夏种、秋冬种等关键农时季节,开展土壤墒情监测会商,分析农田墒情变化趋势,及时发布信息,研究应对措施,切实服务于农业生产和抗旱减灾,为领导决策提供科学依据。

(三)开展水肥一体化和水稻田节水试验示范

为了提高灌溉水和肥料的利用效率,在上海市节水农业示范县奉贤区,开展水溶性肥料在番茄作物上的节水和提高肥率利用率的试验示范。地点选择上海市奉贤区庄行镇农业园区,试验作物为大红无限番茄。通过试验初步建立番茄栽培过程中的水肥一体化灌溉技术,达到节水节肥,稳产增效,减少肥料流失为目的,同时带动其他栽培农户应用水肥一体化技术。

另外,在奉贤区开展水稻节水灌溉模式试验性研究。水稻种植的需水量较大,农户灌溉时存在一定的盲目性,水资源浪费较为严重,也容易导致肥料流失,污染环境。为摸索本区的水稻节水栽培模式,提高节水技术,奉贤区在金汇镇周家村开展了水稻节水灌溉模式试验研究,为该地区的水稻节水技术模式提供第一手技术资料。

(四)以科技项目为抓手开展水肥一体化技术集成示范

今年市农委科技兴农项目办下达科技兴农推广项目《蔬菜水肥一体化技术集成示范》,实施时间为 2013 年度至 2016 年度,由上海市农业技术推广服务中心主持,上海市农业科学院、上海交通大学和区县农业等单位共同参与,针对蔬菜开展水肥一体化技术集成示范。明年由上海市农业技术推广服务中心主持申请水肥一体化装备项目《高效智能果树栽培水肥一体化技术集成应用》,上海市农业技术推广服务中心将参与技术研究示范。通过两个项目的实施,将促进本市蔬菜和果树水肥一体化技术的示范推广。

三、工作措施和打算

(一)提高认识,加强领导

市、区各级领导按照农业部有关文件精神,充分认识节水农业在当前农业生产中的重要性,牵头组织直辖市相关工作,市农业委员会种植业管理办公室负责组织政策协调,市农业技术推广服务中心负责技术指导服务工作。区级农业部门主管领导亲自挂帅,组织力量,创造条件,保证措施到位。

（二）制定方案，强化落实

市、区县两级均制定节水农业工作实施方案，市、区（县）农业部门共同组织，按照农业部工作方案的要求，具体落实各项技术及设施。加强项目实施的检查和指导，及时解决存在的问题，确保该项工作顺利实施。组织相关单位的作物栽培、土肥专家，对设施菜田微灌节水示范活动进行督导，督促各项任务、技术措施到位，完成农田节水的目标任务。

（三）争取资金，保障实施

市、区县两级农业部门把发展农田节水作为发展现代农业的重要举措，积极争取各级政府和有关部门支持，整合项目资源，多方筹措资金，增加经费投入，为农田节水工作开展提供资金保障。

（四）信息宣传，营造氛围

以农业节水示范区为依托，通过广播、电视、报刊等新闻媒体，大力宣传发展农田节水的政策措施、成功经验、先进典型和实施效果，营造关注农业节水、支持农业节水工作的良好社会氛围。

（五）多方协作，整合资源

结合全市蔬菜标准园创建示范活动，整合土肥、蔬菜、水利相关部门共同参与相关节水工作，上下联动，调动市、区(县)、乡镇农业部门和示范区的人力、财力，共同做好工作。

（六）示范带动，辐射推广

充分发挥示范典型的辐射带动作用和基层农技推广人员的主力军作用，强化示范作用，以点带面，总结经验，逐步推广。

（七）通过水肥一体化技术的实施，示范推广水肥一体化技术：

（1）制定蔬菜水肥一体化技术规程。
①蔬菜水肥一体化技术规程。
②大田甘蓝蔬菜测土配方施肥技术规程。
（2）建立蔬菜水肥一体化技术 7 个核心示范基地 1 000 亩，建立 2 个大田甘蓝类测土配方施肥技术核心示范基地 1 000 亩。
（3）蔬菜水肥一体化技术累计推广面积 10 000 亩；大田甘蓝类测土配方施肥技术累计推广面积 10 000 亩。
（4）蔬菜水肥一体化技术核心示范基地较常规蔬菜生产节肥达到 30%，节水达到 50%，省工 80%。大田甘蓝类测土配方施肥技术核心示范基地较常规蔬菜生产节肥 20%。
（5）开展相关技术培训 1500 人次。
（6）研发肥料配方 10 个，其中水溶性肥料配方 6 个，缓释肥配方 2 个，甘蓝类蔬菜专用配方肥 2 个。

江苏省节水农业发展报告

江苏省耕地质量保护站

2016年江苏省共投入约3 000万元，用于土壤墒情监测、水肥一体化示范区建设和相关节水技术推广等。现将一年来的工作汇报如下：

一、主要工作与成效

全省各级农业部门根据水资源区域特点，结合高标准粮田建设工程、耕地质量综合示范区建设等项目实施，加强土壤墒情监测网络建设，总结推广农田节水模式，因地制宜地开展农田节水工作。

一是建立完善土壤墒情监测网络。根据降水量的时空分布、地形地貌特点、土壤类型和耕作制度，我省耕地土壤墒情监测重点在淮北缺水干旱区和宁镇扬丘陵季节性干旱易发区展开。在淮北丰县、铜山、睢宁、东海、赣榆、灌南、盱眙、宿豫、沭阳、响水等10个县（区），建立墒情监测站，开展土壤墒情监测工作。今年省级财政资金投入1 000万元，全省新增自动墒情监测站135个、全球眼监控点61个。目前全省共建立墒情自动监测监站160个，已实现墒情监测覆盖全省。建立的江苏省土壤墒情监测网，已实现信息自动上传，大屏显示，实况影相。由于本年度旱情发生状况相对较少，全省仅编制墒情监测简报近100期。

二是稳步推进节水农业示范区建设。2016年在省级耕地质量综合示范区建设项目中，安排近2 000万元用于开展水肥一体化技术推广。根据各农区特点，集成关键技术，实行重点突破，分区域建立节水农业示范区，做到工程措施与非工程措施相结合，农业节水与高效施肥相结合，典型引路与整体推进相结合。重点以现代农业产业园区、高效农业示范区、设施蔬菜示范基地、出口农产品示范基地和现代农业示范村等为平台，完善喷滴灌系统和施肥系统，建立一批水肥一体化标准示范园区。现已在全省各个县（区）都建立了水肥一体化综合试验示范区。截止到2016年底，全省水肥一体化应用面积已达250万亩。

三是开展水肥一体化专题调研。根据江苏省农委关于开展现代农业建设调研推进活动的统一部署，我站于3月4日下发《关于开展水肥一体化专题调研的通知》，先后到靖江、泰兴、邗江、仪征、丹徒、金坛、常熟、海安、赣榆、新沂、宿城、泗洪等12个县（区）开展水肥一体化技术推广及耕地质量建设项目实施进展情况调研。实地考察了镇江市世业洲现代农业园区、金坛市露源生态茶厂、常熟市董浜镇农业产业园区、海安县现代农业示范园、赣榆区黑林镇5 000亩猕猴桃标准化种植示范园、新沂市草桥镇十里生态长廊、江苏绿港现代农业发展有限公司、泗阳县林丰蔬菜专业合作社等多家单位，主要涉及水肥一体化技术的试验示范推广、相关水肥参数的研究等内容，听取了当地农业部门对有关工作的介绍和总结，并与当地农业合作社、蔬菜瓜果种植大户、龙头企业等代表进行详细交谈，重点了解不同园区水肥一体化设施建设与使用情况、取得成效、存在问题及政策建议等。完成的调研报告荣获 2016 年度农业政策调研暨软科学研究成果三等奖。

四是做好节水农业试验与示范。根据《2015 年江苏省水肥一体化设施蔬菜氮肥试验方案》要求，近两年来各地结合区域产业特色，开展了以蔬菜、葡萄、草莓等为主要应用作物的水肥一体化试验，近期各地正在总结试验结果。

二、主要做法

近年来，我省切实加强组织领导，积极整合资源，采取有力措施，创新工作方法，有效推进节水农业工作。

一是认真分析形势，找准主攻方向。一般认为，我省处于东部沿海地区，常年雨水雨量较多，不存在缺水问题，事实上，由于降水时空分配不均以及水资源的不合理利用，农田缺水问题时有发生。特别是经济发达地区，劳动力资源的严重不足是农田农资产品投入的最大成本。为此，以水肥一体化为主要技术的节水农艺措施，是发展现代农业、转变农业发展方式的主攻重点。

二是强化组织引导，明确工作要求。我省农委高度重视节水农业工作，连续六年下发文件要求各地认真开展节水农业工作，特别是 2013 年下发了《江苏省水肥一体化技术指导意见》，对推进水肥一体化技术的推广成效显著。今年为贯彻落实 2016 年中央 1 号文件精神和《国民经济和社会发展第十三个五年规划纲要》要求，大力发展节水农业，控制农业用水总量，推动实施化肥使用量零增长行动，提高水肥资源利用效率，根据农业部制定并印发的《推进水肥一体化实施方案》，我站制定了《江苏省推进水肥一体化实施方案（2016—2020 年）》并以文件（苏农办农〔2016〕13 号）下发。文中指出推进水肥一体化实施的必要性与重要性，明确了总体思路、目标任务和基本原则，并提出全省六大农区水肥一体化应用模式。2015 年全省设施农业面积已达到 1 136 万亩，水肥一体化面积已达200 万亩。

三是注重宣传引导，加强技术培训。在省农委宣教中心的大力支持下，6 月底及 7 月上旬，先后到连云港赣榆区、镇江市丹徒区及常熟市，通过走访农户及基层农技人员、拍摄典型水肥一体化现场，完成"江苏省水肥一体化技术发展专题报道"，8 月 6 日在《走进新农村》电视栏目 114 期中播出。4 月 27 日，我站在连云港赣榆区成功举办了全省水肥一体化培训班，全省土肥水系统共 140 多人参加了培训，培训班上特邀全国农业技术推广服务中心杜森处长、华南农大邓兰生教授为基层同志授课，并参观了赣榆区水肥一体化现场。本次培训取得了三方面的成效。一是进一步提高了对水肥一体化这项技术的认识，对其应用前景有了更深入的了解；二是对于水肥一体化项目实施提出了要求，并已取得初步共识；三是身临其境学习赣榆区开展水肥一体化的方法措施及经验成效。

四是加强产学研协作，开展攻关研究。2014 年省耕地保护站牵头，联合省农业科学院、南京农业大学、河海大学、南京市蔬菜研究所等科研院校的土壤肥料、农田水利、作物栽培等方面的专家组建了"水肥一体化关键技术研发及应用"技术创新团队。并申报江苏省"三新"工程项目：设施蔬菜水肥一体化关键技术推广应用，项目编号：SXGC〔2014〕293。本项目在设施栽培条件下，集成了设施蔬菜水肥一体化水溶性肥料增溶、水肥配比和传感器等技术，在镇江市丹徒区明兰瓜果种植家庭农场、海安霞山家庭农场、常熟市横塘蔬菜专业合作社等3个基地对设施蔬菜水肥灌溉施肥关键技术进行集成应用和示范推广，摸索大面积推广应用的技术模式和运作机制。总结提出水肥一体化关键技术规程1项，筛选（研制）水溶性肥料1种；建立核心示范基地200亩以上，吸纳周边10个以上村科技入户技术指导员作为项目实施人员，辐射带动0.1万亩，亩产提高8％以上，亩增效益400元以上；举办技术培训2场次以上，年培训100人次以上；编印技术资料（培训教材、技术挂图、教学光盘）2套，发表科技论文1～2篇；编印项目交流工作简报2期，完成县市级以上媒体宣传报道1次。项目区三新技术覆盖率85％以上；新增效益与项目投入比8.2以上；农民满意度92％以上。

五是加大资金投入，夯实工作基础。2013年我们争取省财政资金100万元，在淮北及丘陵地区增设13个墒情自动监测点。2015年扬州市耕保站自筹资金在辖区内增加5个墒情自动监测站。2015年省内部分县（区）利用耕地质量综合示范区建设项目，新增加五台全自动墒情监测仪。全省用于水肥一体化示范区建设的资金2014年达1 000万元、2015年2 700万元、2016年达2 000万元。2016年省财政资金1 000万元用于墒情监测建设。

三、今后工作思路与对策

在今后的工作中，我们将从以下几方面入手，全力推进节水农业工作的开展：

（一）加强组织领导，加大宣传力度

把农田节水工作作为社会主义新农村建设的重要内容来抓，强化组织领导，明确职责分工，进一步落实《江苏省推进水肥一体化实施方案（2016—2020年）》，分解目标任务，细化工作措施，搞好综合协调，努力推进农田节水工作向纵深发展。

（二）依靠科技进步，推进农业节水

紧紧围绕提高水资源利用率，在认真总结经验的基础上，进一步完善技术模式，加大创新与推广力度。要集中资金、人力和技术，结合优势作物和特色产品生产，重点推广适合江苏区域特点的相关节水技术。

（三）强化典型示范，加快技术推广

我省将结合农田节水示范区的建设，因地制宜建立不同区域、不同模式、不同层次的节水示范区，展示技术效果，带动周边农户，扩大技术覆盖范围。充分发挥示范区的示范样板作用，推动整个地区农田节水建设。依靠科技进步，研制、开发农田节水的新技术、新途径、新产品，大力推广节水新工艺产品。建立和完善农田节水技术推广和服务网络，

努力提高节水技术的到位率、覆盖率和贡献率。制定全面的培训计划，采取多种形式，层层培训，尽快建立一支庞大的技术骨干队伍。要建立健全推广服务网络，把技术送到田头、交给农民。

（四）争取政策支持，加大投入力度

推行农田节水，发展节水农业，建设节水型社会，关系到我省经济和社会发展大局，因此，我们将在完善区域农田节水规划的基础上，积极争取政府及有关部门支持，将农田节水列入政府支农资金预算范围，加大对农田节水的财政投入。我们将用 3 年时间实现全省墒情监测全覆盖，构建并完善全省墒情网络体系。

浙江省节水农业发展报告

浙江省农业厅种植业管理局

2016 年，全省各级农业部门按照省委省政府"五水共治"的决策部署，以全面发展高效节水农业、有效推进农业水环境治理为重要抓手，认真落实最严格水资源管理制度，取得明显成效。

一、2016 年工作总结

（一）节水农业推广面积不断增加

随着农业"两区"建设的不断深入，高效节水农业得到了迅猛发展。目前，全省设施种植业基地已基本配备了高效喷滴灌设施。高效节水灌溉技术应用作物从以蔬菜瓜果为主，并逐步向一些高效经济作物如葡萄、茶叶、花卉、中药材、食用菌方面发展。应用区域从平原地区向山区、海岛拓展。据统计，截至 2016 年上半年，全省农业园区智能化标准型微灌工程累计完成工程面积 80 521 亩，其中新建面积 58 162 亩，提升面积 22 589亩。随着我省喷滴灌设施和技术推广应用，不仅节水节肥，而且省时省力，还大大降低了因过量施肥而造成的水体污染问题。

（二）农业水环境治理目标全面落实

根据省治水办下达的年度目标任务，按照工作目标化、目标责任化的要求，及时分解落实各项工作。一是全面完成规模生猪养殖场污染治理。6 月底前，完成 1 328 个生猪规模养殖场治理的扫尾工作。目前，全省保留下来的 8 278 个生猪规模养殖场已全部通过农业、环保等部门联合验收。二是全面完成生猪散养户和规模水禽场扩面整治工作。6 月底，39 个生猪散养户重点县（市、区）全部出台"一县一策"整治方案，截至 11 月底，已整治散养户 42 958 个，涉及生猪存栏 55.7 万头；规模水禽场应整治 2 725 个，完成率100%。三是提前完成肥药减量目标任务。截至 11 月底，不合理施用化肥减量 21 685 吨，农药减量 1 721.7 吨，农业废弃包装物共回收 3 823 吨，处置 3 109.5 吨。

（三）农业水资源管理制度逐步完善

一是建立完善农业水资源管控机制。制定并下发《浙江省农业厅关于加快推进农业节水的指导意见》，以农业"两区"、生态循环农业示范区、规模畜禽养殖场为重点，积极实施农艺节水、生理节水、管理节水、工程节水，推进农业抓节水、控用水、治污水互促并进；在全省各地全面建立畜禽养殖污染网格化巡查机制，有效推进规模养殖场智能化防控平台建设；大力推进农药包装物、废弃农膜回收处置工作，推动农业废弃物回收处置机制全覆盖等。二是编制建设方案。积极推进百万亩农业园区智能化标准型微灌工程，把"四个百万工程"列入"十三五"现代生态循环农业发展规划，同时作为现代生态循环农业试点省建设和农业"两区"绿色发展三年行动计划等重点工作的内容，并编制完成全省农业园区智能化标准型微灌工程总体建设方案。

二、2017 年主要工作思路

2017 年，我厅将以全国现代生态循环农业试点省建设为契机，进一步落实最严格水资源管理相关制度，加快推进高效节水农业发展和农业水环境治理工作。

（一）强化政策，加大投入

结合全国现代生态循环农业试点省建设，将发展高效节水灌溉技术纳入浙江省现代生态循环农业发展"十三五"规划。在深化农业"两区"建设以及推进农业产业集聚区和现代特色农业强镇（"一区一镇"）建设进程中，把智能化标准型微灌工程作为现代农业园区提高基础设施水平和抵御自然灾害能力的一项重要内容。加强协调，统筹农田水利、农业综合开发、现代农业发展等现有资金渠道，提高用于高效节水灌溉资金比例。

（二）树立样板，加大示范

加强技术培训，建设一批省级农田节水灌溉示范样板和示范县。全省重点建设 20 个高标准的省级蔬菜瓜果、水果、茶叶等不同类型高效节水微滴灌技术示范点，提高合作社、家庭农场等生产主体引进应用高效节水灌溉技术的积极性，扩大面上应用率。同时，支持将高效节水灌溉工程作为村集体资产由村组织自行建设、自行管理。建立"四个百万工程"监管、运营和维护制度，切实发挥工程效益。

（三）深化治理，提升环境

一是以下守"零污染"底线、上守"限养量"红线为原则，深入推进畜禽养殖污染治理精细化、标准化发展，实施畜禽污染治理提升行动；二是不断完善畜禽污染治理长效防控机制，组织开展全省畜禽养殖污染治理网格化防控机制督查，把全省 500 头以上养殖场以及劣 V 类的县（市、区）存栏 50 头以上养殖场纳入在线智能化防控平台；三是持续推进化肥农药减量工程，集成推广应用测土配方施肥、有机肥替代、统防统治和绿色防控等肥药减量技术与模式，全年不合理施用化肥减量 2 万吨，农药减量 500 吨，并确保全省农药废弃包装物回收处置机制全覆盖。

江西省节水农业发展报告

江西省土壤肥料技术推广站

2016 年,我省根据农业部的统一部署,以节约农业用水和提高农业水资源利用效率为目标,针对降水时空分布不均、季节性干旱频繁发生的现状,加大田间节水基础设施建设,强化土壤墒情监测,大力示范推广高效农田节水技术,实现工程节水与农艺节水相结合,取得了明显成效。现将 2016 年我省农田节水技术示范推广工作情况总结如下:

一、主要工作与成效

2016 年,我省农田节水技术示范逐步展开,农田水资源利用效率稳步提升。通过示范应用农田节水技术,旱作农业区自然降水利用率提高了约 10 个百分点,精灌农业区节约灌溉水约 20%,水田灌溉区亩节水 100 方左右。在开展技术示范的同时,继续开展了土壤墒情监测工作,5 个监测点全面完成了年度墒情监测工作任务。

(一)继续开展土壤墒情监测工作

2016 年在农业部土壤墒情监测专项资金支持下,我省继续在奉新县、万载县、芦溪县、贵溪市、上犹县 5 个县域墒情监测点开展土壤墒情监测工作。各监测点按照《土壤墒情监测技术规范》要求,于每月的 10 日、25 日在耕地土壤 0~20 厘米,20~40 厘米两个土壤层次进行定期墒情监测,在伏秋旱季节增加了监测频次。在春耕、秋播等关键农时季节,开展墒情监测会商,分析农田墒情变化趋势,及时发布信息,研究提出应对措施,切实服务于农业生产和抗旱减灾,为领导决策提供依据。全年累计完成监测 432 次,发布县域墒情信息 120 次,发布省级墒情监测简报 24 期,指导灌溉面积 20 万亩,指导抗旱排涝面积 12 万亩,指导节水农业技术应用面积 10 万亩。墒情监测数据信息的发布,为准确引导和组织农民发展节水农业、进行农业结构调整和生产布局提供了决策依据。

(二)分类推进节水农业技术示范

根据我省不同区域伏秋干旱特征、土壤、种植制度、灌溉、水利设施等条件,以提高农业用水生产效率和效益为核心,以种植主导产业为基础,整合项目资源,立足田间农艺节水,因地制宜地全面开展了农田节水技术模式的集成示范。在旱地花生、芝麻等旱作农业区,以集雨保墒、充分利用天然降水为抓手,示范推广了全膜覆盖保墒、秸秆覆盖、经济植物篱等技术,进一步扩大了地膜覆盖技术在花生、甘薯、蔬菜等作物上的应用;在设施农业及适宜喷微灌的果园、茶园等精灌农业区,以精确灌溉、节约用水和提高效益为抓手，充分展示现代农业的特点，示范应用了喷灌、膜下滴灌以及水肥一体化等技术，在南昌市、信丰县、景德镇市等地开展了大棚蔬菜、猕猴桃、葡萄、柑橘等高效经济作物水肥一体化技术示范。在粮食生产等水田灌溉区，以强化田间水分调控、促进水肥耦合、减少农田径流为抓手，示范推广了水稻浅湿控制灌溉、交替灌溉等技术。

（三）组织了墒情调研

为及时指导我省夏收夏种农业生产，省土肥站于 5 月份组织墒情监测点负责人及有关专家，开展墒情会商。会议对近期土壤墒情、天气状况及农业生产情况进行了综合分析；依据墒情监测结果与近期天气预报，针对农业生产可能出现的问题，提出了应对措施。

二、主要措施

（一）加强领导，促进农田节水工作发展

省委、省政府对农田节水工作非常重视，省农业厅、省水利厅等有关单位切实加强对农田节水工作的领导，制定农田节水发展规划，建立相关机制，加强农田节水宣传，结合有关项目实施，促进农田节水工作可持续发展。

（二）突出工程措施，发挥工程节水功能

把节水工程建设放在农业节水工作的首位。农业、水利、农业开发等有关项目的实施始终把农田节水作为重要内容，通过改建新建硬化渠道、喷灌等配套设施，有效地增加了农田节水灌溉面积，提高了灌溉水利用系数。

（三）坚持效益优先，找准农田节水的切入点

一是充分关注农民利益，结合结构调整抓节水，让农民从节水中获得实实在在的好处。二是充分关注方便实用节水技术的推广，结合现行生产体制抓节水，使农民对节水技术用的舒心、管的省心、投的放心。三是统筹考虑经济、社会、生态环境用水需求，把握农田节水重点发展区域。

（四）坚持科技引领，提高农田节水综合效益

注重农田节水技术的整合与集成，包括对大田进行深耕深松保墒、秸秆覆盖、地膜覆盖、推广耐旱品种、结构调整、发展集雨农业、控制灌溉技术等，开展试验，建立示范区，有效地推广了农田节水技术。

三、下一步工作打算

（一）进一步加强农田节水示范推广工作

积极探索农作物节水的技术模式，做好比较成熟的节水技术模式的示范推广工作。

（二）进一步加大农田节水宣传力度

以电视、广播、网络、明白纸、墙体广告、示范标牌等形式，大力宣传农田节水的重要意义及技术措施，营造良好的农田节水氛围。

（三）建设全省墒情监测网络

按照制订的土壤墒情监测方案，抓好土壤墒情监测的落实工作。

（四）进一步搞好节水调研，组织项目申报

组织开展农田节水调研工作，摸清农业水资源及其利用状况，种植结构布局情况及其发展变化趋势，节水农业技术模式及其推广应用情况等，为实施农田节水项目申报、项目实施准备基础资料。

四、主要问题

（一）对南方旱作节水认识存在偏差

我省地处中亚热带，受东南季风之惠，年降水量为 1 341～1 940 毫米，为北方半湿润地区年降水量的 2～3 倍，半干旱地区的 4～5 倍，以致给人错觉，认为我省不存在干旱问题，或者认为影响较小。事实上，我省降水时空分布不均，洪涝灾害、季节性干旱十分频繁。干旱特别是伏秋干旱对我省农业生产已经构成了严重的威胁。如 2003 年 6 月下旬至 8 月上旬，我省遭受历史上罕见的旱灾。超过 35℃以上高温天气持续 60 余天，降雨量只有历年同期的三成，全省有近 1/6 的中小河流断流，有 1 868 座小型水库，9.58 万座山塘水库干涸见底，全省农作物受灾面积 1 907 万亩，成灾面积 1 159 万亩，粮食总产减少 25 亿千克，减幅 17％以上，全省农民人均减收 23.42 元，造成了巨大的经济损失。此外，我省是国家极为重要的粮食主产区之一，肩负着保障国家粮食安全的重大责任。因此，在我省实施农田节水项目，推广农田节水技术，对稳定和提高我省粮食生产能力，确保粮食安全具有特别重要的战略意义。

（二）农民对节水投入的积极性尚待提高

由于农田节水设施一次性投入较大，农田节水当季效益不明显，农产品价格较低，影响农民对节水农业的物力和劳力投入积极性。

（三）农田节水示范推广经费不足

这些年来，国家（农业部）暂时没有安排我省农田节水推广项目资金，我省财政又比较困难也没有拿出专门资金用于农田节水技术推广工作。农田节水技术示范推广工作经费主要是结合其他项目的实施，自筹资金解决。由于没有配套的资金支持，相关工作实际上难以真正落实到位。

五、有关建议

（一）将节水农业工作列入政府部门考核内容

建议将节水农业工作作为政府和部门目标责任考核的重要内容，明确推广面积、实施效果等考核量化指标。

（二）对农田设施节水实行专项补贴

我省农田设施节水，多数是农民自发开展，没有政府补贴，实施规模较小，总的节水效果不大。农田设施节水，一次性投入较大，如政府不设专项补贴，大面积推广难度较大。

（三）对农田节水技术示范推广给以立项支持

建议国家（农业部）能考虑我省实际情况，尽早立项支持我省开展农田节水示范推广工作。

安徽省节水农业发展报告

安徽省土壤肥料总站

一、基本情况

安徽省地处暖温带与亚热带过渡地带，年降水量700～1 700毫米，降水时空分布不均，70%的降水集中在5～7月，南多北少。全省现有耕地面积8 860万亩，其中旱地4 119万亩，占耕地总面积的46.5%。旱耕地主要分布于淮北平原、沿江洲区、江淮丘岗，土壤类型主要有砂姜黑土、潮土、黄褐土。旱耕地水利条件较差，质地不良，有效储水能力弱，旱灾频发，成为影响农业发展、农民增收的主要制约因素。针对我省旱耕地面积大、分布广，旱灾频发的特点，我省大力推广节水农业技术，有效地促进粮食增产、农民增收、农业增效。

二、主要成效

多种节水农业技术得到推广应用，据初步统计，2016年全省年推广各类节水农业技术5 900万亩次，占农作物播种面积的64.8%，有效地缓解了水资源不足的矛盾，提高了水资源的利用率和生产力，保持了农业的可持续发展。

1. 水肥一体化应用面积继续扩大

通过试点、宣传和发动，目前全省多地因地制宜采取此项技术，并取得了积极成效。通过对比调查，水肥一体化技术应用成效十分显著，肥料利用率和作物水分利用率得到大幅提高，节水30%～50%，节肥30%左右。2016年全省水肥一体化推广面积达到268万亩。

2. 墒情监测工作发挥积极作用

2016年全年省土肥站发布全省土壤墒情简报44期。全省63个墒情监测站（点）全年发布各地土壤墒情简报2 020期，采集土壤水分监测数据10 008组约30 042个。通过土壤墒情监测评价和分析，获得了丰富的第一手技术资料，为推广定量节水灌溉技术、制定在地作物田间管理方案、作物品种布局等提供依据，在农业生产中发挥了巨大作用。

3. 秸秆覆盖保墒技术获得突破

全省秸秆覆盖还田技术1 300万亩（次），比2015年约增加了10%。大部分玉米及部分大豆、棉花、茶桑果园行间推广了农作物秸秆覆盖还田技术。据调查，秸秆覆盖水资源利用率提高 10 个百分点以上。

4. 地膜覆盖保墒技术得到推广

全省年地膜覆盖 810 万亩（次），棉花、春玉米、花生、西瓜等作物地膜覆盖面积较大。在同等降水量的条件下，地膜覆盖地区，农作物产量较对照提高 15％～30％以上，水资源利用率和生产力明显提高，土壤保墒、蓄墒能力明显增强。技术操作简便、投资省、效果好、群众易于接受。

5. 移动喷灌技术得到更多应用

随着农业机械化的发展，我省淮北旱作农业井（河）灌区利用移动喷灌机具或简易移动喷灌机具对小麦、玉米、大豆等作物进行灌溉的面积不断扩大，2016 年达 1 200 万亩（次）以上，高产创建示范区、高产攻关核心示范区基本实现了喷灌。据调查，喷灌较大水漫灌节水 25％～30％，节能 20％～30％，增产 7％～10％。

6. 测墒节水灌溉技术得到普及

全省 343 个土壤墒情监测点定期监测墒情，取得了大量的监测数据，各地依据不同作物的土壤墒情监测指标体系，利用土壤墒情监测数据精确计算农田灌溉水量，推广节水灌溉和定量灌溉技术，2016 年推广面积 2 620 万亩（次）以上。据调查，实施节灌或定灌的小麦、油菜节水量每亩达 20～30 米^3，每亩节约灌溉费 10 元以上。

三、主要措施

1. 加强部门协调配合

我省各级农业部门非常重视节水农业技术推广工作，省、市、县农委把墒情监测与节水农业技术推广作为重要工作内容，作为小麦高产攻关、玉米振兴计划、粮油高产创建、江淮分水岭综合治理的重要措施，加强对节水农业工作的指导，协调农业项目的捆绑实施，保证了节水农业技术推广工作的开展。

2. 开展节水宣传培训

我省各地逐级开展节水农业技术培训，特别是加强对基层农技骨干、种植大户以及农业合作组织成员的培训，并与新型农民培训、测土配方施肥培训、有机质提升培训、高产创建培训等有机结合。采取技术讲座，印发资料，入户指导等形式，宣传旱作节水技术要点和效果。同时利用报刊杂志、广播电视、网络等多种形式，广泛宣传节水技术增产增效、节约资源的效果及典型经验，为节水农业工作的开展营造良好氛围。

3. 强化节水技术推广

在节水农业技术推广工作中，依托新增千亿斤粮食规划田间工程等项目实施，在全省 42 个粮食主产县，逐步建设土壤墒情监测区域站，为节水农业技术推广提供技术支撑。2016 年省财政安排了 90 万元墒情监测经费，支持全省土壤墒情工作的开展。

4. 做好多方宣传发动

各地通过召开现场会、组织科技人员进村入户、赶科技大集、发放明白纸等多种方式，宣传推广各种抗旱节水新技术。灵璧、五河等地还通过建立农田节水示范区，引导农民自觉运用农田节水技术，推广试验示范成果，促进了节水农业技术的推广。

四、问题与建议

1. 加大经费投入

抗旱节水农业基础设施建设滞后，灌溉设施不配套，加之一些效果好的设施节水技术前期投入大，影响了节水农业的推广，建议在技术和资金上予以扶持。

2. 加强节水农业设施建设

加强农业节约用水灌溉设施建设，对农业蓄水、输水工程采取相应的防渗漏措施，努力减少农业灌溉用水在蓄集、输送过程中的损耗。推广喷灌、滴灌等节水灌溉设施装备。

3. 推广节水农业技术

继续加大对农业节水的技术指导和培训，不断构建和深化社会化服务体系，指导农村集体经济组织和农户应用节水技术措施。支持规模农业使用高效节水灌溉技术。积极努力推广抗旱农作物新品种、土壤保墒、节水灌溉和畜牧业节水等新技术，特别是旱作区粮食作物水肥一体化技术。

福建省节水农业发展报告

福建省农田建设与土壤肥料技术总站

为贯彻落实中央 1 号文件精神和农业部《关于推进农田节水工作的意见》，大力推广先进农田节水技术，提高我省农业用水利用率，缓解我省区域性、季节性缺水造成的供需矛盾，结合我省实际，在设施农业、果园和菜地，通过开展水肥一体化试验示范，推广喷灌、滴灌和土壤墒情监测等技术，推动我省农业增效，农民增收，取得一定成效，现总结如下：

一、基本情况

我省地处亚热带地区，降水量较大，但时空分布不均，由西北向东南递减，径流分布随陆地高程降低而减少，使得山区多沿海少，闽北、闽东及闽中 3 个多雨区呈品字形分布；闽北人均水资源量达 7 843 米^3，闽东南经济发达地区的水资源量相对较少，沿海地区只有 2 331 米^3，滨海、沿海突出部和岛屿最缺水，各地水资源拥有量极不平衡。近年来我省经常遭到秋旱、冬旱、春旱，直接影响到我省农业的生产，福州、泉州、厦门、漳州、莆田等 5 个市的人均和亩均水资源拥有量达不到全省的平均数，其中福州、泉州、厦门、莆田的人均和亩均水资源拥有量达不到全省的一半，厦门仅 26%。

二、工作成效

（一）水肥一体化工作成效

1. 大力推进自动水肥一体化项目建设

近几年来我省水肥一体化技术应用推广较快，在蔬菜、果树上示范应用取得了一定的成效。按照农业部的《全国节水农业工作方案》的要求，我厅加大了水肥一体化技术的推广力度，制定了《福建省农田节水示范工作实施方案》，为动员农业龙头企业、专业合作社和种植大户积极引进和推广应用水肥一体化技术，在现代农业蔬菜产业集约化项目中要求配套建设自动水肥一体化项目，对实施自动水肥一体化项目的企业和种植户进行补助。目前完成和在建的智能水肥一体化基地有 80 个左右，应用简易水肥一体化的基地有 100 多个。

2. 加强水肥一体化技术的试验示范

为了取得水肥一体化技术在福建一些主栽作物，如番茄、黄瓜、辣椒、茄子等的用水、用肥、用工等的参数，更好地推广水肥一体化技术，继续在永安、福安、福鼎、福清、惠安、云霄、仙游等 7 个县（市）区开展水肥一体化节水技术试验示范。已取初步取得一些成效，表明番茄以施用水溶肥的纯收益最高，每亩达到 12 688.8 元，比习惯施肥增加 2 753.1 元/亩，增长 27.7％；苦瓜施用水溶肥的亩产值达到 19 853.2 元，比习惯施肥增加 1 140.0 元，提高了 10.4％。

（二）开展农田土壤墒情监测

按照《全国土壤墒情监测工作方案》要求，结合我省实际，制定了《2016 年福建省土壤墒情监测工作方案》。继续在福安市、漳浦县、东山县、云霄县、荔城区等 5 个县（市、区）开展土壤墒情监测。发布土壤墒情信息。每月定期上传至中国节水农业信息网，同时在福建农业信息网土壤肥料频道发布，这扩大了土壤墒情监测工作的社会影响，为农业抗旱减灾、指导科学灌溉、推广节水技术提供了信息支撑。截至 12 月份已采集土壤墒情数据 3 000 多条，发布墒情简报 120 条。

（三）加强技术培训交流

开展农田节水技术培训，是推进农田节水技术工作的有力手段。今年以来，在关键农时季节和作物生长关键期，组织专家开展一次墒情会商，提出生产对策措施和田管建议。组织开展土壤墒情监测技术交流会 1 次，培训交流各项目县工作经验，宣传工作成效。

三、存在问题和建议

（一）存在问题

近年来，我省节水农业技术推广工作虽然取得一定成效，但也存在不足，主要体现在：

1. 资金投入不够

我省虽然降雨量较多，但由于时空分布不均匀，尤其是闽南沿海区域性、季节性缺水还是比较严重的，有关部门对推广节水农业技术认识不足，投入不足与其他先进省份相比仍有差距。

2. 发展不平衡

尤其是设施节水技术推广上，经济发达的沿海地区比山区发展的好，推广的快，实施面积也大，闽西北自然条件差，经济不发达，推广速度较慢，有的设区市还是空白。

3. 相关的专业技术知识还很薄弱

尤其是基层技术人员由于缺乏系统培训，在滴灌、喷灌、水肥一体化、土壤墒情监测等基础研究方面以及对农作物的灌溉参数、节水农艺措施等节水农业技术了解不多，基础较薄弱。这需加强节水农业相关基础培训。

4. 宣传力度和节水意识不高

虽然我省在节水灌溉技术方面取得一定的进步，但发展不平衡，总体上用水效率不高。社会节水宣传不够，造成基层农技人员和农民节水认识不高，节水意识不够。

（二）建议

一是希望部里能加大对福建的支持力度，通过节水农业项目带动，促进节水农业工作在福建的快速发展。二是建议国家能出台节水农业的补贴政策和措施，将节水农业设备列入农机补贴，节水农业只依靠农民和设施农业公司投入困难较大，出台相关补贴政策可提高广大农民和社会各界对参与使用节水农业技术的积极性，可进一步促进节水农业技术的推广。

山东省节水农业发展报告

山东省土壤肥料总站

我省位于我国东部沿海，黄河下游，土地总面积 15.79 万千米^2。我省现有耕地 1.145 4 亿亩，约占全国的 6%，人均耕地 1.18 亩。年平均降水量约 680 毫米，水资源总量 303 亿米^3，人均占有量 334 米^3，约占全国人均的 1/6，亩均水资源占有量 265 米^3，约占全国亩均的 1/5，地下水开发利用率高达 95% 以上，地下水超采形成的漏斗区面积达到 1.04 万千米^2，水资源短缺已严重制约了农业的可持续发展。大力发展节水农业，既利于保障粮食安全和蔬菜果品有效供给，又利于促进农业提质增效转型升级。

一、工作开展情况

2016 年在山东省委、省政府和农业部的正确领导下，全面开展了土壤墒情监测、抗旱节水试验示范、节水农业和水肥一体化技术的推广应用等工作，取得了显著的经济效益、生态效益和社会效益。

一是联合发文《关于加快发展节水农业和水肥一体化的意见》。山东省委省政府高度重视节水农业和水肥一体化工作，将"大力发展节水农业和水肥一体化"写入 2016 年省政府工作报告。郭树清省长批示："农业节水和水肥一体化，好处甚多，也是我省农业转型升级的重大举措。"今年 8 月 3 日省委办公厅省政府办公厅印发了《关于加快发展节水农业和水肥一体化的意见》（鲁办发〔2016〕41 号），文件明确提出了到 2020 年水肥一体化面积增加到 750 万亩，设施蔬菜和果树的化肥利用率提高 20 个百分点，大田作物化肥利用率提高 10 个百分点。8 月底省委、省政府召开了全省美丽乡村标准化建设暨节水农业和水肥一体化现场会，安排部署美丽乡村标准化建设和节水农业、水肥一体化等相关工作。

截至 2015 年，全省水肥一体化推广面积达到 100 万亩，技术覆盖面不断扩展，应用地区从最初的胶东及鲁中果品蔬菜集中种植区，扩大至全省范围。作物从果菜等高效经济作物，扩大至小麦、玉米等大田作物。同时我省的技术体系基本成熟，探索建立了适宜不同区域、不同作物的 8 种水肥一体化技术模式，形成了 10 多种微灌施肥制度，制定了日光温室番茄及苹果等 6 项生产技术规程，并作为地方标准发布实施。我们以测墒微喷、省财政水肥一体化项目为抓手，先后多次举办水肥一体化应用、设备维护、土壤墒情监测等相关技术培训班，市、县技术人员已轮训一遍，培养了一批既懂土肥知识又懂节水技术的农业人才。水肥一体化技术推广取得了显著的效益，据统计，设施蔬菜和果树较常规增产 20% 以上，亩节水 50～200 米^3，节肥 20～60 千克，化肥利用率提高 20 个百分点，省工 5～20 个，亩节本增效 1 000～3 000 元。

二是《山东省水肥一体化技术提质增效转型升级实施方案（2016—2020 年）》正式发布（鲁农生态字〔2016〕12 号），方案就全省"十三五"期间水肥一体化工作的发展目标、重点任务、进度安排、预期效益、保障措施等方面做出了详细的规范。2015 年按照山东省农业提质增效转型升级实施方案编制要求，积极组织专家编写了全省水肥一体化技术实施方案，经过一年对实施方案的反复论证和征求各有关部门的意见，于今年 9 月正式发布。计划到 2020 年全省新增水肥一体化应用面积达 650 万亩，示范带动周边采用农业高效节水技术；设施蔬菜和果树灌溉水有效利用系数达到 0.9，粮田达到 0.75；设施蔬菜和果树化肥利用率提高 20 个百分点，粮田提高 10 个百分点。同时农产品产量得到明显提高，质量得到明显改善。

三是起草了贯彻落实《关于加快发展节水农业和水肥一体化的意见》的通知，提出要建立节水农业和水肥一体化领导机制，确定岗位责任，研究解决发展中遇到的困难和问题，要建立健全节水农业和水肥一体化技术培训和服务体系，充分发挥农业部门技术优势，开展对不同层次农技人员、设备经销商及广大农民的技术培训。通过调研，落实了各地市"十三五"新增水肥一体化完成面积。在我省发展节水农业和水肥一体化意见中，明确提出了到 2020 年水肥一体化面积增加到 750 万亩，目前全省推广水肥一体化面积达 100 万亩，新增 650 万亩根据各地市蔬菜、果树、小麦种植面积以及经济作物特色给予明确的细分。

四是以省财政水肥一体化项目试验示范为抓手，开展培训宣传示范带动，推动水肥一体化节水技术的应用和普及。2015 年省财政投入资金 625 万元，在全省 17 个地市 28 家项目单位开展试验示范工作，通过举办水肥一体化技术培训班，对项目实施单位开展技术指导、监督检查、绩效考核等手段，引导项目实施单位召开现场会、发放资料等形式广泛宣传发动，营造社会各界广泛关注，发挥好水肥一体化的试验示范作用，辐射带动周边农民应用该技术。2016 年完成水肥一体化示范区建设 20 500 亩，各级农业部门加强了水肥一体化技术宣传培训力度，培训农民 42 143 多人次。通过项目带动和试验示范，农民自发实施水肥一体化技术面积不断增加，取得了良好的经济效益和生态效益。

五是持之以恒地开展土壤墒情监测工作。今年山东省各地市开展了公车改革，作为事业单位的土肥站没有公务车，面对取土无车，租车不报销的困境，墒情监测县克服重重困难，坚持每月两次取土开展墒情监测，发布墒情简报，截至目前全省发布简报 1 990 多期，并在各级网络上发布，为指导合理灌溉提供了参考。我省参加了 3 次全国季节墒情会商会议，分别提出不同季节山东省土壤墒情预测和应对措施。今年 4 月我省发文对全省土壤墒情自动检测仪的现状开展了一次调研活动，摸清了全省墒情自动检测仪的使用情况和存在问题，为推动墒情监测自动化普及率，提高墒情信息的时效性打好基础。

二、工作措施

一是强化组织领导。自省站节水科成立以来，我厅及站领导均十分重视政府引导推广的作用，坚持领导小组和技术小组齐抓共管，强化节水科职能，搞好分工明确责任，积极协调各县节水农业工作，及时调度各县的节水农业情况，确保各县及时发布生产指导信息。各市及县也纷纷成立相应的工作领导小组和技术小组，实行责任人负责制，全局动员，充分发挥了政府引导的作用，从近几年的推广应用来看，成效显著。

二是丰富宣传内容。我省各地充分利用广播、电视、报刊、网络、手机短信、快讯、快报、明白纸及示范区建设，大力宣传节水工作和土壤墒情监测的重要性并及时发布墒情信息，扩大社会影响，形成全社会关心、支持和参与农田节水的良好氛围，以提高全民节水意识。2016 年发布墒情简报 1 990 期（其中省站发布全省土壤墒情信息 19 期），并同步在中国节水农业信息网、山东农业信息网、山东省土壤肥料信息网及各地方网发布信息。通过各种形式的宣传，提高了农民对测墒微灌、墒情监测、设施果菜水肥一体化等新技术的参与能力，调动了广大农民科学种田的积极性。

三是开展技术培训。我省各级农业部门组织大户开展水肥一体化、节水农业等培训，让更多种植户认识到节水的意义、掌握节水的手段，通过培训，更多的种植大户主动采用水肥一体化技术。省站 4 月在威海举办水肥一体化技术培训班，在 8 月和 11 月组织了 2 次水肥一体化技术培训，重点是培训基层土肥站长及种植大户，让大户真正掌握水肥一体化的各个环节，对促进水肥一体化在全省的推广奠定了基础。开展了对全省基层土肥站长普及水肥一体化技术的行业培训，聘请全省著名专家就水肥一体化相关技术进行授课，及时解决技术推广中出现的问题，为全省实现"十三五"规划转型升级提质增效，加快发展节水农业和水肥一体化技术做好人员储备。

四是做好部门协调。节水农业是个综合作物、墒情、肥料等各项技术，省站及县里经常与同级的种植业处、农技站等相关单位进行业务交流，了解农作物长势信息、病虫害发生情况和管理技术等，同时，还积极与气象、水利等部门协调，我站今年参加水利厅牵头组织的最严水资源督查行动、水土保持规划研讨会等，加强了彼此间的数据共通、业务共通。我省还积极向财政厅沟通，争取财政支持，市和县也积极向财政部门申请资金，部分县已取得了县财政支持。

三、存在问题

一是节水农业特别是水肥一体化的激励机制还不健全。虽然各级部门陆续出台相关政策，支持节水农业技术发展，但农业基础设施相对薄弱，且在节水灌溉行动中存在重设备、轻技术的现象，在一些地区只注重节水灌溉工程建设和设备配备，仅用于农田灌溉。水肥一体化技术虽然是较先进的节水技术，但相应的财政补贴机制还没有建立，在农业比较效益偏低的情况下，农民投入意愿不高，水肥一体化示范推广项目也仅是在局部点上实施，规模偏小，投入标准偏低，影响了水肥一体化技术的推广。

二是节水农业技术研发方面支持力度不够。如水肥一体化技术，对农民来说是一项新技术，涉及田间工程设计，设备选择、购买、安装、使用、维护及肥料选择等一系列问题，由于缺乏系统的培训，许多农户担心无法掌握和正确使用，影响了农民使用水肥一体化技术的积极性。还有水溶性肥料配套、技术模式集成等方面需要进一步加强。水溶性肥料方面，大多企业研发投入低，以简单混配为主，产品配方没有根据作物的需求来配置，达不到预期效果。在技术模式方面，不同作物适宜的土壤墒情，田间管带铺设间距及不同作物整个生育期适宜的喷、滴灌次数和施肥量等参数研究还不够深入，技术模式还未有效建立。

三是肥料企业和灌溉设备企业重销售、轻服务和技术指导的现象还较为严重。节水农业中较先进的水肥一体化技术处于起步阶段，相应技术体系还未完善，农民缺乏有效的技术培训。相对于传统肥料，水溶肥还属于新产品，农民对产品的认知程度较低。由于农民缺乏灌溉施肥相关的知识，企业没有专业的农化人员跟踪服务，节水省工等效果没有得到充分体现，在一定程度上增加了节水农业技术推广普及的难度。

四是节水灌溉设备企业和肥料企业大多各自为政，缺乏交流、沟通和协作，没有形成良好配合的体系。肥料企业目前大多仅注重肥料的品质及销量，不能清楚了解不同灌溉方式对水溶性肥料的不同要求；灌溉设备企业大多只给农户"搭框架"，在节水灌溉系统设计时对肥料应用考虑不足，推广中未能与配套的施肥方案有效结合，无法建议农户如何选择肥料。如水肥一体化，目前设备采购多样化，质量参差不齐，企业安装设计不够规范，造成施肥器、水泵类型、过滤器、输水管网等设备不配套不匹配，影响了使用效果和设备的使用年限。

五是基层单位公车改革，报账制度的不衔接，造成墒情监测县无车可用，租车不报销，严重影响墒情监测的田间取样工作。目前全省有自动墒情监测仪 289 台，只有 193 台正常运转，且这些仪器多半是通过其他项目自主招标采购的，配置不统一，型号繁杂，品质良莠不齐，难以形成合力，数据无法进行统计汇总。另外墒情监测技术人员水平良莠不齐，部分人员处理墒情监测数据的经验还不足，造成异常值不能及时剔除，影响最终统计结果。

四、建议

一是强化政府部门的公益性推广。政府部门应开展进行多途径、多方面地长期性宣传节水农业相关技术，结合项目开展有针对性的试验示范，才能赢得老百姓的认可，逐步改变老百姓那种与己无关的思维。

二是培训一批有经验的综合性技术人才。因为节水农业牵扯到多方面的技术，如果没有针对性的推广，效果必然不好，同时该强化种植大户或示范户的扶持和培养，使其成为技术推广的先锋，这才利于技术推广落实。

三是建立有特色的节水农业工作体系。通过多年的技术推广来看，县里如果根据本县的特点，从本县大局出发，去积极配合其他部门开展工作，积极去解决农业中存在的问题，充分发挥自己的优势，节水农业才能真正发扬光大。

四是加大节水农业项目投资力度。虽然项目拨付一部分资金，但农田节水的发展不仅是农业自身的事情，而是涉及国民经济发展的系统工程，国家应将其作为一项战略性策略来实施。应选择一些对使用节水灌溉的小型节水设备或采取节水技术较好的农民进行奖励，并发放一定的国家补贴。

五是激励社会各方资金投入。发展农田节水需要大量的资金投入，仅靠国家投资是远远不够的。在积极争取国家投资的基础上，要尽快建立起科学的投入机制，制定优惠政策，按照"谁投资谁受益"的原则，动员方方面面的力量投资农田节水，引导企业和社会力量投资农田节水。

河南省节水农业发展报告

河南省土壤肥料站

2016 年，在农业部、全国农业技术推广服务中心的正确指导下，我省结合实际，以提高水肥资源利用率、保障粮食生产安全和促进农业可持续发展为核心，按照农业发展"一控两减三基本"的要求，在土壤墒情监测、水肥一体化推广、农田节水示范区建设、节水农业技术试验示范等方面开展了大量工作，取得明显成效，稳步推进全省节水农业发展。

一、取得主要成效

一年来，我省立足水肥一体化集成模式示范、农田土壤墒情监测等项目实施，不断加大各级财政资金投入，因地制宜，分类指导，在粮食、经济作物种植区大力开展水肥一体化、测墒灌溉、集雨补灌、聚水保墒等农田节水技术推广，逐步建立起适合全省发展的节水农业技术体系，为实现资源高效利用、促进农业可持续发展发挥了重要作用。

（一）农田灌溉条件明显改善

依据全省高标准粮田建设项目实施，农田灌溉基础设施得到有效改善。截至 2016 年 8 月底，全省已建成高标准粮田 5 131 万亩，建设区域内配套农田灌溉基础设施，基本达到旱能浇、涝能排、渠相通、路相连、田成方、林成网的生产条件，抗灾减灾能力显著增强。

（二）墒情监测网络不断完善

全省共有 51 个县常年开展监测，建立农田监测点 320 个，监测范围逐步扩大，监测网络不断完善。重点搞好基础设施建设，确保墒情自动监测站正常运行，监测效率明显提高，工作基础不断夯实，服务能力显著增强，基本建成全省墒情监测体系。

（三）水肥一体化技术体系更趋成熟

在粮食主产区新建水肥一体化示范区 3 个，面积 3 460 亩，示范推广测墒喷灌、滴灌、微喷灌等水肥一体化技术模式。在示范区开展水肥一体化试验研究，针对规模化种植，探索适合不同区域应用的水肥一体化物联网技术，促进水肥一体化技术体系趋于成熟。

（四）水肥资源利用率显著提高

在全省不同类型区建立示范区，大力推广喷灌、滴灌、微喷灌等高效节水技术，年推广水肥一体化、测墒灌溉、集雨补灌和聚水保墒等技术模式 2 800 万亩次以上，亩节水 40～50 米³，亩节肥 20％～30％，亩增产 8％～15％，亩节本增效 100～200 元。

（五）土壤蓄纳降水能力不断提升

大力推广保护性耕作和土壤深松耕、秸秆覆盖、地膜覆盖等蓄水保墒技术，营造土壤水库，使土壤蓄水率增加 10％～20％，土壤含水量提高 0.5％～3.5％，降水利用率提高 10％以上，水分生产效率提高 0.1～0.3 千克/米³，平均亩增产 10％～30％。

（六）旱区作物种植结构不断优化

依据不同区域降水条件和不同作物需水规律，积极引导地下水超采区和旱作区减少高耗水作物种植面积，变对抗性种植为适应性种植，指导农民多种植节水耐旱的作物品种，加快种植结构调整，促进农业发展方式转变。

二、主要工作

（一）切实加强土壤墒情监测

2016 年，我省不断加大资金投入，进一步夯实墒情监测工作基础。在粮食核心区增设监测点，总数达 320 个，不断完善监测网络，组织 51 个监测县定时定点开展监测，及时发布墒情简报，关键农时或重大灾害发生期，加密测墒，组织会商，研判趋势，制定措施，服务全省农业生产。通过实施农业部水肥一体化项目，投入资金 20 万元，在许昌县、通许县建设 2 个墒情自动监测站，为水肥一体化技术应用提供支撑。全年开展监测 1 100 多次，发布各类墒情简报 1 250 多期，为指导科学灌溉、服务抗旱减灾发挥了重要作用。

（二）大力推广农田节水技术

2016 年，我省按照农业发展"一控两减三基本"的要求，依据不同气候条件、水资源状况和农田基础设施，在不同区域大力推广农田节水技术。在旱作区，大力推广保护性耕作和土壤深松耕、秸秆覆盖、地膜覆盖等蓄水保墒技术。在灌区，依据"用好地表水、浇好关键水、施好关键肥"的原则，在许昌县、通许县、修武县等地建立 3 个示范区，面积 3 460 亩，在粮食和经济作物上示范推广水肥一体化技术，集成先进实用的水肥一体化物联网技术模式。年推广各种农田节水技术模式 2 800 万亩次以上，降水利用率提高 10％以上，示范区实现亩节水 40～50 米³，亩节肥 20％～30％，亩增产 8％～15％。

（三）扎实开展农田节水示范

按照农业部开展农田节水示范活动的要求，我省结合实际，因地制宜，在豫南、豫东、豫北不同类型区新建 3 个水肥一体化示范区。通过在示范区开展水肥一体化技创新研究，集成工程节水、农艺节水、生物节水、管理节水等综合技术，提升水肥一体化技术含量，大力推广喷灌、滴灌、微喷灌水肥一体化技术模式。全年共召开各类培训班 32 次，举办现场观摩活动 25 次，培训农民 8 200 多人次，发放技术资料 50 000 多份，发布报刊、网络信息 70 多期，有效推动了全省节水农业工作稳步发展。

（四）深入开展节水技术试验

按照全国农技推广服务中心关于做好节水农业技术试验示范的要求，我省精心组织、周密部署，根据不同类型试验，选取具有代表性的地区开展节水农业技术集成试验研究。一是制定详尽的试验方案，指导项目县做好试验示范；二是积极筹措试验经费，确保项目县试验工作顺利开展。通过在许昌县、虞城县、尉氏县开展试验示范，验证了不同水溶肥料、抗旱抗逆制剂、长效缓施肥在实现节本增效、提高作物产量和抵御自然灾害等方面的作用，筛选了适合不同区域、不同作物应用的最佳产品，为大面积推广奠定了基础。

（五）加快水肥一体化物联网应用

进一步加快推进水肥一体化物联网技术在大田作物上的应用，不断提升水肥一体化技术水平。通过实施农业部水肥一体化项目，投入资金 40 多万元，在许昌县建设 1 个高标准水肥一体化物联网示范区，面积 200 亩，在小麦上示范推广水肥一体化物联网技术，获得各级领导和专家的高度认可。同时，在示范区深入开展"物联网＋水肥一体化"试验研究，不断完善技术，促进模式成熟，确保我省在全国处于领先水平，并把许昌县示范区打造成为全省"物联网＋水肥一体化"的观摩教学基地，组织现场观摩活动 4 次，观摩人数达 300 多人次，有效促进了该技术推广。

三、主要措施

（一）统一思想，做好顶层设计

在"十三五"开局之年，按照新时期农业发展"一控两减三基本"的总体要求，我省进一步提高认识，统一思想，结合实际，认真做好顶层设计。立足提高农田资源利用率，围绕水肥一体化示范推广，科学谋划"十三五"重点工作。

（二）制订方案，做好统筹规划

为确保工作顺利开展，我省先后制订了《河南省 2016 年土壤墒情监测工作方案》《河南省 2016 年节水农业技术试验示范方案》和《河南省发展水肥一体化指导意见》，做到统筹规划、周密部署，督导各地抓好落实，促进各项工作发展。

（三）争取立项，做好技术推广

2016 年我省切实加大宣传力度，积极争取省财政立项，多方筹措资金，不断增加投入，做好节水农业技术推广，深入开展水肥一体化＋物联网技术应用研究，集成适合不同作物应用的水肥一体化物联网技术模式，提升水肥一体化科技含量。

（四）组织观摩，做好宣传培训

结合农田节水示范活动，在关键时期组织各种形式的现场观摩活动，让各级领导看到发展成效，让广大农民看到技术应用实效，加强对基层农技人员和种植农户的技术培训，充分调动各方积极性，形成共同参与的良好氛围，促进全省节水农业稳步发展。

四、主要技术模式

2016 年我省重点推广了水肥一体化、测墒灌溉、集雨补灌和聚水保墒等节水农业技术模式，通过建立不同模式、不同层次的农田节水示范区，展示农田节水技术应用效果，有效促进了节水农业发展。

（一）小麦喷灌水肥一体化物联网技术

小麦喷灌水肥一体化物联网技术主要基于现代农业物联网信息平台，将测墒灌溉、测土配方施肥和物联网融为一体，利用"大数据、云计算、物联网、智能感知"技术，同时辅以土壤墒情和气象信息，对作物灌水、施肥进行统一调控和一体化管理，实现作物定时、定量的精准灌溉和精准施肥，有效提高水肥利用率。该技术适合水、电、网设施齐备的高标准粮田，具备节水、节肥、高产、高效、智能控制等优点，在河南省小麦主产区可大面积推广。

（二）小麦喷灌水肥一体化种植技术

小麦喷灌水肥一体化种植技术主要是在开展墒情监测的基础上，由喷灌、秸秆覆盖、机械深松耕、配方施肥和选用耐旱品种等高效节水技术集合而成，根据小麦不同生育期需水、需肥规律，优化灌溉施肥制度，通过各类喷灌机、喷灌带、施肥罐等设备同时给小麦供给水分和养分，促进水肥耦合，实现水肥资源高效利用。该技术适合水、电设施齐备的种植区域，具备高产、高效、节水、节肥等优点，在河南省小麦主产区可大面积推广。

（三）玉米滴灌水肥一体化种植技术

玉米滴灌水肥一体化种植技术主要是在开展墒情监测的基础上，由滴灌、秸秆覆盖、机械深松耕、配方施肥和选用耐旱品种等高效节水技术集合而成，根据玉米不同生育期需水、需肥规律，制定优化灌溉施肥制度，通过滴灌带、施肥罐等设备同时给玉米供给水分和养分，促进水肥耦合，实现水肥资源高效利用。该技术适合水、电设施齐备的种植区域，具备高产、高效、节水、节肥等优点，在河南省玉米主产区可大面积推广。

（四）小麦、玉米测墒喷灌节水种植技术

小麦、玉米测墒灌溉节水种植技术主要是在墒情监测的基础上，由"小地龙"微喷灌、秸秆覆盖、机械深松、配方施肥和选用抗旱良种等高效节水种植技术集合而成，适合全省有灌溉条件的种植区域。近几年，通过在旱作节水项目示范区开展该项技术示范应

用，得到了当地种植户的普遍接受和认可，在河南省小麦、玉米种植区可大面积推广。

（五）小麦秸秆还田及深耕种植技术

小麦秸秆覆盖及深耕种植技术主要由选用良种、玉米秸秆还田、配方施肥、深耕土壤、精细整地、适期精播、节水灌溉、防治病虫等一系列旱作节水技术措施集合而成，适合全省冬小麦种植区域。近年来，通过在上述区域开展该项技术的示范、推广，得到了广大种植户的普遍接受和认可，成为当地最主要的冬小麦种植技术。

（六）玉米秸秆覆盖集雨保墒种植技术

玉米秸秆覆盖集雨保墒技术主要由小麦留高茬、麦秸麦糠覆盖、配方施肥、反犁集水保墒等综合节水技术措施集合而成，适合旱地夏玉米种植区域。近几年，通过对该项技术的示范推广，种植农户普遍反映节水增产效果明显、经济效益显著，是目前全省旱区种植玉米主要应用的节水技术模式。

（七）旱地小辣椒垄膜覆盖集雨种植技术

旱地小辣椒垄膜覆盖集雨种植技术是由土壤深耕、起垄、地膜覆盖、移栽、节水灌溉、测土配方施肥、病虫害综合防治等一系列旱作节水技术措施集合而成，适合豫西丘陵地区干旱缺水条件。近几年，通过在豫西雨养区进行技术示范推广，地膜辣椒节水种植技术日趋成熟，种植面积逐年扩大。

（八）旱地烟叶垄膜覆盖集雨种植技术

旱地烟叶垄膜覆盖集雨节水种植技术是由全方位深松耕、起垄、测土配方施肥、秸秆覆盖、垄膜移栽、节水灌溉、豆浆灌根、病虫害综合防治等一系列旱作节水技术措施集合而成，适合豫西丘陵山区。近几年，通过在该区域旱薄地进行技术示范推广，地膜烟叶得到了当地广大烟农的普遍接受和认可，种植面积稳中有升。

五、主要经验

（一）加强领导是保障工作开展的有利条件

发展节水农业是农业部门的重要职责，省委省政府高度重视农田节水工作，省农业厅切实加强领导，保障节水农业工作有机构、有人员。各地农业主管部门积极采取有效措施，在人力、财力和物力等方面给予大力支持，共同推进当地节水农业发展，为保障粮食安全发挥了重要作用。

（二）明确思路是促进事业发展的基本保证

发展节水农业要紧紧围绕"一控两减三基本"的总体要求，结合化肥零增长行动，切实转变观念，明确发展思路，争取行业各部门支持，立足区域发展，制定切实可行的"十三五"发展规划，依托核心技术推广，积极申请各级财政立项，促进全省节水农业工作稳步发展。

(三) 示范推广是推动技术应用的唯一途径

示范推广是促进节水农业发展的重要手段，近年来，我省通过在不同区域、不同作物上建立农田节水示范区，开展试验研究，集成技术模式，宣传应用成效，大力推广节水农业技术。通过打造示范精品工程，开展技术交流，充分发挥示范区辐射作用，带动周边地区发展。

(四) 宣传培训是做好技术推广的重要手段

节水农业技术推广离不开宣传培训，通过宣传，可以提高社会各界对节水农业工作重要性的认识，扩大影响，提高地位，形成全社会共同关心、支持和参与的良好氛围。通过培训，可以提高广大种植户应用节水农业技术的能力，促进节水农业技术示范推广，不断夯实发展基础。

六、存在问题

(一) 墒情监测基础薄弱

墒情监测是服务农业生产、指导防旱抗旱的重要基础工作，目前，全省共有 51 个县常年开展监测，建立定位监测点 320 个，全省监测网络尚不完善，始终处于少经费、缺设备的状态，各地多采用人工方法开展监测，导致效率低、时效性差。

(二) 资金投入严重不足

近年来，财政资金投入主要以水利为主，对水源和输水骨干工程建设投入力度较大，田间农艺节水技术推广投资较少。农业部节水项目资金投入规模小、没有持续性，省财政一直未能设立专项，省发改、水利、国土等部门项目投资分散，缺乏统一性。

(三) 技术体系有待完善

"十二五"以来，我省基本建成以小麦、玉米等粮食作物为主的水肥一体化技术体系。但是，随着农业发展方式不断转变，全省规模化经营趋势基本形成，种植结构调整日益频繁，单一节水技术模式已不能满足市场需求，技术体系有待完善。

七、工作建议

(一) 探索切实可行的推广机制

在粮食主产区，围绕全省支持规模化粮食生产经营主体开展重大技术推广补助项目实施，按照技术推广部门、新型农业经营主体、水肥一体化设备生产企业共同参与的方式，做好大田粮食作物水肥一体化技术推广，同时开展市场调研，不断摸索和改进生产中不适用的设备和技术环节，促进模式成熟，加快推广发展。

（二）建立稳定长久的投入机制

发展节水农业关系到全省粮食安全、水资源安全和生态安全，属于公益性事业，政府是投入主体，应及早建立以政府为主导、社会各界广泛参与的投入机制。针对实施规模化生产的经营体，采取水肥一体化示范立项的方式，对购置设备实施补贴，引导、扶持有条件的地区应用现代农业信息技术，促进"物联网＋水肥一体化"推广。

湖北省节水农业发展报告

湖北省土壤肥料工作站

　　湖北是一个农业大省，农业用水占总用水量的70%左右，全省季节性缺水十分严重。为了合理解决水肥资源利用率，提高农业效益，我省建设了旱作节水农业示范基地、水肥一体化示范区和田间土壤墒情监测。2016年节水灌溉技术应用面积510.79万亩。

一、湖北省自然资源及旱作农业节水潜力

　　湖北省地势西北东三面环山，是旱灾多发省份之一。全省年均降水量800～1 100毫米，年降雨分布不匀，季节性干旱频繁，"土、肥、水"利用效率不高，农业生产效率较低。虽然素称"千湖之省"，但湖北水资源总量仅占全国总量的3.5%，列第10位，人均水资源占有量1 731米³，列第17位，只占全国人均占有量的73%，接近国际公认的人均1 700米³严重缺水警戒线。据《湖北中长期供水计划》，全省中等干旱年份将缺水67亿米³，特别干旱年份将缺水89亿米³，供水缺口比例将达到20%～26%。粮食生产将长期受到干旱缺水的严重影响。受季风气候影响，降水年际、年内变化大。全年70%～90%的降雨集中在每年4～9月。今年5～7月，湖北发生历史罕见洪涝灾害，降雨量超过1 000毫米，多地发生百年一遇的强降雨过程。加上全球气候变化加剧，降水不确定性增加，极端性天气及灾害发生频繁。湖北发生较大或特大干旱的概率由过去5年一遇到现在发生概率超过50%。近几年的干旱危害极大，表现为：一是旱灾面积扩大；二是干旱发生频率增大，程度加深。大旱时，旱灾发生面积大，持续时间长，大型水库容水严重不足，中小型水库、河流和塘、堰干枯见底，无水灌溉，作物六成以上歉收或绝收。小旱时，旱灾面积较小，持续时间短，以季节性干旱为主，持续30～40天无降雨，抗旱灌溉增加了生产成本，作物歉收2成以上，严重制约全省农业生产的发展。

二、旱作节水农业技术应用

　　2016年我省农业科研、教学和推广部门通力合作，积极开展节水农业技术研究与应用工作，在发展滴灌、喷灌、微灌等节水灌溉技术基础上，结合本省自然特点，探索应用实用性强、操作简便、节水节肥、增收效果好的覆盖保墒、沟垄耕作、墒情监测、以肥调墒、集雨补灌、水肥一体化等节水农业技术，并取得明显成效。全省节水灌溉技术应用面积510.79万亩。

1. 覆盖保墒节水技术

包括秸秆覆盖和地膜覆盖两种形式，具有保温、保墒、增肥、压杂草、有效减少水土流失等多种作用。秸秆覆盖土壤保水率由 30％提高到 55％，抗旱期平均延长 10～15 天，作物增产 12％以上；地膜覆盖土壤保水率由 30％提高到 60％以上，抗旱期平均延长 20～30 天，作物增产 15％以上。

2. 坡地沟垄耕作技术

适宜 5°～20°的缓坡地，简便有效，投资少，见效快。以改土培肥为目的，变坡地的"陡、薄、瘠、蚀"为"平、厚、肥、保"，为农作物创造地平、土厚、保墒、耕层肥的良好土壤环境，土壤肥力、土壤含水量和耕层土壤温度都有一定的提高。作物增产 15％，土壤保水率由 30％提高到 50％以上。

3. 调肥节水技术

根据土壤肥力监测结果、栽培作物及气候等因素，制定适宜的肥料配方，为农民提供适合配方的优质配方肥，充分发挥以肥调水作用，提高作物抗旱能力。应用该技术粮食作物增产 8％以上，经济特产作物增产 15％以上，同时节约投肥 10％以上，节省灌溉用水 20％。

4. 化学保墒技术

是用化学物质如保水剂、黄腐酸盐等作用于土壤和植株，增强土壤持水和作物抗旱能力，达到节水保墒增产的目的。施用保水剂，作物一般耐旱 18～25 天。

5. 水肥一体化技术

通过综合分析当地地貌、土壤类型、作物种类、水源保障等因素，在水分管理、养分管理及维护保养等方面探索出实用性强、操作简便、节水节肥、增效好的水肥一体化技术。2016 年湖北省通过采取工程、农艺、生物、管理等多种措施，推广了水肥一体化技术应用面积 20 多万亩，为促进农业旱涝保收，实现农业节水增产、节肥增效发挥了重要作用。

三、旱作节水农业主要成效

根据不同区域的自然资源、耕作方式、作物布局，通过试验示范、调查研究，科学编制形成了适合于我省的节水农业技术模式。通过旱作节水技术实施，降水利用率提高 5～10 个百分点，灌溉水利用率提高 8～10 个百分点；通过水肥一体实施，实现节水 50％，节肥 30％，粮食作物增产 20％，经济作物节本增收 600 元以上；全省节水灌溉技术应用面积 510.79 万亩，亩平节本增效 30 元，总计节本增效 15 323.7 万元。

按照统一组织、合理布点、同步监测、规范分析、定时报告、集中发布的原则，分层次设立省市县 3 级墒情监测网点 140 个，采取土样 13 569 个，发布土壤墒情信息 420 期次。提高了水肥利用效率，提高了耕地产出率和农业生产效益，土肥水资源得到进一步合理利用。

同时，认真实施"三田"建设，着力提高农田灌溉基础设施水平。2004 年以来我省相继开展了以改善农田设施为主要内容的标准粮田、基本口粮田和高产稳产农田等"三田"建设。在标准粮田建设方面，全省 26 个重点粮食主产县市先后实施了标准粮田建设项目，实施面积 120 万亩。在基本口粮田建设方面，为巩固退耕还林成果，全省 73 个县市获批 2008—2015 年基本口粮田建设面积 97.5 万亩，每年实施 12.19 万亩。在高产稳产农田建设方面，实施国家千亿斤粮食产能田间工程项目，从 2011 年开始我省 33 个县市纳入范围，获得中央投资 2.4 亿元，建设高产稳产农田 48 万亩。

四、主要工作措施

1. 成立技术专班，科学制订方案，规范技术操作

农田节水是一项复杂的系统工程，融农艺、生物、工程、管理等措施为一体，必须发展综合的节水农业模式和技术体系。我们工作的重点是研究推广提高降水和灌溉水利用率与利用效益并重的综合技术。为保证技术的先进性和推广工作的顺利实施，2016 年我省组织省耕地肥料总站、华中农业大学资环学院、省农业科学院植保土肥研究所等相关单位专家成立了农田节水技术工作专班。根据各地农业特点，在充分论证的基础上，科学制定试验推广方案，重点从抗旱节水入手，因地制宜，探索各地农业抗旱节水增收增效技术，在多种作物多项次田间试验的基础上，总结出覆盖保墒、节水灌溉、沟垄耕作、调肥节水、集雨补灌、墒情监测、水肥一体化等节水农业技术措施。在关键环节和关键农时，开展多形式、多途径的技术培训，印发技术资料，召开专题研讨会，规范技术操作，针对当前大力发展生态、高效、持续农业的大环境，制订具体的实施方案，确保技术的先进性和推广工作的可行性、有效性。

2. 抓宣传培训，提高基层农技人员和农民的科技素质

农田节水技术性强，为便于掌握和应用，我省狠抓了技术的宣传和培训。2016 年印发宣传资料 3.5 万份，安排旱作保墒、水肥一体化和锌肥等试验示范 12 个，举办技术培训和现场会 20 场次，培训基层农技人员、科技干部和农民 5 034 人次。同时，通过网络、电视、广播等媒体大力宣传节水农业技术。通过这些工作，为节水农业的持续发展提供较好的技术支撑，同时农民自觉参与意识逐步增强。

3. 加强技术指导，因地制宜，突出区域技术特色

我省山区、丘陵地区节水农业区域气候、地形迥异，耕作制度、物种差异较大，技术应用和推广难度较大。根据不同的资源情况，在山区、丘陵应用区域，重点提出并推广了 3 种模式：一是山区坡改梯兼综合治理模式。郧县、竹溪县、房县、丹江口等县市按照人平一亩当家地的标准进行旱地开发，应用覆盖保墒及蓄水灌溉技术，山区粮食单产比以前翻一番，总量实现自给，基本保证每人至少有 0.5 亩旱涝保收、高产稳产的"口粮田"。同时在条件具备的地区进行旱作立体开发，山脚种粮食、山腰种经济林、山顶发展速生林木，这样不仅减少了水土流失，保护了生态环境，收到显著的生态效益、经济效益和社会效益；二是丘陵岗地坡地沟种兼综合治理模式。坡地沟种是推广旱作节水农业的一个有效途径，这项技术在鹤峰、建始、巴东等县市的坡耕地上得到普及，总面积 200 余万亩，种植结构粮经结合，长短结合，大力发展黄姜、花椒等高效林果、药材基地，较好地促进了山区经济的发展；三是丘陵旱地节水灌溉兼综合治理模式。鄂北岗地人均耕地 1.1 亩，年降雨量小于年蒸发量，土层深厚，地势较高，水资源缺乏，干旱威胁大，是全省有名的"旱包子"。在该区域以推广节水设施为重点，修建硬化防渗渠，引进滴喷灌设施，结合沟厢配套，作物秸秆覆盖，合理改种旱作等措施，显著提高旱地有效灌溉面积，提高了旱作农业生产水平。

4. 抓好试验示范，以点带面，促进技术的深入推广

为使技术的推广更有说服力，除广泛宣传培训外，我们在十堰市郧阳区、恩施州、孝感市孝南区、襄阳市襄州区和宜昌市秭归县等地举办节水技术应用试验示范样板 12 个，通过水肥一体化先进技术应用展示，水溶性肥料、长效肥料、土壤调理剂和锌肥施用效果比对，进一步提高了农民学习新技术、应用新型肥料的积极性。让农民看得见，摸得着，通过对比试验进一步提高了农民的感性认识。大力推广水窖、蓄水池、机井等投资少、见效快的微型水利设施建设和肥水利用率高的水肥一体化技术，不仅扩大可灌溉面积，充分发挥了两季蓄水、干旱浇地的作用，而且显著提高了示范区作物的经济效益，有效缓解了水资源紧缺的矛盾，创造了良好的经济效益。通过各级试验示范的带动，旱作节水农业技术的推广规模不断扩大，效益不断提高。

5. 强化农田土壤墒情监测，指导农业抗旱减灾

在襄阳、广水、红安、钟祥、宜都等 10 个县市各设立部级墒情监测站 1 个，每个站布置监测点 10 个，每月上报土壤墒情监测简报 2～3 期。同时，设立 9 个县市为省级监测站，使全省墒情监测点达到 140 个。印发了《2016 年湖北农田土壤墒情监测工作方案》，制定了按耕地类型推荐的墒情评价指标体系和分作物的旱地土壤墒情评价指标体系及旱情评价指标体系。实现了定点、定时监测，建立了土壤墒情定期报告等一整套样品采集、检测、数据分析、汇总及上报制度。2016 年审核汇总并发布墒情信息 420 期次。很好地为及时了解我省不同区域的土壤墒情，指导农业抗旱减灾、科学灌溉及节水技术推广提供了信息服务和技术支撑。

五、节水农业存在的主要问题及发展对策

我省节水农业实施近几年尽管取得了一定的成效，但总体来看，农田节水基础条件仍然较差，集蓄水工程还有待进一步修建完善，机械化管道滴灌、喷灌、深耕等受资金限制发展不快，非工程措施投入少，尚需加大投入力度；农田灌溉设施建设普遍存在"最后一公里"难到位的现象，农田用水粗放，自然降水和灌溉水的利用率和生产效率还比较低。综合节水技术示范建设、技术支撑和推广服务体系建设、农民培训等急需加强。为此，必须从以下几个方面着力抓好农田节水建设：

1. 落实政策，加大投入

根据国务院《关于将部分土地出让金用于农业土地开发有关问题的通知》（国发〔2004〕8 号）文件精神，按照"取之于土，用之于土"原则，从土地出让金收入用于农业土地开发的资金和新增建设用地土地有偿使用费中，划出一定的比例，用于农田建设、耕地质量保护、改善农业生产条件，加强农田节水设施等地力建设。

2. 加快建设高效土壤"水库"

国家在农田基本建设、土地整理、中低产田改造、农业综合开发等方面继续给予投入

的同时，对耕地内在质量建设和地力培肥加大投入力度，全面实施"增"（增施有机肥）、"提"（坚持测土配方施肥，提高肥料利用率）、"改"（改良土壤）、"防"（防止土壤退化）等耕地质量恢复措施，遏制耕地土壤退化、地力下降趋势。重点开展耕地地力建设，建设高效土壤"水库"；推广田间水肥一体化技术，提高土壤水利用率。

3. 建立健全土壤墒情监测系统

土壤墒情在掌握区域性旱情分布、受旱程度和水资源日益紧缺情况下的农业用水管理上，是一个十分重要的指标。根据土壤墒情信息及气象观测资料，及时了解旱灾的分布及旱情的严重程度，为建立农业生产的保障体系和抗旱减灾服务。应用计算机技术和信息技术，建立健全全省土壤墒情监测网系统，对全省的土壤地力、农田墒情进行动态监测，同时与当时当地的作物需水量相结合，可精确确定田间灌溉用水量，提高土壤墒情的动态监测预警预报能力和工作时效。

4. 加强引导，充分发挥农业科技的示范作用和农民的主体作用

一是发挥土肥效能和示范推广的主体作用，加大测土配方施肥、增施有机肥、耕地修复治理等新技术的推广力度；二是对农民种植绿肥、秸秆腐熟还田、施用配方肥和商品有机肥等实行补贴，鼓励农民积极应用科学施肥、培肥地力新技术；三是完善农田基础设施维护的长效机制，建立相应管理制度，充分发挥农民在农田灌溉设施和环境保护中的主体作用。

5. 加快农田保护与管理法规建设

耕地保护是基本国策，包括农田灌溉等基础设施在内的耕地质量是耕地保护的重要内容。出台《耕地质量保护条例》等相关法律法规，建立耕地质量建设与管理的法律体系，建立农田建设投入的长效机制，加强耕地建设项目和农田基础设施的监管，确保农田灌溉等基础设施建设质量和有效维护。

6. 发展水肥一体化技术，完善技术推广服务体系

水肥一体化技术是工程措施、农艺措施和管理政策法规措施的集约优化，综合运用。应重点鼓励节水农业综合技术体系的开发，重视多项节水技术的组装和优化配置，重视节水工程技术和农艺技术的结合，因地制宜加快建立综合节水农业技术体系，多种措施形成合力，共同推进节水农业健康发展。同时建立完善节水农业推广网络体系和服务体系，为政府决策部门、基层管理部门和广大农民提供及时有效的信息和技术服务，逐步形成国家扶持和市场引导相结合的新型农业节水技术推广体系。

湖南省节水农业发展报告

湖南省土壤肥料工作站

　　2016 年，湖南省农田节水工作按照《农业部办公厅关于印发〈全国农田节水示范活动工作方案〉的通知》和《推进水肥一体化实施方案（2016—2020 年）》的通知要求，结合湖南实际，开展了喷微灌水肥一体化技术示范、旱作节水与示范试验、土壤墒情监测服务为重点的农田节水示范，现将工作开展情况总结如下：

一、农田节水基本情况

　　2016 年全省安排喷微灌水肥一体化技术示范项目县 12 个，旱作节水示范县 2 个，旱作节水试验县 5 个，土壤墒情监测县 24 个。全年共投入资金 229 万元，其中部级资金 21 万元，省级财政专项资金 208 万元，带动地方与农民投入 533.4 万元，完成农田节水示范面积 9 068 亩，每亩平均增产 95.5 千克，节水 34.5 米^3，增效 390.8。农田节水示范共增产农产品 866.1 吨，节省灌溉水 31.3 万米^3，种植农户直接增效 354.4 万元，同时也取得了良好社会效益和生态效益。

二、农田节水示范实施与效果

1. 喷微灌水肥一体化示范

　　2016 年在醴陵、茶陵、北湖、新田、涟源、武冈、中方、津市、澧县、平江、吉首、花垣等 12 个县市区开展喷微灌水肥一体化示范，覆盖玉米、蔬菜、葡萄、猕猴桃、蓝莓、桃、李、柑橘、烟草、青钱柳、石斛等作物，共投入省级财政专项资金 160 万元，示范面积 4 484 亩，亩平增产 171.8 千克，节水 49.8 米^3，增效 718.3 元，共增产 770.2 吨，节省灌溉水 22.4 万米^3，农民增加效益 322.1 万元，带动农民投资 549.8 万元。

2. 旱作综合节水示范

　　在津市、花垣实施旱作综合节水示范，示范面积 4 584 亩，共增产柑橘、玉米 95.8 吨，节水 8.9 万米^3，增效 32.3 万元。其中津市在柑橘上实施了 200 亩灌溉输水灌溉为主，配套开展增施有机肥、秸秆覆盖的旱作综合节水，平均亩增产柑橘 100 千克，增效 200 元。花垣实施了 4 584 亩玉米起垄栽培、地膜覆盖示范，玉米每亩增产 17.3 千克，增效 64.6 元/亩。

3. 旱作节水产品试验

　　在龙山、慈利、吉首、岳阳、醴陵实施了富施源水溶肥料、嘉施利水溶肥料、金正大水溶肥料、奥复托肥料增效剂、桂湖牌长效复合肥、纳丰源 γ-生物纯硫酸钾复合肥、沈阳爱地微生物菌剂、粟泰生物菌肥、黄腐酸钾水溶肥料等共 9 个旱作节水产品试验，共投入试验经费 6 万元，完成了试验报告编制工作，并按时上报全国农业技术推广服务中心节水处。

4. 土壤墒情监测

2016 年 3 月 11 日继续在浏阳、双峰等 24 个墒情监测县持续开展工作，共监测经费投入 63 万元，每月定期监测 2 次，发布土壤墒情监测数据和简报，为大户直接提供墒情服务 46 万亩，墒情信息服务 1 367 万亩耕地，指导农民开展科学灌溉和抗旱工作，测算产生减灾增收社会效益 7 912 万元。

三、主要做法

1. 领导重视加大投入

湖南省土壤肥料工作站领导高度重视农田节水工作，特别是喷微灌水肥一体化技术示范和墒情监测工作，从耕地质量保护和地力提升专项中安排专项经费 200 万元用于该项工作。各示范县也组织了以分管局领导牵头的项目实施班子，扎实抓好项目建设，吉首、花垣、平江等市县整合地方政府的支农资金，配套项目投入，确保示范工作顺利开展。

2. 制定详细实施方案

各示范县在项目实施前制订了详细实施方案，确定了项目实施地点、面积、应用作物、主推和配套技术，实施过程中严格按技术要求执行，并认真开展效果监测和测产工作，示范完成后及时编制示范报告，做到了有始有终。

3. 选准示范实施对象

示范户的选择一定程度上决定了技术示范是否成功，以及能否扩大示范带动作用。在喷微灌水肥一体化示范中，我们选择种植规模较大，对水肥一体化认识高，自主投资能力强的新型经营主体，作为示范业主。而墒情监测点建设地点，选择农户要不轻易改变土地用途，并具有一定的科技认识度，农田土壤类型和种植作物要具有代表性，确保墒情监测连续性和指导性好。

4. 加强指导督促实施

项目实施过程中，省站派出相关人员进行现场技术指导和工作督促，既解决实施中遇到的技术问题，又可督促项目实施单位工作落到实处，保质保量完成示范任务。花垣、吉首等县市农业局组建技术组，深入项目单位进行建设和使用指导。

四、建议

建议农业部扩大水肥一体化项目实施范围，加大对南方季节性干旱地区的项目支持，特别是喷微灌水肥一体化项目支持。

广西壮族自治区节水农业发展报告

广西壮族自治区土壤肥料工作站

2016 年，我区各级土肥站认真贯彻落实中央 1 号文件精神和《全国农业可持续发展规划（2015—2030 年)》《农业部关于打好农业面源污染防治攻坚战的实施意见》《到 2020 年化肥使用量零增长行动方案》的有关要求，按照自治区农业厅的总体部署和要求，履行工作职责，积极组织示范推广先进实用的农田节水技术，为农业稳定增产、农民持续增收发挥了重要作用。现将 2016 年我区节水农业工作的开展情况、取得成效、主要经验、存在问题进行总结并提出下一年工作思路：

一、基本情况

2016 年，全区累计推广节水农业技术面积达 1 673.8 万亩，增长 0.23%。其中：水稻浅湿控制灌溉 253.9 万亩，地膜覆盖栽培 481.2 万亩，秸秆覆盖 375.6 万亩，深耕深松与聚土垄作面积 393.1 万亩，水肥一体化 170 万亩。全年预计实现节水 1.02 亿米^3，节肥 2.72 万吨，增加作物产量 5.10 亿千克，增加农民收入 5.84 亿元。

二、工作措施

（一）做好工作部署，下达目标任务

根据国家发改委、财政部、水利部、农业部《关于大力推广节水灌溉技术推进农业节水工作的指导意见》《推进水肥一体化实施方案（2016—2020 年）》和《水肥一体化技术指导意见》要求，结合本地实际情况制定了《广西推进水肥一体化实施方案（2016—2020 年）》，分解各项节水农业技术推广指标任务到各市，层层落实，专人负责，确保每项技术落到实处。

（二）开展节水农业示范活动，抓样板典型

以农业部旱作节水项目建设和广西"双高"糖料蔗基地示范项目为依托，开展农田节水示范活动，建立了 7 个水肥一体化示范区、5 个集雨补灌技术示范区、2 个半膜覆盖示范区，示范面积达 3 300 多亩。结合项目示范工作，在柑橘等作物上开展了锌肥试验；在玉米、马铃薯等作物开展抗旱抗逆等试验示范。在本年度资金非常有限的情况下，重点抓好纳入绩效考评的隆安县、凤山县、东兰县等 3 个部省县三级联创水肥一体化示范基地，制订实施方案，并组织项目实施。

（三）开展土壤墒情监测，提升抗旱减灾能力

根据我区干旱发生情况、地貌特点、土壤类型和耕作制度，2016 年，我区在忻城县、右江区、扶绥县等 13 个县（市、区）建立了 10 个国家级土壤墒情监测站、3 个自治区级土壤墒情监测站，每个站分别设立 3 个农田土壤墒情监测点，总共为 39 个监测点。全区 13 个监测站共采集土样 6 912 个，分别在中国节水农业信息网和广西土肥信息网上发布县级墒情简报 308 期，区级简报 24 期，区级简报同时报送自治区农业厅领导和相关处室、自治区水利厅水文资源局、自治区防汛办，为各级农业部门和相关部门指导农业生产提供决策依据。此外，今年我区加大墒情监测工作力度，率先开发了土壤墒情监测可视化系统，建立墒情自动监测站增至 15 个，提高了监测方法的先进性，监测数据的准确性，数据采集的连续性和及时性。

（四）开展技术培训，建设一批技术人才队伍

为提高基层技术人员和示范区农户节水技术应用水平，紧密结合生产中存在的技术问题，我区今年举办广西节水农业与墒情监测技术培训班、土壤墒情监测技术培训班、旱作节水农业技术培训班等 5 期，同时利用网络、电台、报刊以及田间指导、现场观摩等形式，有针对性地开展技术培训和指导，提高技术的普及率和到位率，为建设一批节水农业技术推广人才队伍提供技术支撑。

（五）整合各方力量、协同促进发展

节水农业技术是一项耦合水肥、节本增效、生态安全的先进农业技术，得到了各方面的广泛认可。水利、国土等部门在实施甘蔗"双高"基地等相关农业项目中，水肥一体化是必选技术。我们借助各方的项目资金、加强配合协调，共同推动节水农业技术的发展。

三、技术模式

根据我区节水农业类型区域布局，针对当地自然条件、优势作物布局、水资源特点和农田节水发展状况，选择有代表性的节水技术模式开展示范，重点推广水肥一体化、地膜（秸秆）覆盖保墒、深松深耕、集雨补灌、稻田浅湿控制灌溉、微喷滴灌等六大技术模式。因地制宜，努力探索总结石山地区节水灌溉和集雨补灌水肥一体化的新典型、新模式，不断提高水肥资源利用率。在粮食生产上，主推广水稻浅湿控制灌溉、地膜（秸秆）覆盖技术；在果菜茶等高效经济作物生产上，主推广水肥一体化、集雨补灌、微喷滴灌等技术；在甘蔗生产上，贯彻落实自治区人民政府《关于促进我区糖业可持续发展的意见》精神，推广深耕深松、地膜（秸秆）覆盖技术，增强土壤蓄水保墒能力，推广微喷灌、膜下滴灌和水肥一体化技术，节约用水，扩大灌溉面积，提高甘蔗产量，促进农民增收。

四、取得成效

（一）实现了农业节本增效

实施节水农业技术，有效保持土壤水分的最大利用效率，能够最大限度减少水分的无效蒸发。地膜（秸秆）覆盖技术可使土壤含水量提高 1.9～4.6 个百分点，深耕深松和聚土垄作技术可使土壤每亩可多蓄水 30～50 米^3，水肥一体化技术节水达 35.85％，节肥达 29.7％，增产达 20.8％，使资源利用率和劳动生产率明显提高，生产成本显著降低，生产效益成倍增加。

（二）加速了现代农业进程

为了大面积发展高效节水农业，在不改变土地集体所有性质、不改变土地用途、不损害农民承包权益和确保农民收入持续增长的前提下，鼓励农民以转包、出租、转让等多种形式进行土地流转，实现耕地集中连片"大户"经营，为发展高效节水农业奠定基础。各地通过创新机制，建立新型农村合作组织，鼓励发展专业协会、公司加农户、个体或联户承包等多元经营，提高了农民组织化程度，实现了高效节水农业规模化、机械化和标准化。

（三）优化了农业种植结构

由于节水农业技术的大力实施，旱作节水技术的大面积推广，使一部分农田由"旱"变"水"，生产条件改善，促进了种植结构不断优化升级。在大石山区，原来只能种植旱作玉米可调整为种植经济价值高的果蔬，种植效益明显提高。

五、主要经验

（一）工作积极主动，争取领导重视

我区各级土肥站特别是自治区土壤肥料工作站对节水农业工作抓得比较早，在去年底就谋划好今年全区节水农业发展计划上报自治区农业厅。自治区农业厅领导高度重视，把节水农业工作作为农业增产增收的重要措施向各地下达指导性计划，并层层开会进行部署。

（二）认真办好示范，强化辐射带动

在开展节水农业工作中，为了有效推进这项工作的开展，广西各级充分发挥土肥技术推广部门的主力军作用，以项目为抓手，强化宣传，扩大影响力和带动力。广西区土肥站紧紧围绕"六个一"服务活动，把"建一个样板片，树一个示范点，办一期培训班，上一堂技术课，扶一个乡、村、屯，助一个种植户，"落实到每个站每个技术岗位，创新工作方法，有效推动了节水农业工作的开展。

（三）注重搞好培训，增强队伍素质

开展技术培训，是推进节水农业工作的有效手段。一年来，广西各级农业部门大力开展农民培训工作。据初步统计，全区共培训省、市、县、乡技术人员、示范户农民共1 000人次，此外，我们还开展了全区土肥干部综合素质提升培训班，为节水农业技术的推广提供技术支撑。

六、问题及建议

一年来广西节水农业工作虽然取得一定成效，但是，也还存在不少问题。主要为：一是发展不平衡。特别是设施节水技术推广方面，自然条件、经济条件好的地方推广速度比较快，应用面积比较大，而自然条件、经济条件差的地方推广速度比较慢，有的地方甚至是空白。二是地方各级财政投入节水农业的资金十分有限，个别地方对节水农业重要性的认识不够，尤其是对农艺节水措施经费安排很少甚至没有安排，影响了工作的推进。

针对以上述问题，特提两点意见及建议：

1. 建议国家加大对广西节水农业的大力支持

广西属于后发展地区，经济仍比较落后，财力很有限，建议农业部加大对广西节水农业的支持力度。

2. 建议国家制定出台节水农业的补贴政策

节水农业单靠农民的投入困难很大，制定出台补贴政策，鼓励和引导广大农民和社会各界对节水农业的积极参与，以推进农田节水工作的健康有序开展。

广东省节水农业发展报告

广东省耕地肥料总站

一、基本情况

广东省地处热带亚热带区，多年年平均降雨量在 1 800 毫米左右，年人均水资源为 2 100米³，从总体上来讲，是全国水资源量相对较丰富的省份。但是由于降雨在时间和空间上分布不均，加上水利设施陈年老化，不同程度地存在区域性、季节性、水质性、工程性缺水等问题。随着经济的发展，人口的增加，各行各业用水需求量大幅度增加，我省水资源状况发生根本变化，水资源面临紧缺，可供农业的用水所占的比例逐年下降。由于缺水，我省出现明显的季节性、区域性干旱，已严重制约了我省农业的发展。发展节水农业是解决我省大部分地区水资源短缺和土地干旱双重矛盾，推进种植业结构调整和集约化经营，提高土地综合利用率，增加农民收入，改善生态条件，实现农业可持续发展的战略措施。

2016 年在广东省委、省政府的正确领导下，在农业部种植业管理司、全国农技推广服务中心和广东省农业厅的大力支持和指导下，我省节水农业工作积极贯彻落实 2016 年中央 1 号文件精神、《农业部办公厅关于印发〈推进水肥一体化实施方案（2016—2020年）〉的通知》（农办农〔2016〕9 号）和《广东省现代农业发展"十三五"规划》要求，紧紧围绕转变农业发展方式、农业提质增效和到 2020 年化肥使用量零增长这一目标任务，通过转变肥料施用方式，调整化肥使用结构，以示范推广水肥一体化技术为重点，提高水肥资源利用效率，确保粮食稳定增产，促进了农业转型升级、农民增收和生态环境安全。2016 年全省共建设高标准基本农田 300 多万亩，实施省级水肥一体化技术示范项目 24个，示范面积近 8 000 亩，布设建立了 24 个土壤墒情自动监测点，全年共上传 1 万多条土壤墒情监测数据，并及时发布县级、省级土壤墒情简报，农田节水工作取得了较大的进展及较好的成效。

二、主要工作成效

（一）高标准基本农田建设节水效果显著

我省各级农业部门积极与国土部门配合，共同推进广东高标准基本农田建设。2016年，全省建设高标准基本农田 300 多万亩，建成后的标准农田水稻亩产量增加 50 千克以上、耕地地力提高一个等级以上，有效防止灌溉用水渗漏，提高了农田灌溉水的利用率，提高了农田的产出率和农业抗灾能力。

（二）水肥一体化技术应用不断深入，按期完成项目建设任务

水肥一体化技术被广泛应用于蔬菜、马铃薯、果树等经济价值较高的作物上，深受种植大户和农民专业合作社的欢迎，应用面积、应用作物品种不断扩展。2016 年全省共实施省级水肥一体化示范项目 24 个，示范面积近 8 000 亩。项目建设在各级农业部门的高度重视和通力协调合作下，顺利完成建设任务，取得较好效果。示范点平均节约用水量 50％以上，节约用肥量 20％以上，节省生产成本 20％以上，产量增加 10％以上。

（三）墒情监测站建设及预警制度逐步完善

为更加科学合理指导农业防灾减灾工作，我省努力加快土壤墒情监测系统及预警制度建设的步伐，不断加大资金投入，完善墒情监测网络和省级土壤墒情监测管理系统平台建设。2016 年省市县各级农业部门通过各种渠道筹措资金，扩大了自动监测设施的布设点，省级新增采购 2 套、地方新增 7 套自动墒情监测设施，截至目前已在全省布设建立了 24 个土壤墒情自动监测点，全面提升了我省土壤墒情监测效率和服务能力。全年共上传 1 万多条土壤墒情监测数据，并及时发布县级、省级土壤墒情简报，指导农民科学灌溉，抗旱减灾。

（四）推进特色产业带发展效果初见成效

我省以实施现代农业生产发展项目为契机，大力推进节水农业技术在产业带项目上的应用，促进各地特色产业发展。水肥一体化技术被广泛应用于梅州市柑橘类水果产业带项目、揭阳普宁市青梅产业带项目、茂名市荔枝等特色水果产业带、湛江市特色水果产业带、清远市连江流域特色水果产业带、潮州单丛茶产业带、肇庆市茶叶产业带的建设中，促进各地特色产业带农业发展，使其由高耗、低效的传统种植管理方式向低耗、高效、优质的现代种植管理转变，实现农业增产、农民增收，推动了地方经济实力的提升。

三、工作措施

（一）加强领导，落实责任

为进一步推广水肥一体化技术，2016 年我省在"省级农业发展和农村工作专项——耕地质量保护与提升项目"资金中安排了 1 105 万元，投入水肥一体化技术示范项目建设，建设项目涉及 24 个县（市、区），项目涉及新增高效节水灌溉面积建设任务并纳入约束性任务指标中，对此各级领导高度重视，统一部署，层层落实，建立督办和包干责任制，全力推进项目建设进度，确保了 24 个项目各项工作按计划进行，顺利完成建设任务。

（二）分类指导，示范带动

根据不同地区地形、气候、土壤等自然条件和农业生产特点，因地制宜做好规划，突出重点，分类指导。雷州半岛地区重点搞好灌区配套和渠道防渗、打机井治旱，推广"水

肥一体化"技术；粤北石灰岩干旱区及山区重点是推广应用各种低耗易行的集雨补灌工程技术、地膜和秸秆覆盖技术和节水灌溉技术；在全省范围内加强农田基本建设，搞好衬砌防渗渠道建设，提高渠系水的利用率；以甜玉米、马铃薯、蔬菜、果树等优势农作物为重点，在种植大户和农民专业合作社等新型农民经营主体中重点推广节水、节肥、省工的"水肥一体化"技术，实现节水增效。

（三）开展培训，提高水平

聘请节水农业技术专家举办多期节水技术培训，对基层农业技术人员进行节水技术理论与操作培训。同时积极组织市县土肥人员参加全国农业技术推广服务中心举办的技术培训，不断提高我省土肥人员的技术水平，为我省基层农技人员科学指导节水工作的开展打下了良好的基础。

四、我省主要推广应用的水肥一体化技术模式

根据珠三角平原都市农业区、粤北山地丘陵赤红壤生态农业区、粤西雷州半岛砖红壤热带农业区、粤东潮汕平原精细农业区等四大区域不同的发展特点，分类指导，因地制宜推广应用不同模式的水肥一体化技术。主要技术模式如下：

（一）珠三角平原都市农业区

包括广州、深圳、珠海、佛山、东莞、中山、江门和惠州等市，以及肇庆市部分地区。珠三角经济发达、气候条件优越、农业基础设施完善、土壤较肥沃，复种指数高，肥料投入水平高，是我省重要的都市农业生产区。主要优势作物是蔬菜、瓜果和花卉等经济作物。

技术模式：重点推广设施农业滴灌水肥一体化技术。该技术模式利用机井以地表水为主要水源，借助滴灌、喷灌的新型微喷灌系统，在灌溉的同时将肥料配兑成肥液一起输送到作物根部土壤，确保水分养分均匀、准确、定时定量供应，为作物生长创造良好的水、肥、气、热环境。

（二）粤北山地丘陵赤红壤生态农业区

包括韶关、梅州、河源、云浮、清远等市和肇庆市的大部分地区。粤北山地丘陵分布广、矿产丰富、农业生产资源禀赋相对不高，是我省水稻、优质柑橘、油茶、南药、烤烟和茶叶的重要产区，主要定位于发展绿色生态农业。

技术模式：重点推广山坡地果园滴灌、微喷灌水肥一体化技术。以山泉水或山脚水为主要水源，在山顶分别建蓄水池及施肥池，借助山坡地重力自压系统，在灌溉的同时将肥料配兑成肥液一起输送到作物根部土壤，确保水分养分均匀、准确、定时定量地供应，为作物生长创造良好的水、肥、气、热环境。

（三）粤西雷州半岛砖红壤热带农业区

包括湛江、茂名、阳江等3个市。粤西低丘、台地分布较多，秋季易旱，温光条件

好，是我国重要的热作果蔬、糖蔗、剑麻、橡胶等资源生产供应基地，也是全国南菜北运的重要中转枢纽中心，主要定位于发展节水高效农业。

技术模式：重点推广平地滴灌、微喷灌、喷水带水肥一体化技术。以机井为主要水源，借助滴灌、微喷灌、喷水带等灌溉系统，在灌溉的同时将肥料配兑成肥液一起输送到作物根部土壤，确保水分养分均匀、准确、定时定量地供应，为作物生长创造良好的水、肥、气、热环境。

(四) 粤东潮汕平原精细农业区

包括汕头、揭阳、潮州和汕尾等 4 个市。该地区地形平坦、气候条件优越、农业开发利用度高，是我省传统的精耕细作区，也是我省优稀水果、青梅、蔬菜和茶叶等优势农产品的重要产区，主要定位于发展精致高效农业。

技术模式：重点推广微喷灌水肥一体化技术。以地表水为主要水源，借助滴灌、喷灌的新型微灌系统，在灌溉的同时将肥料配兑成肥液一起输送到作物根部土壤，确保水分养分均匀、准确、定时定量供应，为作物生长创造良好的水、肥、气、热环境。

五、下一步工作建议

为进一步提高我省节水农业发展水平，扩大节水农业技术应用面积，下一步我们重点做好以下几项工作：

(一) 加强宣传引导，进一步提高节水节肥意识

充分利用报刊简报、网络、博览会、现场会等手段，加强宣传培训，使农田节水技术真正成为农民"看得见、摸得着、愿意接受"的技术，增强农民主动参与意识，扩大农田节水项目示范的影响力。

(二) 加大技术指导，推动节水工作开展

以规模经营户为重点示范带动对象，给予技术指导服务，推进当地节水农业技术的应用和节水农业工作的开展。加大对已配备灌溉设施的示范基地的新型农业经营主体的技术指导，引导企业在原有灌溉设施的基础上配套施肥系统，采用水肥一体化技术，把示范基地转变成水肥一体化技术的示范基地，推进水肥一体化技术的应用。同时，不断增加土壤墒情监测网点，完善我省土壤墒情监测平台建设，提高土壤墒情信息发布工作效率和质量，提出全省农业生产抗旱工作的指导性意见。

(三) 强化培训，提升节水技术水平

针对基层农业技术人员断层明显的现象，通过举办各类培训班，加强对基层农技人员"水肥一体化"技术和土壤墒情监测技术培训，全面提高有关人员科技业务技术水平。大力普及和推广适合我省省情、经济实用、操作简便、效益明显的节水农业技术，实现技术人员直接到户、良种良法直接到田、技术要领直接到人，促进我省节水农业的发展水平。

海南省节水农业发展报告

海南省土壤肥料站

当前我省农业仍存在灌溉水平落后，节水意识淡薄等突出问题。为解决"灌溉最后一公里"，建设我省现代热带特色高效农业，保障农业增产、农民增收以及水资源可持续利用。我省站高度重视，并积极开展农业节水工作，因地制宜地推广多种形式节水高效农业和配套措施，大力建设节水示范区，现将我省 2016 年节水工作总结如下：

一、基本情况

2016 年我省节水工作主要是节水技术应用推广。我省高度重视，全面贯彻落实了中央 1 号文件、省农村工作和农业工作会议精神，积极开展农业节水工作，提高农业生产领域内水资源的利用率和利用效益，保证农业用水充足。

（一）落实情况

2015—2016 年，我省节水技术累计带动推广节水农业 160 万亩，比上一年增加 10％。

（二）试验示范情况

为实现节水技术的辐射带动作用，更好地发挥示范点的实施效果，2015—2016 年，在全省 3 个市县实施 3 个节水示范点，示范点面积为 650 亩。

（三）实施效果监测情况

在实施过程中，截至 2016 年我省建立墒情监测点 5 个，其中 2 个农田自动监测点在琼海和三亚，基本实现实现全省东、西、北、中部 4 个分区监测。其间，坚持每月 10 号和 25 号分别对监测点进行采样检测，按 0～20 厘米、20～40 厘米、40～60 厘米三个层次监测土壤含水量，并发布墒情简报。共采集数据 360 个，发布信息 24 次。

（四）培训情况

培训是项目实施的重要环节，我省非常重视技术培训工作。2015—2016 年，期间共举办培训班 2 次，培训技术骨干 66 人次，在农耕关键时节，会商 2 次。同时做好墒情监测的宣传工作，分别通过电视广播、报刊杂志、网络信息发布墒情信息 2 次，还通过邮件、网站等方式及时发布墒情简报。

二、主要做法

(一) 因地制宜，合理推广节水示范工作

以提高农业生产领域内水资源的利用率和利用效益为中心，以增强农业节水抗旱综合能力为重点，结合生态环境建设、农业结构调整和农业生产实际，针对不同类型区域、不同作物、不同土壤，因地制宜地推广多种形式节水高效农业和配套措施，建设农业抗旱保墒设施，实现农业节水、农业增效、农民增收、农业可持续发展。

(二) 分类指导，建立不同类型的高效节水农业模式

根据不同地区、不同农作物特点，改革农艺、耕作制度，改进灌溉方式，抓好科学用水，建立不同类型高效节水模式。如在种植园艺作物以及热带作物的水浇地和设施栽培中，主要是因地制宜示范推广薄膜覆盖、微喷灌和滴灌等节水灌溉技术和设备。在干旱地区，主要推广微喷灌和耐旱品种的应用。

(三) 开展相关节水试验示范，推动节水农业技术创新

通过采用微喷灌设施节水、地膜覆盖、水稻控制灌溉、耐旱品种等节水技术模式，分别建立农业节水技术示范点，推动节水农业技术创新的同时，带动农业经济的增长。

三、技术模式

(一) 管灌、喷灌、滴灌等节水灌溉

据统计，全省目前已推广应用各种节水措施香蕉面积共计 23 万亩，占香蕉种植面积的 40%，其节水措施以管灌、喷灌及覆盖遮阳网为主。我省在乐东县推广管灌、喷灌、滴灌节水技术种植香蕉 220 亩。

(二) 地膜覆盖栽培

我省在瓜菜、水果、甘蔗等作物中积极推广地膜覆盖栽培，我省地膜覆盖面积约有 80 万亩。我省在万宁推广地膜覆盖种植辣椒 200 亩，全省共计应用面积分别为 31.36 万亩。

(三) 大棚栽培

我省冬季瓜菜中的哈密瓜、西瓜，部分推广大棚栽培，全省推广面积约 20 万亩，我省在文昌利用大棚设施与地膜覆盖、膜下滴灌相结合的设施型节水灌溉技术推广种植西瓜 200 亩。

四、主要成效

(一) 经济效益

2015—2016 年，通过实践对比，传统的漫灌形式对水的利用率不到 40%，而运用滴

灌、微喷灌等节水设备，水的利用率可高达 90％以上；地膜覆盖减少了土壤中水分蒸发，节水 30％以上；大棚栽培节水 50％以上。

（二）社会效益

本项目的实施，节省劳动力，大大减少劳动量和劳动强度。

（三）生态效益

病虫害的发生往往同高温高湿紧密相关，节水灌溉改变了原来常用漫灌带来高湿度的弊端，本项目的实施有利于减少病虫害的发生。同时可以避免产生土壤冲刷，保证水分渗入土层内，避免土肥流失，土壤板结。可保证土壤水、肥、气的最佳状态和土壤的团粒结构，并克服大水漫灌等传统灌溉方式所造成的土壤次生盐碱化的危害。

五、存在的问题

（一）缺乏节水农业技术的基础数据资料积累和对农业用水状况的有效监测

我省虽一直进行土壤墒情监测工作，但对农作物需水量、灌溉水利用系数等基础数据的连续、定位观测和积累不够。对不同区域的灌溉水利用率、渠系水利用率、田间水利用率、降水有效利用率、作物水分利用效率等参数还缺少准确的确定方法和多年的基础数据积累。对与农业节水有关的应用基础问题还缺少建立在科学试验基础上的探索。

（二）新技术引进、示范少

目前绝大多数灌区采用的是传统地面灌溉技术，加上沟、畦过长，田面不平整，大水漫灌，田间水利用率低。灌水定额大，绝大多数灌区目前仍采用充分灌溉，不但灌水次数多，而且每次灌水量大，致使农田水分生产率很低。如何提高农业用水效率这个关键问题重视不够，没有根据我省农业生产特点和区域特征对土壤—植物—大气系统中水分传输过程、作物的水分生理调节功能、刺激作物根系养分吸收功能、农田土壤水分养分时空变异特征、作物需水信息监测、土壤水分监测与调控机理和方法，实行精量控制用水、施肥灌溉与水肥耦合，施肥灌溉软件研究等技术引进、示范投入较少，进而影响我省节水农业技术体系的建立。

（三）节水设备产品功能单一，质量差，配套水平较低

在管材管件、灌水器、灌溉探测部件、过滤器和施肥装置方面均存在规格少、质量差、产品配套水平较低等问题。大容积化肥罐和大型过滤器装置等仍是空缺。

（四）节水技术集成度低

节水农业是一项复杂的系统工程，需要通过工程、农艺、生物、管理等技术的整合与配套，才能提高水分的利用效率。但目前各个单项技术之间缺乏有机的连接和集成，缺乏适宜于不同区域水土条件的节水农业技术集成体系和应用模式，使节水农业技术体系的整体效益难以发挥。

四川省节水农业发展报告

四川省农业厅土壤肥料与资源环境处

按照《关于加快推进高效节水灌溉发展的实施意见》《四川省"十三五"水利发展规划》及《"十三五"水资源消耗总量和强度双控行动省级实施意见》的要求，根据四川省人民政府办公厅《贯彻落实〈中共四川省委 四川省人民政府关于牢固树立发展新理念加快推进农业现代化同步实现小康目标的意见〉责任分工方案》（川办函〔2016〕76号）精神，现将四川农业节水的有关情况总结如下：

一、多种举措节水增效

（一）是推广农耕、农艺和生物节水技术

实行农、科、教结合，加大节水农业关键技术研究和重大成果推广应用。省农业厅、科技厅和水利厅联合推广了八大先进节水农业技术，包括水稻秸秆覆盖保水栽培技术、玉米集雨节水膜侧栽培技术、旱地规范改制技术、水稻旱育秧配套高产栽培技术、旱地新三熟麦/玉/豆模式、旱地垄播沟覆节水耕作技术、山丘区集雨补灌技术、聚土垄作和横坡种植技术。

（二）是推广节水抗旱品种

我省推广了一批节水高效的抗旱品种，水稻品种包括冈优527、D优363、Ⅱ优7号、川香9838等，玉米品种包括成单27、成单30、农大95、川单14等。

二、提高水源储备利用

（一）改造坡耕地，建设土壤水库

在农田工程建设中，通过大力实施坡改梯工程，减缓坡度、增厚土层、培肥地力，每亩可增加近30吨有效水，土壤流失量减少1.2吨，土层厚度一般增加20厘米以上。全省每年可节水1 500万米³，新增粮食生产能力0.75亿千克，节水、经济和生态效益极为显著。

（二）集中力量建设集雨蓄水工程和补灌设施

重点在成都平原推进灌区续建配套与节水改造，丘陵地区建设一批抗旱水源和提蓄设施，山区大力修建小山坪塘、小水库、小泵站、小水池、小水窖等"五小水利工程"建

设。通过高标准农田建设，项目区灌溉保证率达 75% 以上，常年保栽水稻面积 1 000 万亩以上。

（三）推广区域节水模式

优选组合了四套区域节水技术模式：平原直灌区重点推广"节水改造＋农艺节水＋管理节水"模式；丘陵引蓄灌区重点推广"水资源合理利用＋非充分灌溉＋农艺节水"模式；山地、丘陵旱作农业区重点推广"适水种植＋集雨节灌＋农艺节水"模式；城市郊区推广"调整结构＋设施农业＋先进灌溉技术"模式。

三、加强重点技术覆盖

（一）大力推广喷滴灌水肥一体化技术示范

随着农田水利工程建设不断推进和测土配方施肥技术深入推广，全省灌溉水源条件日趋良好，主要粮经作物需肥规律进一步掌握，为作物喷滴灌水肥一体化技术推广奠定了良好的软硬件基础。我省以瓜果、蔬菜、果树、花卉等主要产业为切入点，扎实推进水肥一体化技术示范，在西充、金堂县建立部级示范区 2 个，实现节肥 30%、节水 40%、节工 70%。

（二）推广地膜覆盖技术

地膜覆盖是我省推广的重大节水农业技术，具有减少地表径流、保蓄土壤水分、增强作物抗旱能力等重要作用。我省今年计划推广地膜覆盖面积 2 000 万亩左右，其中玉米 1 100 万亩、马铃薯 200 万亩、水稻 200 万亩、蔬菜 200 万亩、花生 180 万亩、其他经济作物 30 万亩。仅玉米地膜覆盖一项技术，全省每年可实现节水 7 亿米^3 左右，实现增产 4.2 亿千克左右，实现节本增效 23 亿元左右。

（三）狠抓畜禽粪污综合利用示范试点

水肥一体化设施的有机肥来源一直是企业和农户关注的重要问题，提供稳定优质的有机肥源成为水肥一体化技术顺利推广的关键之一。为此，我省试点建立了以政府为主导、社会共同参与的推进禽粪污综合利用 PPP 模式营运机制，推动沼肥异地还田利用，示范区内畜禽粪污综合利用率达到 100%，沼肥还田率达到 100%，化肥施用量降低 10% 以上，土壤有机质含量提升 0.1% 以上。2016 年，全省共投入 1 500 万元，创建了 6 个示范区，促进了种养循环农业发展。

四、防治监测同步进行

（一）加强农业用水管理和监督

2016 年，省农业厅牵头制定了农业用水定额，协助省水利厅发布了四川首个用水定额地方标准，该标准将全省划分为盆西平原区、盆中丘陵区、盆南丘陵区、盆东平行岭谷区、盆周边缘山地区、川西南中山山地区、川西南中山宽谷区以及川西北高山高原区 8 个生态区域，确定了 28 类作物的灌溉用水定额和 9 类动物的畜牧业、渔业用水定额，为加强水资源统一管理、严格控制农业用水量奠定了良好基础。

（二）加大水污染防治力度，提高灌溉水质量

按省政府印发的《〈水污染防治行动计划〉四川省工作方案》，明确了以五大流域水环境整治和保护为重点，坚持抓"两头"（重污染水体治理和良好水体保护）带"中间"（一般水体），在岷江、沱江两大流域强化控源减排，在金沙江、嘉陵江、长江干流（四川段）三大流域以及黄河（四川段）加强保护和整治并重，以强力控制和削减总磷污染为主攻方向，最终形成"政府统领、企业施治、市场驱动、公众参与"的水污染防治新机制，为增加战略性水资源储备、构建长江上游生态屏障作出积极贡献。

（三）推进土壤墒情监测体系建设

我省把加强土壤墒情监测体系建设作为一项公益性、基础性、技术性工作加以推进，编制了《全国新增 1 000 亿斤[①]粮食生产能力建设项目四川耕地质量监测区域站建设方案》，2016 年建成土壤墒情监测标准化站 25 个，常规监测点 125 个，初步建立起了覆盖全省主要农作物种植区域的墒情监测网络。

---

① 斤为非法定计量单位，1 斤＝0.5 千克。——编者注

重庆市节水农业发展报告

重庆市农业技术推广总站

一、基本情况

今年我市农业自然灾害基本特点是：洪涝灾害重于上年。今年我市先后遭受了"5·13"、"6·02"、"6·15"、"6·24"、"6·30"、"7·14"、"7·19"等多次区域性的暴雨洪涝灾害，主要体现在水稻、玉米、红苕、蔬菜、花生、大豆等在土农作物被暴雨淹没或冲毁。据农情统计，洪涝造成我市大田农作物受灾面积 113.0 万亩，比去年增加 27.6 万亩，成灾面积 47.3 万亩，比去年增加 14.4 万亩，绝收面积 10.5 万亩，比去年增加 1.0 万亩。

风雹灾害轻于去年。我市部分区县遭受了大风冰雹强对流天气袭击，造成大田农作物受灾面积达 10.7 万亩，比去年减少了 5.8 万亩，成灾面积 2.5 万亩，比去年减少了 3.3 万亩，绝收面积 0.3 万亩，比去年减少了 2.1 万亩。

干旱和低温冻害偏重。3月上旬我市渝东南出现了一次低温天气过程，对在土作物造成了一定影响。8月上旬以来，我市部分地区受持续晴热高温天气影响，发生农作物因旱受灾情况，全市农作物因旱受灾面积 58.7 万亩、成灾 9.8 万亩、绝收 1.03 万亩。

据农情统计，今年全市农作物受灾面积 224.5 万亩，比去年增加了 108.5 万亩，成灾 70 万亩，比去年增加了 31.3 万亩，绝收 12.3 万亩，比去年增加了 0.4 万亩。

针对不利因素，农业部门积极采取各项节水抗旱措施，狠抓农业节水工作，努力把灾害损失降到最低限度。据农情统计分析，预计粮食稳中略增，总产达 1 164.1 万吨，增幅 0.8%。

二、主要成效

一是开展节水示范与推广 338.56 万亩。涉及水稻、玉米、马铃薯、花生等主要作物，其中：开展农业部示范集雨补灌技术项目 0.15 万亩，全市水稻完成地膜旱育秧 25.49 万亩，玉米地膜半覆盖保墒栽培技术 243.3 万亩，马铃薯地膜覆盖 27.62 万亩，地膜覆盖花生面积 42 万亩等。实施后增水稻 19.06 万千克，增产值 55.1 万元。玉米平均亩产 387.7 千克，比对照亩平均 367.7 千克，亩净增 20 千克，增 5.4%。马铃薯平均亩产 1 436.35 千克，比对照亩平均 1 174 千克，亩净增 232.35 千克，增 22.34%。花生平均每亩 168.5 千克比非示范区 139.9 千克增产 28.6 千克，139.9 增幅 20.4%。

二是开展抗旱节水试验。一是完成了水肥一体化和水溶肥料试验，涉及山东金正大、江苏博尔日、γ-水溶肥、派乐 4 个品种。二是开展了抗旱抗逆试验，涉及山东天达、北京碧护、安徽美洲星 3 个品种。三是进行了锌肥试验，采用江西硫酸锌 1 个品种，分别在我市九龙坡、江津实施。试验结果均表现出了在不同作物上有不同的增产效果。

三是墒情监测，为测墒抗旱保墒提供了服务。开展了定期定位监测。我市共建立了武隆、彭水、黔江、巴南、涪陵、垫江、开县、万州、大足、江津 10 个国家级监测站，固定了监测站点区县，以保持持续性与稳定性，同时按照《土壤墒情监测技术规范》要求，根据作物根系分布情况按照 0～20 厘米，20～40 厘米两层监测。在作物关键生育时期和旱情发生时，扩大监测范围，增加监测频率。全年共开展墒情监测取点 1 200 个，土壤取样分析监测 2 400 次，编写发布市级墒情监测简报 24 份，区县级监测数据与信息 240 份，另外编写全市相关墒情信息 16 篇，我站编写的每月上旬土壤墒情及中下旬趋势预测，有 5 篇被市政府网采用，针对关键气候，撰写的及时墒情信息 1 篇。

四是进行技术培训与指导。结合各种会议与采用多种手段开展与节水抗旱技术培训，现场培训，技术明白纸等，共培训技术骨干 108 人次，培训农民 382 人次，发放技术明白纸 807 张。

三、主要做法

1. 推广节水抗旱技术，采用综合节水措施

在全市冬季干旱地区，为了确保春季农业生产用水，主要是采取修建山坪塘、蓄水池，加高加固田坎囤水等蓄积雨水的方式，做好集雨补灌；在春耕时节，采取水稻地膜保墒旱育秧、玉米秧盘地膜保墒育苗，玉米、马铃薯、蔬菜等地膜覆盖保墒栽培等措施，开展节水保春耕满栽满插；在水稻移栽时期易受旱的地区，大力推广节水抗旱保栽技术，以引水、匀水、撵水等方式，用抛秧，机栽等保证水稻适时移栽。在作物生长时期，针对伏旱高温，对不同区域、不同作物受旱情况进行分类节水抗旱技术指导；引导农民对未成熟的水稻、玉米和甘薯作好抗旱保苗工作，因地制宜开展叶面喷施磷酸二氢钾、抗旱剂等，以减轻水分蒸发而引起的损失。

2. 以实施项目为抓手，进行农田节水示范

今年我市拿出 30 万元市级农发资金实施耕地质量保护项目，具体内容是进行水肥一体化试验示范。在我市九龙坡区完成水肥一体化技术试验示范面积共计 680 亩。其中：葡萄 70 亩、玉米 40 亩、莴笋 200 亩、茼蒿 200 亩、红莴笋 70 亩、柑橘 100 亩。完成了水肥一体化和水溶肥料试验，涉及山东金正大、江苏博尔日品种。开展了抗旱抗逆试验，涉及山东天达、北京碧护、安徽美洲星、γ-水溶肥、派乐品种，进行了锌肥试验，采用江西硫酸锌。在大足区市级龙头企业重庆市沁旭竹笋有限公司雷笋的生产基地，实施了农业部项目集雨补灌水肥一体化技术面积 1 500 亩，共采购水溶性肥料 2 吨，完成 5 台首部系统及相关部件的安装，以及电力动力系统 1 台，离心泵 4 台，各类管及带长 9 900 米，及其他建设用材。并在雷竹生产冬笋期开展水肥一体化应用试验 1 个，对全市农技人员和企业技术人员进行技术培训与指导达 10 余次，人数 150 人次。

3. 重视墒情监测发布，指导农业生产

我市今年继续实施农业部 400 个国家级监测站点建设项目，共建立了大足、江津、巴南、涪陵区、垫江、开县、万州、武隆、彭水、黔江共 10 个国家级监测站。每月 10 日、25 日开展两次监测，每次监测全县范围内的 10 个点。在今年春旱、伏旱旱情发生阶段，农作物生长关键农时季节，及时扩大了监测范围，增加了监测频率。全年共开展墒情监测取点 1 200 个，土壤取样分析监测 2 400 次，编写发布市级墒情监测简报 24 份，区县级监测数据与信息 240 份，另外编写全市相关墒情信息 16 篇，我站编写的每月上旬土壤墒情及中下旬趋势预测，有 5 篇被市政府网采用，针对关键气候，撰写的及时墒情信息 1 篇。

4. 狠抓试验示范，筛选适宜的新技术产品

根据《全国农技中心关于做好 2016 年节水农业试验示范工作的通知》农技土肥水函〔2016〕124 号要求，我市高度重视，着手制定试验示范方案，落实试验区县，亲自到现场进行试验地的选择。今年具体安排在九龙坡区、江津区，分别在葡萄、莴苣、茼蒿、柑橘、小白菜等作物上开展相关试验。一是完成了水肥一体化和水溶肥料试验，涉及山东金正大、江苏博尔日、γ-水溶肥、派乐品种。二是开展了抗旱抗逆试验，涉及山东天达、北京碧护、安徽美洲星品种。三是进行了锌肥试验，采用江西硫酸锌。结果表明：金正大、山东天达对葡萄增产效果显著，增幅分别为 6.9%、6.3%。安徽美洲星对玉米增产效果显著，增幅 6.3%。北京碧护对莴笋增产效果显著，增幅为 5.7%。江苏博尔日、北京碧护、安徽美洲星对红莴笋增产效果显著，增幅分别为 8.5%、7.7%、6.1%。金正大在小白菜上比常规施肥增产 96.2%，γ-水溶肥增产 57.9%，派乐水溶肥增产 25.2%，江西硫酸锌对柑橘均有显著增产效果，平均增幅 8.9%，硫酸锌对柑橘花叶症状防治见效快、效果好。

四、采取的主要技术模式

当前我市节水技术应用，主要有以下模式：

（一）集雨补灌模式

主要是通过工程改造，进行田间坡面水系综合治理，利用山坪塘、囤水田、蓄水池、积洪沟、排洪沟等，形成完整的集雨、排水、灌溉体系。通过此模式可以协调缓解天然降水集中时段与作物需要用水时间之间的不平衡。技术的关键点是要与主干引水渠相连接，与库、河流提引灌站配套，才能真正做到大旱时也能抽引水进行节水抗旱。

主要优点在于在旱时能及时有效地解决农业生产，不误农时，在一定时间内不受天气干旱影响作物生长需要，能旱涝保收。缺点是投入大，需要平时维护等。

（二）覆盖栽培模式

1. 玉米半膜覆盖技术模式

主要是抓好秋季小春播种时的玉米规范开厢起垄，沟施足配方底肥，待雨盖膜，适时膜际栽苗，做好田间管理等关键技术。

2. 马铃薯半膜覆盖技术模式

选用休眠期短、结薯早、膨大快、抗逆性强、抗病、高产、优质的脱毒马铃薯，做好种薯处理，整地并重施底肥，适时提早播种，合理密植，加强病虫害防治等综合田间管理。

3. 地膜覆盖花生技术模式

适宜在沙土或沙壤土，选地整地，选用优高产良种，施底肥，开好厢，打窝播种适时早播，合理密植，再喷施"盖草能"、多菌灵、杀虫双等防治杂草根腐病、青枯病和地下害虫，再平辅盖膜，优化施肥，防病治虫，加强培管。

4. 秸秆覆盖秋马铃薯技术模式

利用稻草或玉米秆覆盖秋马铃薯。规范整田，开沟作厢，选用早熟品种脱毒种薯，在播种前浸种催芽；及时播种，施足底肥，覆盖稻草，保湿催芽，加强田间管理。

5. 水稻旱育秧技术模式

在土壤肥沃，质地疏松，背风向阳的菜园地或带沙性的干田选择做苗床，培肥、开厢、施足底肥，播种于厢面，搭拱盖膜，加强苗床期间立枯病和稻瘟病等防治。

覆盖栽培模式的主要优点是操作简便，技术成熟，保墒保温好，提早播期，促进出苗，经济节省，适用范围广，易于一家一户、种植大户、合作组织社等大面积推广。主要不足是覆盖用的地膜产后残膜若不及时清理干净，容易造成污染，在实际应用中，应鼓励使用便于回收再利用的厚膜或降解地膜，但用降解地膜成本较高，农民接受还有一定难度。

（三）滴灌、喷灌、渗灌模式

目前我市主要广泛用于高产出高收益如蔬菜、草莓等作物上，另外还广泛用于花卉、葡萄果园等。在种植基地，配套滴灌设施，在垄上滴灌。先做苗床，开厢、培肥、播种于厢面，搭拱盖膜。然后根据作物需水时间，通过干管、支管以及毛管上的滴头，向土壤缓慢地滴水；直接向土壤供应已过滤的水分、肥料等。有的则采取先由水泵加压通过压力管道送到田间，再经喷头喷射到空中，形成细小水滴，均匀地洒落在作物上进行喷灌。还有一种则是在田间输水管未端使用针孔式滴管直接插入作物根系，进行定点定苗渗灌。此类技术的主要优点是省水省工，精确灌水，水利用率高等优点，但滴灌、渗灌又比喷灌节水35％～75％，喷灌又比大田一般用水节约 30％～50％。主要不足是投入成本高，毛管滴头、滴孔容易堵塞，日常使用中需要精心维护等。

（四）垄作栽培模式

主要在玉米、马铃薯、甘薯等作物上，进行开沟起垄，在垄上栽种作物。一般适用于土层浅薄、易旱地区、缓坡地带等，主要优点是无成本，操作简单，容易掌握，效果较好。不足是在坡度较大的耕地上不适宜推广，相对常规种植要费工。

五、存在的问题及建议

在节水试验示范过程中，也发现了一些问题，一是投入成本相对增加：水肥一体化设施设备前期一次性投入 1 500～2 000 元/亩；二是水溶肥市场价格较一般肥料偏高，一般的业主难以接受；三是灌溉和施肥技术较难掌握等问题。在今后的工作中，农技人员，应加强现场规划与技术设计指导，因地制宜选择不同节水技术模式，增强与生产节水设备的企业沟通，解决相关技术问题。同时希望国家进一步加大对节水农业项目的资金投入，增强节水示范现场的示范推广作用。

云南省节水农业发展报告

云南省土壤肥料工作站

2016 年"十三五"的开局之年,为贯彻落实中央 1 号文件精神"大力发展节水农业,控制推动实施化肥使用量零增长行动,提高水肥资源利用效率"。云南省土肥站以水肥一体化技术为抓手,以土壤墒情监测为重要手段,做好节水农业高效节水示范区建设工作,齐心协力、苦干实干,在站领导的统一安排部署下,圆满完成全年各项工作,为推进全省土肥水工作积极努力,现总结如下:

一、积极参与,认真做好水肥一体化项目

据农业部农办财〔2015〕58 号《农业部办公厅关于印发 2016 年农业部部门预算项目指南的通知》要求,结合云南高原特色现代农业发展的实际,我省组织申报了集雨补灌水肥一体化技术示范区建设项目,示范区面积 1 500 亩,申请资金 230 万元,建设地点为云南省红河州泸西县中枢镇、午街铺镇和白水镇,作物为叶菜类蔬菜。省土壤肥料工作站于2016 年 6 月与农业部种植业管理司签订项目委托合同书,明确省土肥站为项目承担单位。项目资金于 2016 年 8 月底下达我站账户,9 月底我站组织泸西县编制完成了 2016 年农业技术试验示范集雨补灌水肥一体化项目实施方案,10 月初与泸西县农业局签订项目实施合同。12 月初泸西县完成了项目招投标工作,并于 2017 年 1 月底前完成了项目区首部系统建设,墒情监测点建设和试验示范肥料采购等工作,自墒情监测点调试完成后长期开展土壤墒情监测工作。计划于 2017 年 6 月底前完成水溶肥试验示范、白葱、红葱水肥一体化技术规程编制和项目总结、审计、验收等各项工作。

1 500 亩蔬菜基地实施水肥一体化项目后,确保种植业结构调整,推广应用蔬菜水肥一体化高效节水节肥省工集成技术,使蔬菜亩均增产 0.3 吨、增幅 6.7%,项目区年总增产450 吨,年总增收 90 万元,节水 40%、节肥 10%,亩节本增效 500 元以上。项目区年总节本增效 192.75 万元。通过技术培训和示范带动,全面提高农民科学种田水平及科技素质,为项目区农民进一步增收奠定基础。实施水肥一体化技术,减少化肥、农药施用量,从而减少投入品中有害成分在土壤和大气中残留,为无公害和绿色农产品生产营造良好环境。

根据农业部农办财〔2016〕78 号《农业部办公厅关于印发 2017 年农业部部门预算项目任务指南的通知》要求,结合云南高原特色现代农业发展的实际,组织编制了云南省2017 年农业技术试验示范项目申报书,申报集雨补灌水肥一体化技术示范区建设项目,示范区面积 2 150 亩,申请资金 215 万元。建设地点为:鹿阜街道办事处石林连宏苹果庄园、鹿阜街道办石林金厘子大樱桃种植基地,西街口镇新木凹村委会人生果种植基地。目

前，项目申报工作已完成，正抓紧研究制定项目实施方案，确保项目建设为我省水肥一体化技术推广发挥较好的促进作用。

二、发布简报，做好土壤墒情监测工作

按照《全国土壤墒情监测技术规程》要求，全省土壤墒情监测及数据采集工作正常有序开展，到 2016 年 12 月 20 日止，全省共采集土壤含水量、土壤温度、降雨量、空气温度、风速、风向、太阳辐射等墒情数据 14 万余条 100 余万个，为农业生产提供及时有效的土壤墒情指导数据。

根据土壤墒情监测结果和气象情况，截止到 12 月 20 日，全省共编制土壤墒情简报 239 期，其中省级 22 期，县级 217 期，同时在中国节水农业信息网、云南农业信息网和云南土壤肥料信息资讯网上发布节水农业相关信息 9 条。

2016 年 3 月、5 月、7 月和 9 月，四次参加全国农业技术推广服务中心组织的土壤墒情会商，并负责西南和南方地区墒情简报编制，分析西南和南方地区各区域墒情适宜状况、灾情发生范围及损失，并提出减灾措施及指导建议。

三、强化培训，指明节水农业工作方向

为了进一步明确全省今年的节水农业工作方向，我站于 2016 年 4 月 27~29 日，在曲靖陆良圆满举办了 2016 年云南省中低产田地改造暨节水农业技术培训班。为了开展好我省集雨补灌水肥一体化试验示范项目和土壤墒情监测工作，节水科分别于 2016 年 3 月、5 月、7 月、9 月派员参加农业部全国农业技术推广服务中心在海口、成都、新疆、宁夏组织的全国土壤墒情培训和农田节水水肥一体化培训，并积极参加全国农业技术推广服务中心组织的墒情会商。同时，为扩大我省节水农业工作的影响力，同时进一步推动节水农业工作向前发展，节水科积极派员参与农业部外经中心于 2016 年 4 月 18~22 日在昆明举办的大湄公河次区域国家绿水管理培训班，与泰国、缅甸、越南、老挝、柬埔寨的绿水管理人员交流各自的节水农业工作进展和讨论今后的发展方向。

四、继续试验，巩固水肥一体化技术示范

2016 年 6 月参加山东潍坊的全国水肥一体化推广工作会，节水科组织实施的 2015 年水肥一体化和水溶肥试验工作成效显著，单位荣获复合肥料国家地方联合工程研究中心颁发的"2015 年水肥一体化和水溶肥推广先进单位"。2016 年我省将继续在文山州和曲靖市开展水肥一体化高效水溶肥肥效试验示范，巩固水肥一体化和水溶肥的试验示范，为节水农业工作提供试验支撑。

五、开展调研，摸索水肥一体化技术模式

2016 年，节水科积极组织开展了玉溪市柑橘、曲靖市冬马铃薯、普洱市中草药、寻

甸早春马铃薯、泸西县香葱、山东寿光胡萝卜等水肥一体化技术模式的调研和学习，为摸索不同作物、不同水肥一体化集成模式奠定坚实基础，也为下一步水肥一体化技术与我省高原特色产业融合打下了坚实基础。

六、积极探索，扎实推进休耕制度试点工作

探索实行耕地轮作休耕制度试点是中央作出的重大部署，也是深化农村改革的一项重要任务。今年 5 月下旬，中央全面深化改革领导小组审议通过了耕地轮作休耕制度试点方案，5 月 23 日，云南省农业厅种植业管理处召集专题会议，初步研究了在我省开展休耕试点的相关工作。6 月 27 日，农业部等 10 个部门按照党中央、国务院的要求，联合印发了《探索实行耕地轮作休耕制度试点方案》。7 月 2 日和 17 日，省农业厅积极组织相关部门参加农业部分别在北京和石家庄接连召开的耕地轮作休耕制度试点"磋商会"和"推进落实会"，进行了试点工作动员和安排。

根据农业厅要求，我站积极开展我省探索实行耕地休耕制度试点工作的前期准备工作，先后组织赴文山州、红河州、曲靖市、昆明市等石漠化地区的相关县开展了实地调研，听取了县级政府和农业部门的想法和建议，并深入田间地头与村干部、农民进行了走访座谈，了解了各地群众的意愿，经过反复研究，拟选择在文山州砚山县和昆明市石林县开展我省探索休耕制度试点工作，并编制了《云南省探索实行耕地休耕制度试点实施方案》（征求意见稿），于 2016 年 8 月 10 日在省农业厅召开成员单位专题讨论会，讨论我省探索耕地休耕制度试点实施方案，及时形成统一意见，8 月 31 日上报省政府审批，省委签批后，各成员单位形成合力，建立了耕地休耕试点工作协调机制，加强协同配合，于 9 月 28 日印发了十个成员单位联发的《云南省探索实行耕地休耕制度试点实施方案》，方案要求在生态严重退化的石漠化重点区文山州砚山县和昆明市石林县开展休耕试点，实施休耕面积 2 万亩，其中砚山县 1 万亩，石林县 1 万亩。10 月 20 日，在昆明举办了全省 2016 年探索耕地休耕制度试点推进落实培训。

七、再接再厉，认真做好 2017 年节水工作

一是进一步推进《云南省 2016 年土壤墒情监测项目》和《云南省 2016 年农业技术试验示范集雨补灌水肥一体化技术示范区建设项目》的扫尾工作，打造一片水肥一体化技术蔬菜示范区。同时，做好 2017 年农业技术试验示范集雨补灌水肥一体化技术示范各项工作和土壤墒情监测工作，2017 年计划建设水肥一体化示范区 2 150 亩，投资 215 万。二是进一步完成水肥一体化技术和水溶肥的试验示范工作，为节水农业工作积累数据。三是进一步做好节水农业相关调研，摸索总结好各地的好的技术模式和经验，为指导产业发展选取适宜的技术模式。四是进一步办好 2017 年全省水肥一体化技术培训。

贵州省节水农业发展报告

贵州省土壤肥料工作总站

在农业部和省农委的大力支持下，在各级农业部门积极研究探索下，我省以农业节水综合技术推广应用为切入点，在水肥一体化技术推广、土壤墒情监测等方面开展了相关工作，取定了一定成效。现将 2016 年我省农田节水工作开展情况总结如下：

一、主要工作开展情况

（一）水肥一体化技术试点项目情况

2016 年项目在荔波县朝阳镇八烂村实施，是省级重点农业园区"荔波县樟江精品水果及休闲观光农业示范园区"核心区域，是荔波打造樟江流域万亩精品水果示范观光园区带。目前荔波县枇杷产业化种植已有一定的基础，主要种植区域包括该县朝阳镇、玉屏办事处、瑶山乡等，适宜种植枇杷的土地有 5 万余亩。枇杷产业的发展，为实现荔波县"绿色经济强县"和"全域旅游"发展战略的目标发挥积极作用。项目区平均海拔 460 米，坡度 0～25°，土壤属红壤土，pH 在 4.5～6.5 之间，年均气温 18.3℃，年降水量 1 153～1 350毫米，≥10℃年积温 5 300～6 100℃，水热同季，干湿季节较明显，冬、春连旱较严重。枇杷种植面积 4 000 余亩，品种以大五星、早中六号枇杷为主，经营主体为合作社＋基地＋农户，主要销售市场为凯里、贵阳、长沙市场，销售方式以订单农业为主，枇杷平均价格约 16 元/千克。

2016 年项目经费 230 万元，在荔波县朝阳镇八烂村建设 1 500 亩枇杷等果树集雨补灌水肥一体化技术示范区。主要用于购置一体化首部设备及控制系统、滴灌水肥一体化设备材料和安装、监理费用、制定项目实施方案，督查、落实工作任务，项目总结验收等。

（二）农田土壤墒情监测工作

根据《农业部办公厅文件正式印发 2016 年部门预算财政项目指南—土壤墒情监测》的相关要求，结合我省实际情况，在全省 10 个国家级监测县（绥阳、独山、瓮安、黎平、西秀、思南、兴义、赫章、威宁、清镇）的基础上又新增 2 个国家级监测县（镇宁、惠水）和 5 个省级监测县（贞丰、习水、松桃、罗甸、荔波），使我省土壤墒情监测项目县达到 17 个，共 107 个监测点，其中：自动墒情监测项目县 7 个，人工墒情监测项目县 10 个，扩大全省土壤墒情监测工作。

按照《2016 年贵州省土壤墒情监测工作方案》及监测技术规程的要求，认真开展土壤墒情监测工作，积极开展墒情会商、简报编制及墒情信息发布等方面的工作，使全省土壤墒情监测工作得到进一步的重视和加强。据不完全统计，截至 2016 年 11 月底，各监测县平均每月开展监测数据采集 2 次以上，全省共上传监测数据 9 804 个，发布土壤墒情简报 240 期。做到定人、定点、定期监测，建立墒情定期会商和报告制度，分析汇总土壤墒情数据，评价作物需水情况，及时提出农业生产抗涝减灾应对措施建议等。

（三）试验示范情况

2016 年贵州省节水与抗旱抗逆试验示范，试验内容为水溶肥料肥效对比试验，于年初安排在罗甸县龙坪镇烟山果园场王永波火龙果基地实施，主要是对比"嘉施利"牌水溶型复合肥（16-16-16）$N+P_2O_5+K_2O \geqslant 48\%$ 与农民常规施用的硫酸钾型复合肥（15-15-15）$N+P_2O_5+K_2O \geqslant 45\%$ 对火龙果的作用效果和经济效益，探索适合火龙果的肥料品种。试验结果表明：施用"嘉施利"牌水溶型复合肥与农民常规施用的硫酸钾型复合肥火龙果产量差异不明显。

二、主要成效

（一）扩大了水肥一体化技术示范推广效果

2016 年项目在荔波县建设 1 500 亩枇杷等集雨灌溉水肥一体化技术示范区，项目建设中将灌水和施肥结合，实现水和肥一体化利用和管理，直接将水和营养送到枇杷根部，降低田间蒸发率，防止水土流失与深层渗透；使水和肥料在土壤中以优化的组合状态供应给枇杷吸收利用，按枇杷的生长与收获计划更有效地、准确地提供水与养分，提高产量和品质；节水、节肥、节约能源和节省大量劳动力；提高灌溉水利用率。预期效益：示范区平均亩增产 30 千克以上，增效 540 元以上；灌溉水利用率达到 90% 以上，盛果期投产果树，平均亩产 1 000 千克，总产量 1 500 吨，总产值 2 400 万元。通过项目的实施，枇杷示范园投产后，将产生显著的经济效益、社会效益和生态效益，带动荔波县所有适宜区域的枇杷示范园快速发展和推动我省水肥一体化项目示范推广。

（二）开展了墒情会商和信息发布

在全省各监测县墒情监测工作的基础上，紧紧围绕农业生产需要，强化监测工作指导，根据土壤墒情变化规律和特点，及时开展了全省监测县墒情信息调度、数据汇总、墒情会商、编发简报等方面的工作，并将墒情变化情况以简报形式及时上报全国农技中心节水农业信息网，为我省农业生产农村经济宏观决策及相关部门指导农业生产提高了科学依据。

各监测县也严格规范监测方法，扎实开展监测工作，深入进行墒情分析，规范编报墒情简报，为指导当地的农业生产提供决策参考。如 6 月份，我省暴发大面积强降雨，给当地农业生产造成一定损害，据独山县气象局尧棒雨量监测站数据显示，6 月 13 日夜间的暴雨，降雨量 150 毫米，是入汛期以来的降雨量最大值。独山县墒情监测站针对汛期墒情监测情况，及时发布《关于汛期墒情监测的情况汇报》，较好地为当地县委和政府作出科学决策提供信息。同时发布的墒情信息正式入编《独山统计年鉴》（2015 年版），对当地农业生产具有指导作用。

（三）树立了土壤墒情监测标杆监测县

根据全省土壤墒情各监测县工作不平衡的现状，我省在土壤墒情监测工作调度和管理上，通过开展逐月统计汇总各监测县监测数据及简报发布情况进行公开通报，积极树立监测标杆县，鼓励开展横向交流，倡导相互学习借鉴，带动工作基础较差的监测县提高监测工作质量和水平。其中，赫章县以开展数据库建设为基础，推动监测与评价工作全面开展受到关注，在做好墒情监测和数据上报的基础上，开展土壤墒情信息数据库建设，积极开展墒情会商和信息发布，为县政府和县农牧局指导全县农业生产和抗旱救灾工作提供科学服务，为群众的农业生产提供服务。思南县在土壤墒情信息发布及应用方面成效较好，编写的每期农田土壤墒情简报均报送分管领导以及县农口相关部门，为有关部门抓好农业生产提供科学依据，并为该县现代高效农业园区提供墒情信息服务。

三、主要经验

近年来，我省农田节水工作取得了一定成效，主要做法有：

（一）统一思想，强化农田节水意识

近年来，党中央、国务院及贵州省省委、省政府高度重视农田节水工作，农业部的"三定方案"明确了发展节水农业是农业部的重要职责，全省农业部门统一思想，充分认清土肥工作的实质和农田节水工作的实质，坚决贯彻落实党中央、国务院的指示，大力发展节水农业，把加强农田基本建设、推进农田节水工作放在重要位置，进一步完善和落实了领导责任制，加强对全省农田节水工作技术指导和推广，积极组织专业技术人员到田头指导农民开展节水生产，强化各界农田节水意识。

（二）项目示范，辐射带动加快推广

按照农业部安排，我省在 2016 年在荔波县朝阳镇八烂村建设 1 500 亩枇杷等果树集雨补灌水肥一体化技术示范区，项目总投资 230 万元。通过项目的实施，枇杷示范园投产后，将产生显著的经济效益、社会效益和生态效益，带动荔波县所有适宜区域的枇杷示范园快速发展和推动我省水肥一体化项目示范推广。另外，我省结合测土配方施肥项目，安排 5 个县市建立水肥一体化技术示范区，带动水肥一体化技术示范推广。

（三）加强宣传，扩大农田节水影响

2016 年，为扩大农田节水影响力度，我省结合项目培训，开展了农田节水相关技术培训，同时通过广播、电视、报刊、现场会等多种形式宣传农田节水工作的重要作用，极大地调动了广大农民应用节水技术的主动性和积极性。

四、存在问题及建议

(一) 投入严重不足

我省旱耕地分布较多的地区也是经济欠发达的少、边、穷地区，地方经济不发达，政府财力不足、农民收入水平低，自我投资发展能力弱。加之长期以来，各级财政对旱作节水农业的投入严重不足、没有固定渠道，导致旱作节水农业建设欠账较多，基础设施较为薄弱，抗旱减灾能力差，影响了旱作区农业综合生产能力的持续提高。建议国家、政府应把农业节水提上政府的工作议事日程，形成政府行为，加大投入，扩大推广面积，不断提高其科技水平。

(二) 技术力量欠缺

经过多年的研究和探索，我省初步形成了一批相对成熟的农田节水农业技术，但技术研发能力仍比较薄弱且力量分散，技术推广体制机制不完善，基层农技推广机构公共服务能力和手段不足，导致重大旱作节水农业技术研发滞后，技术成果普及速度慢、范围小、到位率低。已推广的技术也以单项技术居多，综合配套技术示范少，农民应用旱作节水农业技术的积极性和作用没有充分调动和发挥，还不能适应旱作区现代农业发展形势需要。建议我省建立健全农业节水科研、教学、推广体系，加强农口部门科术人员的培训学习，提高科技人员的综合能力。

(三) 节水模式单一

我省目前节水灌溉主要还停留在传统的节水模式下，没有形成多种高效节水灌溉措施相结合的节水灌溉措施体系；水肥一体化技术模式规模不大，质量不高，还有待发展。建议加大综合节水模式技术研究与推广，不断提高节水技术手段。

西藏自治区节水农业发展报告

西藏自治区农业技术推广服务中心

　　水是农业生产发展的必要条件，肥料是农业高产增产的重要保障。长期以来，缺水与肥料的不合理使用是制约我区农业持续健康发展的重要因素。水肥一体化利用技术以其高效利用、省肥省水、节约成本、使用方便已被公认为当今世界上提高水肥资源利用率的最佳选择。有专家预言，随着节水农业的发展，中国未来肥料消费总量的近一半将通过微灌系统施用。水肥一体化集成技术，在半干旱地区能充分利用有限的水分促使作物苗壮生长，水分与养分紧密的结合可使肥料精准使用，大幅度提高肥料的利用率和水分的效率，促使作物大幅度增产。具有国际领先的水肥一体化高效利用技术，在西藏有非常广阔的发展前景。结合我区实际，按照年初制定的方案，在拉萨市林周县建立青稞微喷灌水肥一体示范区700亩、达孜县蔬菜水肥一体化滴灌大棚8栋和日喀则市桑珠孜区共玉米膜下滴灌水肥一体化示范区300亩。现将项目总结如下：

一、主要内容及技术要点

（一）建立青稞微喷灌、蔬菜水肥一体化滴灌大棚和玉米膜下滴灌水肥一体化技术示范区

　　分别在拉萨市林周县建立青稞微喷灌水肥一体示范区700亩、达孜县蔬菜滴灌水肥一体化大棚8栋和日喀则市桑珠孜区共玉米膜下滴灌水肥一体化示范区300亩。在现有机井上配备过滤系统、肥液池、循环泵、注肥泵、必要的地埋UPVC管路和微喷输水管网等，并使用水溶肥，完善物资配套和硬件支撑。根据作物需肥规律、土壤特点与微灌施肥条件，推荐施肥方案和肥料种类，指导农户在市场上选择适合喷灌和滴灌施肥的肥料品种。

（二）核心示范技术内容——水肥一体化技术

1. 微喷水肥一体化技术

　　是在有压水源条件下，通过微喷灌溉施肥系统将含有作物不同生育期所需要的水肥混合液，适时适量地输送到作物根系土壤的技术，可节水、节肥、节地、省电、省工、增产增效。配套深耕深松、农艺节水、高浓度水溶肥等技术，以深入挖掘作物节水增产潜力，促进粮食生产节水省工增效。

2. 技术要点

　　水肥一体化滴灌技术实施的关键是减施底肥、分次喷施水溶性肥料，以利于作物吸收，实现肥效后移，达到增产增效的目的。整地前将15千克左右、45%复混肥作为底肥施入土壤（底肥用量为常规方式的一半），同时，撒施家畜粪便有机肥1 500～2 000千克/亩，

采用微喷带或者时针式喷灌机进行灌溉施肥。生育关键期每次灌水 15～35 米³/亩，随水追施水溶肥 5～10 千克/亩，灌水量多少根据天气和土壤墒情调整。

（三）试验研究完善技术集成模式

进一步开展适宜微灌溉施肥系统和布设方式筛选、微灌施肥制度以及水溶肥筛选等研究，配套深耕深松、农艺节水等技术，集成完善青稞、玉米水肥一体化技术模式。筛选不同作物不同生育期适宜的水溶肥，完善作物的水肥需求规律和产量水平。

（四）数据采集与分析

制定调查记录本，调查示范区和对照区的灌溉施肥、用工、用电、植株生长、产量和品质等情况进行调查和测定，分析比较水肥一体化示范的投入、产出，水分生产效率或效益等。用水表测定灌水量，测定作物的形态指标和地上、地下生物量和产量等指标。

二、宣传与培训

1. 技术宣传

通过各种途径和媒介宣传水肥一体化技术，提高农民节水意识。一是全年通过科技下乡、发放节水资料、制作节水展板、发送降雨、墒情灌溉等农事短信、组织观摩交流等形式进行宣传 6 次；二是通过广播电视、简报、报刊、杂志、网络等媒体进行广泛宣传5 次。

2. 技术培训

邀请区外相关专家进行授课，定期对基层技术人员和农户进行水肥一体化技术培训，提高其节水技术水平。对乡村技术人员和农民开展培训 5 次，受训 600 人次。

三、主要效益

在项目实施地对比发现，与常规施肥、漫灌，水肥一体化技术具有节水节肥增产、省工、改善土壤及微生态环境等优点。

1. 节水节肥增产

水肥一体化技术可减少水分的下渗和蒸发，提高水分利用率，实现了平衡施肥和集中施肥，减少了肥料挥发和流失以及养分过剩造成的损失，具有施肥简便、供肥及时、作物易于吸收、提高肥料利用率等特点。与常规灌溉相比，青稞、玉米水肥一体化示范区亩节水 50 米³，农作物亩增产 50 千克，水分生产效率达到 1.5 千克/米³ 左右，亩增收 200 元左右。在温室中，滴灌施肥与大水漫灌相比，节水率达 40％左右。滴灌施肥能轻易做到勤施薄施，并针对蔬菜不同生长期施用不同的配方肥料，真正做到科学灌溉施肥，在作物产量相近或相同的情况下，水肥一体化与传统技术施肥相比节省化肥 30％以上。水肥一体化滴灌技术是水肥同施，这样除了提高肥料利用率外，还能节省大量的人工。

2. 改善微生物环境

采用水肥一体化滴灌技术，一是有利于改善土壤物理性质，克服了因灌溉造成的土壤板结，土壤容重降低，孔隙度增加等不良影响，二是减少了土壤养分淋失和减少对地下水、地表水的污染。

3. 减轻病虫害、草害发生

土壤水分与空气湿度的降低、植株健壮整齐在很大程度上抑制了作物病害的发生，减少了农药的投入和防治病害的劳力投入，温室蔬菜滴灌施肥每茬可减少农药用了 20% 左右，节省劳力 15% 以上，由于滴灌施肥供应的肥、水相对集中，加上地面覆盖技术的应用可以大大减少杂草的发生。从而起到节约农药和劳动力的效果。

4. 增加产量，改善品质，经济效益明显提升

水肥一体化滴灌技术可促进蔬菜作物产量的提高和产品质量的改善，还有一个显著的特点就是应用水肥一体化技术种植的蔬菜具有生长整齐一致，定植后生长恢复快，提早收货，收获期长，丰产优质等，以温室栽培黄瓜为例，滴灌施肥比常规畦灌施肥减少畸形瓜 10%。每亩增产率达 20% 左右，且口感好，瓜形佳，更受市场欢迎。

5. 社会效益明显

水肥一体化滴灌技术可以减轻灌溉和施肥的劳动强度，并有利于作物标准化生产，促进农民节本增收。

四、存在的问题

由于农业的比较效益低，农牧民收入水平不高，实施水肥一体化技术的滴灌施肥设备一次性投入较高，如果没有政府在政策和资金上给予扶持，难以得到快速有效的推广。通过实践我们也发现，目前我区推广水肥一体化技术亟须解决以下问题：大力宣传水肥一体化技术的优点；大力培训水肥一体化农民技术骨干；组建专业的水肥一体化设计与施工队伍；引进新型全水溶肥料。

五、下一步工作计划

开展适宜喷灌、微灌、滴灌施肥制度以及水溶肥筛选试验研究，配套抗旱品种、农艺节水等技术，集成完善青稞微喷水肥一体化技术模式、蔬菜大棚水肥一体化滴灌技术模式、玉米膜下滴灌水肥一体化技术模式。示范区建成后，每亩年平均节水 50 米^3，年节本增收 200 元，同时减少大水漫灌造成的肥料淋洗和地下水污染，获得良好的生态效益和经济效益。

陕西省节水农业发展报告

陕西省土壤肥料工作站

陕西是典型的旱作农业省份，旱地在全省农业生产中具有举足轻重的作用。我们坚持按照"稳粮增收调结构、提质增效转方式"的思路，以提高水资源利用效率、发展现代旱作节水农业为目标，以项目实施为平台，以旱作节水农业技术推广为抓手，建设高标准旱作节水农业示范区，推动了农业持续发展，努力实现粮食稳产高产和农民持续增收。

一、基本情况

我省现有耕地 4 291.5 万亩，其中旱地 2 672.8 万亩，占 62.3％。旱耕地主要分布在渭北旱塬区，陕北沟壑区和陕南丘陵区。全省人均水资源占有量是全国的四分之一，有限的水资源在时空、地域的分布上极不均衡，与耕地、农业生产布局极不相称；从时间上看，70％集中在汛期。从地域上看，降水由南向北递减。陕南的长江流域，耕地面积占全省的 35％，而水资源量占全省的 71％，作为国家南水北调的水源涵养地调出；秦岭以北的黄河流域，包括关中、陕北耕地面积占全省面积的 65％，而水资源量仅占全省的 29％。干旱缺水严重制约着农业生产的发展，成为制约我省经济可持续发展的"瓶颈"。

自然实际决定了陕西的农业生产的特点：一是"十年九旱"，特别是春旱发生概率高，影响春播的正常进行，对农业生产影响较大；二是陕西的农业气象灾害以旱灾为主，分布范围广，危害程度严重。洪涝灾害主要分布在秦岭以南地区，呈点片发生；三是陕西的粮食产量随着降水量的波动而波动。一般是旱地丰全年丰，旱地减全年减，所以，陕西的粮食安全必须走旱地水地双增产的路子。

二、取得的成效

（一）农田节水示范活动示范带动作用明显

在吴起、定边、靖边、清涧、榆阳、神木、横山、耀州、旬邑、长武、千阳等 55 个县区建立部级节水农业示范区 55 个，每个示范区示范面积 300 亩以上，示范区总面积 20 300 亩，示范带动陕北推广地膜覆盖技术 174.5 万亩。其中榆林市建设全膜双垄沟播玉米示范区 53.3 万亩，虽然由于定边、神木等县春玉米生育期遭受严重的持续旱情，部分田块减产绝收，但示范区玉米平均亩产 664.6 千克，总产玉米 32.47 万吨，较对照（半膜或露地）450 千克，亩增产 214.6 千克，增产 47.7%，共增产 10.486 万吨，增效 1.8 亿元。较 2015 年旱作全膜玉米项目亩产 558.5 千克，增产 106.1 千克，增产 19%。国家财政资金（2 745 万元）投入产出比达到 1∶6.56。榆林市建设标准化地膜马铃薯示范区 10 万亩，其中水地马铃薯面积 2.4 万亩，平均亩产 3 110 千克，比大田提早 50 天上市，亩增收达到 1 160 元。旱地马铃薯面积 7.6 万亩，平均亩产 1 827.6 千克，比大田种植亩增产 815.6 千克，增产 80%。延安市北部 32.105 万亩全膜玉米示范区平均亩产 792.1 千克、南部 7.25 万亩半膜玉米示范区平均亩产 803.5 千克，分别超目标产量 13.2%、33.9%。渭北 71.903 万亩玉米地膜覆盖垄盖侧技术示范区，平均亩产 684.38 千克，超目标产量 14%。

（二）土壤墒情监测工作进一步加强

我站 48 个土壤墒情监测县（站），已建成土壤墒情与旱情监测点 240 多个。为更全面了解全省土壤墒情与旱情状况，为加快提升土壤墒情监测自动化水平，增强墒情监测信息服务农业生产的时效性，在传统监测的基础上，去年我站列出专项资金，在全省渭北、关中、陕南、陕北四大区域选择具有代表性的澄城、耀州、洛南、定边、子洲等 12 个县区统一配备土壤墒情自动监测设备，经过近一年来的调试和校正，目前已基本正常运行。为抗旱保墒、因墒灌溉提供了有效的数据支撑。今年，我站拟继续在长武、合阳、武功、城固、丹凤等 11 个县区统一配备土壤墒情自动监测设备，扩大自动监测设备覆盖面，进一步提高土壤墒情自动化监测应用率

截至目前，共采集墒情数据 4 950 个，其中市级 1 240 个，县级 3 710 个，发布墒情信息共 221 期，其中：省级 24 期，市级 30 期，县级 167 期。编发的《陕西土壤墒情快讯》及时报送厅领导和相关处站。并为全省夏粮、秋粮生产形势分析提供土壤墒情状况资料，对春播、夏收夏播、秋收秋播墒情状况进行预测，为领导决策、指导农业生产等提供了依据。参加全国墒情会商会 4 次，及时将我省旱情和技术措施写进了全国墒情报告。

（三）粮食作物水肥一体化技术示范推进

在渭北、关中 18 个县区依托农民专业合作社、家庭农场等粮食生产新型经营主体建设标准化旱地小麦水肥一体节水补灌技术示范区 13 510 亩，田间网管已基本铺设完毕，并陆续开始调试运行。

（四）节水农业试验示范持续开展

在定边、靖边 2 个县安排转光膜试验，通过试验表明，转光膜通过转光作用，将植物不能利用的短波紫外光转化为植物能利用的红橙光，增产 10% 以上；在白水县安排颗粒锌和黄腐酸螯合锌在苹果上的田间试验，试验结果表明，锌肥能够促进苹果的生长发育，提高果实的硬度和含糖量，提高果实品质。在大荔安排金正大水溶肥、生物水溶肥，在陈仓区安排生物有机肥、生物复合肥、微生物菌肥，在蒲城县安排天达 2116 含氨基酸水溶肥料、碧护玉米拌种肥、奥复托肥料增效剂、"播可润"微生物菌剂等均有较好的增产效果。

三、工作措施

(一) 强化行政推动

省上成立了旱作节水农业工作协调领导小组，建立部门联运机制，加大统筹协调，明确发展方向，增加财政投入，把旱作节水农业技术推广由部门工作提升为政府行为，促进了全省旱作节水农业工作的发展。领导小组办公室设在省农业厅种植业管理处，负责旱作节水农业工作的计划安排、组织管理、检查指导等工作。要求各有关市、县（区）也要成立相应的工作机构，负责当地的具体实施工作。县（区）农业局作为旱作节水农业工作组织管理单位，县（区）农业技术中心（站）、土壤肥料站作为具体实施单位，要协调种子、植保、农机等各方力量，全力开展旱作节水农业示范推广工作，逐步形成分级负责、各司其职、一级抓一级、层层抓落实的工作机制。

(二) 创新推广方式

一是充分发挥新型农业社会化服务主体的作用，各项目县区均成立农机专业服务队，采取统一作业的方式，实行"统一整地、统一施肥、统一覆膜、统一品种、统一播种"五统一推广模式，打破农户地块界限，整片台地、涧地一体作业，缩短了整地与覆膜的时间间隔，既降低了成本，又提高了作业效率和技术标准化程度。据统计，仅榆林、延安两市参与旱作农业技术推广项目实施的种植大户、家庭农场、合作社等粮食生产新型经营主体就有 3 320 个，推广面积 11.1 万亩。二是在项目区成立农资统购专业合作社，实行农资统购统供。对项目补贴的地膜、种子、化肥一律实行统购统供，以种子、地膜、配方肥用量核定项目任务面积，以任务面积定奖罚措施。三是实行责任目标考核制。实行县级领导包乡、科级领导包村、技术人员包田块责任制，逐级签订了任务责任书，明确了目标任务、技术指标、质量标准以及奖惩措施等，确保工作任务保质保量按期完成。

(三) 加强宣传培训

省土壤肥料工作站、省农业技术推广总站具体负责旱作节水农业技术推广工作，组织有关专家、技术人员对项目实施县区逐县开展技术指导，要求落实好关键技术。各项目县均召开了春季覆膜播种技术、水肥一体化技术培训现场会，印发了地膜覆盖技术要点招贴画、水肥一体化技术操作规程。据统计，项目县区共培训农户 57 500 户，培训农民 115 000 多人次，发放技术资料 230 000 份，制作醒目标志牌 60 个，广播电视等媒体宣传 52 次。在培训形式上，一是以会代训，利用乡镇开会的时间，对乡、村两级干部进行地膜玉米种植技术培训；二是深入村组，集中农户召开培训会，进行技术讲解；三是技术人员深入田间地头，开展现场技术指导，切实做到了技术人员到户、良种良法到田、技术要领到人。

(四) 强化检查考核

为确保旱作节水农业技术推广工作取得实效，省财政厅、农业厅联合制定下发了旱作农业技术推广管理办法，要求各项目县做到"组织机构设立到位、资金投入管理到位、农资统购发放到位、关键技术应用到位、宣传培训落实到位"五到位；明确"可操作、看得见、能考核"的推广要求，农业、财政、发改等部门经常深入生产一线检查指导工作，严格按照项目进度安排对关键环节进行检查考核，按照种子、地膜采购推算推广应用面积，查覆膜质量、查种植密度衡量技术标准的应用到位情况，开展评比，评比结果与下年度经费挂钩，推动工作。

四、存在问题及相关建议

旱作节水农业技术是工程、生物、农艺、农机等技术的集成，其技术内容、作业模式需要不断地丰富、拓展，特别是各地旱作节水农业技术模式还不完善，农村土地分散经营，外出务工人员多，劳动力匮乏，种粮大户，家庭农场、农民合作组织等农业社会化服务组织有限，管理不够规范，技术水平不高，影响旱作节水农业技术推广规模化、标准化进程。

为此，以提高旱作区农业综合生产能力为重点，综合运用农艺、生物、农机、管理等措施，构建旱作农业发展技术、产业和工作体系，实现旱作区"一个促进、两个缓解、三个提高"的总体目标，即：促进粮食增产和农民增收；缓解农业生产缺水矛盾，缓解干旱对农业生产的威胁；提高水分生产力，提高农业抗旱减灾能力，提高耕地综合生产能力。

一是构建技术支撑体系。在陕北及渭北继续推广地膜覆盖技术模式，建立农科教结合、产学研对接研究体系，开展秋覆膜、配方肥、缓控释肥、转光膜、降解膜、锌肥、病虫草统防统治等技术试验，加快配套机具的研发，做好农机农艺的融合，提高机耕、机播、机管、机收、机运水平，丰富拓展地膜覆盖技术模式内容；同时在有水源的地方、开展玉米、马铃薯膜下滴灌水肥一体化技术试验示范，获得玉米、马铃薯不同生育阶段的灌水量、施肥量等。形成玉米、马铃薯膜下滴灌水肥一体化技术标准和操作规范。

二是构建优势产业发展体系。以旱作节水农业技术推广为切入点，加快土地留转，大力扶持种粮大户、家庭农场、农民合作社等新型农业经营主体，加快陕北地区玉米、马铃薯产业的培育进程，延长产业链条，大力发展玉米、马铃薯精深加工业及畜牧养殖业，吸引当地农民投身其中，逐步努力形成贸工农一体化的发展格局，使地膜覆盖技术真正成为一项富民技术。开展残膜回收、加工、以旧换新试点，实行补贴政策，对残膜回收站点和回收、加工企业给予税收优惠，鼓励农民捡拾、企业回收、加工再利用；鼓励残膜回收机械的研制和生产，加快机械化残膜回收步伐。促进农业可持续发展。

三是健全技术推广服务体系。健全省、市、县、乡镇农业技术推广服务体系，形成运行高效的服务到位、支撑有力、农民满意的推广机构。特别要强化县、乡镇级农业技术人员知识更新和业务技能，规范服务行为，切实提升农业技术推广服务水平。解决农业技术推广服务体系"最后一公里"问题，有计划、分阶段、分层次培训种粮大户、家庭农场、合作社组织等新型粮食经营主体，全面推进农业科技服务进村入户到田到场，使农民群众真正受益。

甘肃省节水农业发展报告

甘肃省农业节水与土壤肥料管理总站

2016 年，我省农业节水以开发有限水资源的潜力为中心，以水资源的优化配置和可持续利用为目标，以创建国家"1 000 万亩旱作农业示范区建设"、"1 000 万亩农田高效节水示范区"建设为依托，紧紧围绕农业转型发展，大力推进以全膜双垄集雨沟播、膜下滴灌、垄膜沟灌、全膜微垄集雨等为重点的农田高效节水技术，强化水肥一体化技术应用，全省在旱作农业区推广全膜双垄集雨沟播技术 1 532.14 万亩，在灌溉农业区推广农田高效节水技术 1 018 万亩，推广各类水肥一体化技术 30 万亩，有力地促进了节水农业的全面发展。现将有关情况汇报如下：

一、2016 年节水农业工作完成情况

根据农业部办公厅《关于印发〈全国农田节水示范活动工作方案〉的通知》和农业部办公厅《关于做好土壤墒情监测工作的通知》、《水肥一体化规划（2016—2020）》以及省政府《关于加快发展高效节水农业的意见》、《农田高效节水发展规划（2015—2017）》精神，主要围绕以推广灌溉农业区农田高效节水技术、强化农业部水肥一体化项目及开展水肥一体化技术试验、示范工作等为重点，取得了显著的应用成效：

（一）全面抓好灌区农田高效节水工作

河西及沿黄灌区 1 000 万亩农田高效节水技术推广工作是省委、省政府确定的农业农村的工作重点。按照省委、省政府的安排部署，依据省政府办公厅印发的《甘肃省灌区农田高效节水技术推广规划（2015—2017 年）》（甘政办发〔2014〕166 号），甘肃省农牧厅《关于印发 2016 年全省农田高效节水技术推广实施方案的通知》（甘农牧发〔2016〕28 号）等文件要求及有关会议精神，2016 年计划在我省的 13 市（州）46 个县（市、区）及省农垦总公司推广膜下滴灌、垄膜沟灌为主的农田高效节水技术 1 000 万亩，其中：新增膜下滴灌 50 万亩，累计面积达到 250 万亩、垄膜沟灌 750 万亩。各地积极行动，多方面整合项目、争取资金，及早规划项目实施区域，将任务落实到地块和农户。

1. 面积完成情况

从各地上报的面积统计，落实面积为 1 018 万亩，其中膜下滴灌 250 万亩（含水肥一体化 30 万亩），垄膜沟灌 768 万亩。嘉峪关任务面积 7 万亩，落实面积 7.02 万亩；金昌市任务面积 39 万亩，落实面积 37.45 万亩；武威市任务面积 204 万亩，落实面积 214 万亩；酒泉市任务面积 185.5 万亩，落实面积 186.64 万亩；张掖市任务面积 204.7 万亩，

落实面积 211.94 万亩；兰州市任务面积 85.5 万亩，落实面积 85.51 万亩；白银市任务面积 115 万亩，落实面积 115.81 万亩；定西市任务面积 48 万亩，落实面积 48.19 万亩；临夏州任务面积 17.5 万亩，落实面积 17.5 万亩；天水市任务面积 7 万亩，落实面积 7 万亩；平凉市任务面积 6.6 万亩，落实面积 6.6 万亩；庆阳市任务面积 6.6 万亩，落实面积 6.73 万亩；陇南市任务面积 6.6 万亩，落实面积 6.6 万亩；省农垦集团公司农场任务面积 67 万亩，落实面积 67 万亩。除金昌市外省农垦集团公司及其余各市全部完成了任务指标。

2. 主要做法

一是制定实施方案，细化工作任务，促进各项工作有序开展。年初甘肃省农牧厅下发了《关于 2016 年全省农田高效节水技术推广实施方案的通知》（甘农牧发〔2016〕48 号），各县（区、市）按照省上的方案制定细化县级实施方案，通过整合项目及资金将项目落实到乡、村及地块，各项工作有序推进。

二是积极整合有关项目，发挥农民的主体作用，为完成任务打好基础。2016 年省上未安排专项资金。市县安排资金也较少，市级共安排资金 300 万元，县（市、区）及企业共配套资金 3 672 万元。膜下滴灌面上推广任务，由市、县按照下达的任务面积，通过整合水利、农业综合开发等其他项目资金完成。垄膜沟灌主要由农民自筹资金完成。

三是引导农民调整种植结构及布局，推广农田节水技术。在地下水易受污染地区，主要指城市周边及过度灌溉施肥地区，这些地区优先安排种植经济效益与环境效益突出的葡萄、枸杞、皇冠梨、枣树等农作物，并应用滴灌水肥药一体化技术，实现水肥药的高效利用，减少了对地下水的污染。在地表水过度开发和地下水超采问题较严重，且农业用水比重较大的地区，适当减少耗水量大的农作物种植面积，改种耐旱的经济作物，通过种植结构的调整，减少农业灌溉用水，实现节水、增效及环境友好的目标。

四是开展试验研究，着眼技术创新。根据各地主推的技术模式和存在的技术难点，各市县农技推广部门与科研教学等单位加强合作，开展了农田高效节水技术、施肥技术、配套品种、种植模式、农机具配套等方面的试验研究，各县（市、区）都安排了 1～2 项地方特色的试验研究，共安排试验 143 项次。全省各项目县通过开展试验研究，积极探索、总结、创新高效节水生产技术模式和技术规程，完善灌区农业节水技术路线，创新灌区节水高效农业发展新模式，但今年受资金的限制，安排实验次数较去年有较大幅度减少。

五是开展培训宣传，强化技术服务。为了推动 1 000 万亩高效节水农业工程实施，进一步规范全省灌区农田节水技术，全面完成今年农田高效节水技术推广任务，根据省农牧厅的安排，我站于 2016 年开春时举办了全省灌区农田高效节水技术培训班，取得了良好的培训效果。各地利用冬春农闲季节，开展了多层次、多形式的技术培训宣传。全年举办各类培训班 2 089 场次，召开现场会 831 次，举办各类电视讲座 309 次，向农民发放明白纸 75 万张，技术手册 28 万册，培训农技人员 4 744 人，培训农民 53 万人。科技人员深入田间地头，帮助、指导农民推广农田节水技术。

（二）全面完成 2016 年农业部农业技术示范推广（水肥一体化）项目工作

该项目在我省的河西灌溉农业区的山丹县和陇中旱作农业区的武山县两地实施。

1. 主要实施重点

一是以农业部"水肥一体化发展规划（2016—2020 年）"为指导，从我省农业生产实际出发，以发展粮食作物、优质蔬菜、特色林果等作物的高效节水灌溉技术为目标，通过实施膜下滴灌（滴灌）水肥一体化技术为主的灌溉水资源节水高效利用技术，有效提高灌溉水资源利用率和肥料利用效率；二是项目计划在山丹、武山县的油菜（微喷）、马铃薯、玉米、温室蔬菜、果树等作物实施膜下滴灌水肥一体化技术示范项目 2 400 亩，建立膜下滴灌水肥一体化技术示范区 5 个；三是在现有水源和膜下滴灌溉已配套相关系统设备的基础下，由国家补助地膜、滴灌带、水溶性肥、机耕作业等和农民自投相结合，建立起适合油菜（微喷）、马铃薯、玉米、温室蔬菜、果树等作物的膜下滴灌水肥一体化技术体系；四是开展棉花、蜜瓜、温室蔬菜、葡萄、枣树等作物水肥一体化技术的相关试验 6 项（次），摸清区域水肥一体化技术适用相关技术参数，为制定区域土壤水分管理、养分管理和水肥耦合技术内容提供重要依据；五是在落实重点技术措施的同时，开展节水技术咨询和现场培训，充分利用广播、电视、报刊等宣传媒体开展节水农业重要性及节水技术的宣传培训，并取得了较低好增产、节水、节肥效果。

2. 项目取得经济社会效益

2016 年项目在山丹、武山两县实际应用膜下滴灌（微喷、滴灌）水肥一体化技术应用面积 2 480 亩。经核算，玉米、马铃薯、温室蔬菜、果树等作物实际完成膜下滴灌水肥一体化技术示范 2 480 亩，超计划任务的 3.3%；经核算，玉米、马铃薯、温室蔬菜、果树等作物实施膜下滴灌水肥一体化技术，亩均增产量 461.84 千克，亩均增效 924.75 元，总增效益 229.34 万元；应用膜下滴灌技术亩均节水 215.7 米^3，总节水 53.57 万米^3，节水率 23.44%～66.67%，亩均节约水费 245.77 元，总节水费用 60.95 万元；亩均节肥 55.58 千克，亩均节约肥料费用 164.18 元，总节约肥料费用 40.72 万元，肥料利用率提高 30% 以上，总节本增效 477.13 万元。全面完成项目各项技术经济指标，主要表现在：

（1）山丹示范区。山丹计划实施面积 1 200 亩，实际完成面积 1 230 亩，超过计划任务 2.5%。经核算，玉米、马铃薯、油菜（微喷）、温室蔬菜、果树等作物实施膜下滴灌水肥一体化技术，亩均增产量 196.4 千克，亩均增效 343.74 元，总增效益 42.48 万元；应用膜下滴灌技术亩均节水 131.46 米^3，总节水 16.17 万米^3，节水率 42.84%，亩均节约水费 39.44 元，总节水费用 4.85 万元；亩均用肥量 50.34 千克，亩均节肥 17.28 千克，亩均节约肥料费用 46.65 元，总节约肥料费用 5.74 万元，肥料利用率提高 26% 以上；亩节省用工（日）2 个，亩省工值 240 元，节省用工效益 29.52 万元。合计亩均节本增效 669.83 元，总节本增效 82.39 万元。

（2）武山示范区。计划实施面积 1 200 亩，实际完成面积 1 250 亩，超计划任务的 4.1%。经核算，温室蔬菜、果树等作物实施膜下滴灌水肥一体化技术，亩均增产量 581.5 千克，亩均增效 1 238 元，总增效益 154.75 万元；应用膜下滴灌技术亩均节水 250 米^3，总节水 34.7 万米^3，节水率 61.9%，亩均节约水费 375 元，总节水费用 56.1 万元；亩均用肥量 93 千克，亩均节肥 90 千克，亩均节约肥料费用 270 元，总节约肥料费用 34.98 万元，肥料利用率提高 51% 以上；亩省省用工（日）9 个，亩省工值 900 元，节省用工效益 112.5 万元。合计亩均节本增效 1 726.53 元，总节本增效 559.52 万元。

（三）推进农业部节水示范活动的组织工作

根据农业部办公厅《关于印发〈全国农田节水示范活动工作方案〉通知》精神，今年我省在灌溉农业区的民勤县、甘州区和旱作农业区的安定区建立高标准节水农业示范区，重点开展膜下滴灌水肥一体化、垄膜沟灌、全膜双垄沟播节水技术试验、示范。主要技术内容是：以提高水资源的利用效率和效益、发展现代节水农业为目标，以灌区水资源的合理开发、优化配置、高效利用和旱区集雨保墒、充分利用天然降水为核心，集中开展农田节水技术模式的集成示范，通过树立典型、辐射带动，全面普及农田节水技术，实现农业增产，农民增收。通过示范活动的实施，全面完成项目规定的各项技术任务，取得较好的经济、社会、生态效益。

（四）加强土壤墒情与旱情监测工作

2016 年我站以农业部办公厅《关于做好土壤墒情监测工作的通知》文件和新颁布的《农田土壤墒情与旱情监测规程》为引导，围绕以下重点开展工作：一是加快新型全自动墒情气象站的建立，保障现有监测站的正常运行，提高监测数据连续性和时效性；二是加强监测技术的系统化、标准化建设；三是继续抓好各地县"全国墒情监测系统数据录入工作"；四是加强监测信息发布制度化，保证监测信息的时效性；五是及时总结历年各地土壤墒情的变化数据，为实施墒情与旱情预报机制建设提供依据。2016 全年共测定墒情监测数据 2 万余数据（次），其中固定监测点测定墒情监测数据 1.5 万项（次），移动式监测仪测定 0.5 万余数据（次），向全国农农技中心发布市、县（区）级土壤墒情监测信息600 多期，其中发布省级土壤墒情简报 27 期，为指导秋冬种生产，特别是春播作物合理播种产生了积极的影响。

（五）开展水肥一体化技术试验，探索应用技术参数

为解决水肥资源不匹配，水分资源管理、养分资源管理等水肥耦合机制问题，建立区域相适应水分资源管理、养分资源管理等水肥耦合机制，提高水肥资源高效利用和作物高产优质，促进农业可持续发展。2016 年我站继续会同省农业科学院、甘肃农业大学等单位在山丹、武山、敦煌、金川、景泰、靖远等地的玉米、马铃薯、微喷油菜、温室蔬菜、棉花、蜜瓜、葡萄、枣树等作物上开展了灌溉制度、施肥制度、水肥耦合、水溶性专用肥对作物生长及产量的影响、优化灌溉施肥等系列水肥一体化技术应用技术试验 6 项（次），为全省水肥一体化技术在不同作物应用探索了第一手的数据资料，探索应用技术参数，促进全省水肥一体化技术中养分管理、水分管理、水肥耦合应用技术水平的提高。

（六）开展水肥一体化物联网技术应用，提高科技水平

为顺应水肥一体化物联网技术的发展，提高水肥一体化技术的科技含量，2013—2016年，我站先后在在敦煌、永昌、凉州、天水、武山等地开展示范了水肥一体化自动控制节水节肥、现代农业物联网、信息管理技术等三项现代农业节水技术应用研究。其中 2016年在武山百顺村的连栋温室和日光温室里配套了安装监测、控制、传输等设备，实现灌

溉、施肥按作物生长需要精确供给。示范试验区利用物联网技术，可实时获取土壤水分、湿度、温度、二氧化碳浓度、作物需肥 pH、盐分、光照强度及视频图像，通过模型分析，能在本地或远程自动控制灌溉、施肥、加温、补光、风机、遮阳、顶窗等设备，实现灌溉、施肥实时监测和自动控制，保证作物最适合的生长环境，为蔬菜作物高产、优质、高效、生态、安全创造条件。实现了智能、节水、节肥、高效、省工，降低作物生产过程中灾害损失，进一步提升农业生产效益。

（七）开展缓施肥及农化抗逆性试验研究

根据全国农技中心关于开展"关于做好抗旱节水试验示范工作的通知"精神，我站在旱作区的山丹、武山 2 县开展芭田等水溶性肥料、降解转光膜、天达-2166 等农化抗逆性试验等研究，也取得了较好的应用效果。

二、2016 年农田高效节水农业工作主要特点及做法

今年农田高效节水技术推广工作，在坚持抓好行政推动、资金扶持、技术培训的同时，重点抓好以下工作的实施：

（一）主要特点

1. 将水肥一体化技物联网技术作为新时期节水农业发展的突破口，引领现代高新农业节水技术示范有了新的发展

主要是通过实施水肥一体化物联网自动控制技术，确保灌溉、施肥按作物生长所需精确供给，节水、节肥、节省劳力，减少生产成本，保证作物在最适合环境生长，为作物高产、优质、高效、生态、安全创造条件，有利于实现农业生产集约化、网络化远程管理，通过运程监控随时掌握作物生长情况，并在专家决策系统指导下，降低作物生产过程中灾害损失，提升农业生产效益，增加农民收入，充分发挥现代农业作用。同时，加强水溶性肥料自助售肥机建设，目前已在武山县高新农业示范区建立一处水溶性肥料自助售肥机，为蔬菜示范园及当地农户提供自助加以服务，实现了水溶性肥料从养分配方研制、配肥、加肥为一体的服务形式，扩展了水肥一体化服务的新形式，实现了水溶性肥料"零公里服务"。为把我省建设成国家级高效节水农业示范区建设奠定了坚实的发展基础。

2. 加强高效节水体制机制建设

各地采取引进龙头企业、扶持种植大户等方式，积极促进农民与企业合作经营和农村专业合作组织建设，有效加快土地流转步伐，吸引社会及企业资金在高效节水农业方面的投入，形成了"政府主导、部门主推、多方参与、合力推进"的高效节水农业工作机制。

3. 提升高效节水园区建设

相关市县整合资金建设高效节水园区，采取"院地合作、农民参与、企业带动、政府服务"的多种方式，应用现代农业新技术、新装备武装农业，不断丰富高效农田节水模式，大力推广膜下滴灌水肥一体化及垄膜沟灌技术，有效提升高效节水示范园科技含量，发挥了引领灌区现代农业的作用。

4. 创新示范推广机制

各地将节水整县、整乡的整建制推进作为工作的重点，创新示范推广工作机制，为技术示范工作注入了活力。目前，我省在河西及沿黄灌区的肃州、玉门、瓜州、金塔、甘州、临泽、山丹、民乐、凉州、古浪、永昌、靖远、景泰、永登、皋兰、榆中等 16 个县区和中东部区域的麦积、泾川、成县、临洮、永靖 5 个县区每县各选择 1 个乡镇，共 21个乡镇实行整乡推进工作。今年各地共建立核心示范点 713 个，其中万亩以上示范点 25个、千亩以上示范点 214 个，示范面积达到 75.13 万亩。

（二）项目主要做法

1. 加强项目组织领导

为确保项目建设的顺利实施和各项内容的落实，我站成立了以崔增团站长为组长的项目管理领导小组，负责项目区组织、协调、监督检查等工作；成立以刘健副站长为组长的项目技术管理专家组，负责项目总体实施方案制定、主要技术试验示范的技术措施的落实；项目区县乡两级成立行政＋技术的双轨承包责任制，层层签订责任书，明确分工，责任到人。成立了由农技中心主任任组长，项目乡（镇）长任副组长的项目行政领导小组和农技中心副主任任组长抽调相关技术人员组成技术服务小组。实行县包乡、乡包村、村包点，三级目标责任管理，进一步细化措施，加强了组织领导。形成了以行政人员为动力、科技人员为纽带、农民技术员为桥梁、示范户为基础、示范点为样板的技术体系，加大了工作力度，保证了项目的实施。

2. 狠抓核心带动，进一步强化了示范引领

为加强核心示范点建设，省农牧厅及我站多次下派督查组到项目县实地检查了农田节水核心示范点，听取了相关市县（区）示范点的工作进展。2016 年我省建立核心示范点713 个，示范面积 75.13 万亩，其中千亩以上示范区 214 个，万亩以上示范区 25 个。总体来看，2016 年各地建立的核心示范点面积大，建设标准高：起垄铺膜（管）规整、集中连片，示范效果好，各有特色。

3. 强化试验研究，深化技术创新

根据各地主推的技术模式和存在的技术难点，我站及早安排 2015 年高效农田节水技术试验，指导各地开展试验示范。各市县农技推广部门与科研教学等单位加强合作，开展了高效农田节水技术、施肥技术、配套品种、种植模式、农机具配套等方面的试验研究，全省开展各类节水技术试验、示范研究 143 项（次）。通过开展大量试验研究，为我省的农田节水技术积极探索、总结、创新高效节水生产技术模式和技术规程，完善灌区农业节水技术路线，构建节水高效农业技术体系，创新灌区节水高效农业发展新模式。

4. 开展培训宣传，进一步强化了技术服务

为了推动高效节水农业工程实施，进一步规范全省灌区农田节水技术，全面完成今年高效农田节水技术推广任务，根据省农牧厅的安排，我站于 2016 年开春时在兰州市举办了全省农田节水技术培训班，对相关县市（区）专业技术人员进行了培训，取得了良好的培训效果。各地也按照"技术推广、培训先行"的原则和省上提出的工作要求，利用冬春

农闲季节，通过发放技术手册、明白纸、挂图资料、举办技术培训班、现场咨询等方式，采取农业科技图片展览、新品种实物展览、播放专题片、制作宣传专栏等形式，广泛开展了多层次、多形式的技术培训宣传。2015 年全年举办各类培训班 2 089 场次，召开现场会831 次，举办各类电视讲座 309 次，向农民发放明白纸 75 万张，技术手册 28 万册，培训农技人员 4 744 人，培训农民 53 万人。科技人员深入田间地头，帮助、指导农民推广农田节水技术，得到了农民的欢迎、赞扬。

5. 强化废旧物回收，促进环境友好型农业发展

按照甘肃省政府印发的《关于加强废旧农膜回收利用推进农业面源污染治理工作的意见》要求，各项目区向广大农民群众广泛宣传地膜污染的危害，建立以企业为龙头，农户参与，县、乡政府监管，市场化推进的废旧农膜回收利用体系，促进废旧农膜的回收和再生利用，有效防治农业面源污染。并做到在生产中尽量保护好地膜，做到一年覆膜两年使用。对破损严重的地膜，也应该保留在第二年播种前，揭旧膜覆新膜，以利保墒。要示范推广机械拾膜技术，禁止使用厚度小于 0.008 毫米的超薄地膜，以降低废旧地膜的捡拾难度，形成使用、回收、加工、再利用的良性循环机制。

三、节水工作中存在的问题

（一）膜下滴灌及水肥一体化技术推广还不完善，弱化了技术的推广效果

主要表现在：一是水肥一体化不到位。滴灌随水施肥是滴灌技术的主要内容之一，是实现肥水一体化、提高肥料利用率、增产增收、节本增效的关键措施，但目前部分滴灌区注重滴灌的田间装备，没有重视与农艺技术结合，特别是没有实现水肥耦合，滴灌的综合效益没有得到充分发挥；二是滴灌自动控制程度低。我省目前的滴灌，大多采取手动操作，而没有通过自动控制，达到精准灌溉、施肥，更好地实现节水、节肥，降低劳动强度的目标。

（二）省级财政资金缺失，延缓了技术的推广进程

今年省财政未安排专项资金，仅有农业部每年下达的"水肥一体化技术试验示范"项目，仅仅依靠有限的市县的整合资金，任务主要由农民自筹资金完成，制约了节水技术的推广速度和规范化程度，未能很好地调动农民的积极性。

（三）农田节水技术创新不够，难以跟上时代步伐

目前我省的滴灌技术自动控制程度低，大多采取手动操作，而没有通过自动控制，达到精准灌溉、施肥，更好地实现节水、节肥，降低劳动强度的目标。农田节水机械种类不全，降低了全程机械化水平。目前比较成熟的机械化技术工艺和机具主要还是基于麦类、玉米等大田作物，而对一些区域特色经济作物如马铃薯、棉花、蔬菜、瓜类等作物，配套机具还相对较少，基本处于引进试验阶段。另外有的机械的质量也存在问题，因此迫切需要用全程机械化的思维和理念去研究、改进完善节水机械，推进灌区节水农业发展。

四、下一步的工作打算

（一）制定相关规划，持续推进农田节水工作

明年上半年制定新一轮农田高效节水技术推广三年（2018—2020 年）年规划，为我省的农田高效节水技术推广提供依据，并争取列入省财政预算。规划每年实施 1 000 万亩的膜下滴灌水肥一体化及垄膜沟灌技术，将工程与农艺、农艺与农机节水紧密结合，推广农田节水技术。

（二）全面完成农业部"2016 年水肥一体化项目"验收暨"2017 年水肥一体化项目"实施工作

一是根据农业部相关项目的要求，对 2016 年实施的项目县及时动手搞好今年招标物资发放到位等工作，搞好示范区建设及水肥一体化的试验示范工作，及早动手编制项目工作总结、技术总结报告的编写，组织项目区的自验收工作，迎接农业部的项目验收；二是根据农业部要求，2017 年项目面积和资金有所调整，应及早与项目县进行沟通协调，搞好示范区建设，及早落实资金的招标采购工作，做好水肥一体化试验示范及技术培训宣传工作，编制好项目的总结报告的编写工作。

（三）积极争取省财政支持水肥一体化发展

水肥一体化技术是利用管道灌溉系统，将肥料溶解在水中，同时进行灌溉与施肥，适时、适量地满足农作物对水分和养分的需求，实现水肥同步管理和高效利用的高效节水农业技术。近几年我省试验示范的"水肥一体化技术"，由于水肥耦合，协调使用，有较好的增产及节水、节肥效果，也可减少对地下水的污染，因此，水肥一体化技术是现代农业发展的必然选择，是今后农业增产的最大潜力所在。要积极争取将水肥一体化项目列入 2017 年省级财政预算。

（四）转变思路，适应农村变革，推广农田高效节水技术

随着农村劳动力结构的变化，农村土地全面确权，农村土地流转稳步推进，农田节水技术推广也要紧跟种植大户、农业企业，把技术推广与农业节水增产效益紧密结合，以适应农村新的变革。

（五）认真总结推广经验

农田高效节水及水肥一体化技术推广几年来，各地在工作中形成了许多好的经验和做法，需要大家认真总结和提炼。各地要结合实际，总结探索符合当地实际的节水模式和推动工作的体制机制，形成推广农田节水与高效作物相结合的种植模式与技术，走出符合我省灌区特点的高效节水农业可持续发展之路。

青海省节水农业发展报告

青海省农业技术推广总站

  青海省地处青藏高原东北部，气候干燥寒冷，太阳辐射强，日照时间长，昼夜温差大，年平均气温在－5.6～8.6℃之间，降水少而不匀，年降水量250～450毫米，而且降雨多集中在7、8、9三个月，年蒸发量1 737～2 224毫米。现有耕地面积882.3万亩，其中水浇地面积281万亩，占31.85%，山旱地面积601.3万亩，占68.15%。春季干旱和季节性干旱经常发生，由于降水时空分布不均，节水设施不配套、不完善，导致降水未能充分有效地利用，干旱是长期制约旱作区农业生产的最大障碍因素；基础设施条件差，抗旱手段落后；先进实用的技术及产品普及程度低，科学种田水平不高。这些问题的存在，严重制约了旱作区农业结构战略性调整和农业产业化发展步伐，同时制约着农民人均纯收入的不断提高。要从根本解决这些问题，需要尽快改变农业生产条件，使农业资源尤其是降水资源得到充分合理开发利用，实现农民增产、增收，农业持续发展。

  青海省立足省情，以科学发展观为指导，全面贯彻落实中央农业工作精神，以提高农业用水生产效率和土地产出率为核心，以提高单位面积产量和增加农民收入为目标，狠抓马铃薯、玉米全膜双覆盖栽培技术推广工作，建立土壤墒情、土壤温度监测点，开展节水技术培训，提升节水农业技术水平，促进农业的持续发展。

一、节水农业工作内容

（一）加大全膜覆盖栽培技术的推广应用工作

  全膜覆盖栽培技术是一项集雨、保墒、抑蒸、增温为一体的旱作农业技术，可以最大限度地保蓄农作物生长期间的全部降雨，减少土壤水分无效蒸发，保证作物生育期内水分供应，增加有效积温。通过协调影响作物产量的各主要因子，改善作物生长环境，具有明显的增产效果，经济效益和社会效益十分显著。2016年省政府把该项技术作为一项利农惠农政策的抓手，进一步加大推广力度，取得了显著地经济效益、社会效益和生态效益。全省实际完成面积130.05万亩，其中：马铃薯全膜覆盖（单垄）栽培技术64.85万亩，玉米覆盖双垄栽培技术47.9万亩，其他作物17.3万亩。分别在西宁市郊区、大通、湟中、湟源、民和、乐都、平安、化隆、循化、互助、同仁、尖扎、贵德、贵南、兴海、乌兰、都兰、格尔木市、德令哈市、门源20个县（市）实施。项目总投资1.56亿元，农业部财政支农项目资金0.8亿元，青海省省级财政重点农业技术推广项目配套资金0.76亿元。项目田每亩补助120元，主要用于地膜、配方肥、种薯（种子）等补助。

  通过试验、示范、推广相结合，宣传、培训相结合的方法，集中连片建立以马铃薯、玉米为主的全膜覆盖栽培技术高产示范田，带动全膜覆盖栽培技术的推广应用，提高单位面积产量。据全省统计，全省全膜覆盖马铃薯平均亩产 2 085 千克，比未覆膜亩增产 412 千克（马铃薯单价 1.4 元/千克计算），亩新增产值 576.8 元，新增总产值 3.738 亿元；全膜覆盖玉米平均亩产 550 千克，比对照平均每亩增产 301 千克（单价 1.6 元/千克计算），亩新增产值 481.6 元，新增总产值 2.304 亿元。其他作物 17.3 万亩，亩新增产值 405 元，新增总收益 0.933 亿元。合计新增总产值 6.975 亿元。

通过项目实施，实现农民增收、农业增效的目的。同时实现了青海高原自然降水资源得到有效利用，农田土壤蓄水保墒能力得到提高，山旱地区水土流失减少，农田生态环境改善，为农业和农村经济可持续发展创造良好的生态环境。

（二）全面开展农田土壤墒情监测工作

按照农业部和全国农业技术推广服务中心要求，制定了 2016 年《青海省农田墒情监测工作实施方案》，加大加强了青海省农田土壤墒情监测工作。在民和、乐都、循化、大通、湟中 5 个农业县开展。建立墒情监测点 50 个，基本代表了全省东部农业区的主要旱作区域，保证了监测数据具有代表性，确保了技术人员能够获得准确的土壤墒情监测数据。截至 12 月 20 日，对浅山地区、半浅半脑地区、脑山地区 50 个监测点农田土壤含水量进行 4 209 多项次监测，发布农田土壤墒情简报 182 期。

墒情监测实行专人负责制，提高了监测数据质量，及时发布墒情信息。开展技术培训，规范监测技术。6 月份举办了青海省土壤墒情监测技术培训班，专门培训了墒情监测方法、数据采集和简报编发等，明确了按期开展数据采集、汇总，规范了简报编发工作。并组织技术人员在大通县良教乡点现场实地观摩学习，提高了对土壤墒情监测工作的认识。

通过土壤墒情监测项目的实施，有效指导农作物适墒播种面积约 32 万亩，每亩增产粮食 10 千克，总计增产粮食 0.32 万吨。适时开展墒情监测，每月 10 日和 25 日项目县均定期开展墒情监测，并及时发布墒情简报，已发布墒情简报 182 期，提出了有针对性的农事建议，引导种植户根据农田旱涝情况，结合农时季节和作物生育期，开展田间管理工作。

为进一步提高墒情监测结果的应用，组织农技专家，开展墒情会商会，交流技术指导工作经验，探讨生产对策措施，提出技术对策和农事建议，分类制定技术意见。在备耕春播期间，针对往年监测春旱密集发生区域，提出抢在大风天气增多之前，及早部署春覆膜工作，有效保住农田底墒，保障了春播生产。

编写耕地质量监测年度报告，完成监测点监测数据汇总。编写了耕地质量监测年度报告。通过耕地长期定位监测试验，对比监测全省主要土壤在不同施肥条件下肥力演变和作物增产效应、养分供给能力，并为全省土壤培育和合理施肥提供理论依据。通过连续性样品采集，分析土壤养分数据及其变化趋势，将为农田耕地地力和环境质量的探索研究打好基础。

（三）继续做好青海省膜下滴灌水肥一体化技术示范项目试验、示范工作

项目示范区安排在青海省互助县塘川镇。地点青海凯峰农业科技发展有限公司和青海

丰之源农牧科技发展有限公司的蔬菜园区内实施。示范面积 0.35 万亩，其中辣椒 2 000 亩，西红柿 1 500 亩。

核心示范棚水肥一体化技术示范采购设备，于 2015 年 9 月正式交付两个公司投入运营，江苏太仓戈林科技有限公司于 2016 年 6 月、9 月两次派出技术人员，对滴灌自动化、智能化控制系统和机井首部等关键设备进行维修和维护，为项目的正常运转提供了技术支撑。年初利用园区水肥一体化技术示范，对各县蔬菜技术服务中心的技术人员进行现场培训观摩，为青海省温室大棚蔬菜推广膜下水肥一体化技术提供较为坚实的基础条件。

通过项目实施，辣椒平均亩产 3 515 千克，较常规栽培亩增产 515 千克，2 000 亩辣椒总产量 703 万千克，按每千克 3.0 元计，总收入 2 109 万元，新增总产量 103 万千克，新增收入 309 万元。番茄平均亩产 4 508 千克，较常规栽培平均亩增产 508 千克，1 500 亩番茄总产量 676.2 万千克，按每千克 4.4 元计，总收入 2 975.28 万元，新增总产量 76.2 万千克，新增收入 335.28 万元。辣椒、西红柿共计新增收入 644.28 万元。土壤保墒蓄水和保肥能力得到提高，辣椒平均每亩节水 160 米^3，节水率 50%；番茄每亩节水 155 米^3，节水率 42.3%。节肥 21%。示范区水资源利用率提高 10 个百分点以上，降低了温室湿度，减轻了温棚蔬菜病虫害，改善了农产品品质，减少传统施肥造成的肥料养分损失，节约了灌溉水资源，并避免了土壤污染。

（四）探索残膜回收机制，积极开展残膜回收工作

随着全膜覆盖栽培技术的多年实施，地膜推广面积逐年扩大，在农民获得了较好收益的同时，残存的废旧残膜对土壤和农田环境造成"白色污染"。为了治理地膜"白色污染"，使全膜覆盖项目得到可持续发展。根据青海省农牧厅青农粮〔2016〕114 号"青海省农牧厅关于下达 2016 年财政农牧业发展资金切块项目建设目标任务的通知"和青海省农牧厅青农函字〔2016〕152 号文件 2016 年重点农业技术推广及种子工程项目实施方案的批复要求，省农技总站和各全膜项目县分别制定了农田残膜回收实施方案，并认真组织实施。确实做到思想认识、组织领导、收购人员、保障措施"四到位"，采取多种形式进行回收残膜，最大程度遏制了残膜污染，较好地完成了回收任务。

2016 年全省农田残膜回收计划任务 728 万千克，回收率占农膜总用量的 80%，在西宁市郊、大通、湟中、湟源、民和、乐都、平安、互助、化隆、循化、门源、同仁、尖扎、共和、贵德、贵南、兴海、都兰、乌兰、德令哈 20 个县（市、区）实施。截至 11 月 17 日全省共回收 778.662 4 万千克，超计划 50.662 4 万千克。

各项目县按照省级《2016 年农田残膜回收实施方案》要求，加大工作力度和宣传力度，统筹安排，采取多种形式回收残膜，建立目标责任制，县、乡、村主要领导亲自抓，并将完成情况纳入绩效考核范围。要求做到田间、交通要道、村庄周围的路边、树干、田埂、渠边残膜捡拾干净，不留残片、碎片。作物秸秆、土块等杂质控制在 30% 以内。

为了较好地完成残膜回收任务，省总站与回收企业签订收购加工合同，明确企业职责。组织人员深入各项目区，认真检查收购网点、往来票据和账单，考核各县及加工企业回收量，并按各项目县回收残膜数量，及时拨付项目资金，用于残膜收购、包装、拉运、清洗、加工等补助。

二、经验和体会

(一) 领导重视，是搞好节水农业工作的保证

青海省省委省政府十分重视节水农业工作，把发展旱作节水农业工作作为农业增产、农民增效的重要抓手，切实转变思想观念，在政策、资金等方面给予大力支持。年初，主管农业的副省长赴我省海东市平安等县调研春播抗旱工作，并查看了干旱山区墒情。各县领导均极为重视墒情监测工作，在春播期间，基本实现了墒情监测一周一报制度，有力地推动了全省墒情监测工作。

全膜覆盖栽培技术已作为青海省重点农业技术加以推广，省上成立了以省农牧厅主管厅长为组长、相关处室和省农业技术推广总站组成的项目领导小组，省农业技术推广总站成立项目实施小组。在秋覆膜和春覆膜两个关键农时节点，省农牧厅粮油处及省农技总站成立了4个督查小组，对上一年秋覆膜物资准备、任务分解落实及春季春覆膜等进行督导，及时下拨资金、落实地块、保证物资供应、技术服务、农机投入，实行汇总统计上报制度，每周一报，及时跟进检查、指导等工作。省农业技术推广总站和各项目县抽调专人负责残膜回收工作，责任到人，确实将残膜回收工作落到实处。采取"政府引导、乡镇推动"的模式，一把手总负责，分管领导具体抓，层层落实责任制，确保回收工作有序开展。

(二) 加强宣传，治理白色污染是全膜技术推广的前提条件

大力宣传农田残膜污染的危害性和回收的必要性，按照"一手抓推广、一手抓回收"的原则，深入开展残膜回收工作。以宣传教育为先导、以强化管理为核心、以回收利用为主要手段，积极防治残膜污染。利用多种形式举办各种培训班，印发培训宣传资料，把残膜回收工作作为一项内容，需要各级政府和社会关注，对农民进行广泛宣传，提高了农民回收残膜、保护环境的意识，逐步将残膜回收工作转变成农民的自觉行动。

(三) 农机农艺相结合，是地膜覆盖栽培技术推广的基础

全膜覆盖在青海山旱地区是一项劳动量非常大的农活，发挥农业机械的作用显得尤为必要。2016年全省各级农技推广部门积极引进先进适用的起垄覆膜机械2 000多台开展机械化作业服务，为任务的完成奠定了基础。据统计，机械起垄面积达到95％以上，起垄覆膜一体化作业面积达到30％以上。

(四) 加强技术培训，规范技术规程

加强土肥水等专项技术培训班。培训了墒情监测方法、数据采集和简报编发等，明确了按期开展数据采集、汇总，规范了简报编发工作；对承担耕地质量监测项目的互助、乐都、贵德、湟中等县（区）进行了土壤剖面挖掘、样品采集、《土壤监测规程》等方面的培训，提高了耕地质量监测工作水平，并组织技术人员现场实地观摩学习，提高了实际操作能力。

宁夏回族自治区节水农业发展报告

宁夏回族自治区农业技术推广总站

干旱、缺水是制约我区农业和农村经济稳定发展的瓶颈因素。大力发展旱作节水农业，对提高我区中南部地区抗旱减灾能力、稳定粮食生产水平和促进农民增收具有十分重要的意义。近几年，自治区党委、政府高度重视发展旱作农业，特别是通过扶持推广以覆膜保墒与水肥一体化技术为主的旱作节水农业技术，真正实现了节水节肥、生态良好、秋雨春用、春旱秋抗目标，实现了由被动抗旱向主动调整的转变，走出了一条具有宁夏特色的抗旱节水之路，经济、社会和生态效益明显。

一、重点推广技术

水肥一体化技术与覆膜保墒集雨补灌旱作节水技术的主要特点是节水节肥、省工增效、提高农产品质量，减少农田土壤水分蒸发，增温保墒，提高土壤水分利用率，适宜地区为宁夏中南部旱作农业区，适用作物主要为玉米、马铃薯、瓜菜等稀植作物。通过近几年的实施，为当地抗旱减灾、农业增效和农民增收做出了突出贡献。

1. 水肥一体化技术

是指将灌溉与施肥融为一体的农业新技术，根据作物不同生长期需水、需肥规律情况进行不同生育期的需求设计，把水分、养分定时定量，按比例直接提供给作物。通过在旱作农业区示范推广应用水肥一体化技术，能够使作物对水肥均衡吸收，传统的浇水和追肥方式，作物饿几天再撑几天，不能均匀地"吃喝"。而采用滴灌，可以根据作物需水需肥规律随时供给，保证作物"吃得舒服，喝得痛快"！通过水肥一体化技术示范推广项目的实施，能减轻病虫草害，减少农药使用，提高农产品品质；节水节肥省工，节本增效显著，大幅度地提高了肥料的利用率，可减少30％的肥料用量，用水量也只有畦灌、沟灌的30％～40％，粮食作物增产20％左右，经济作物节本增收500元以上；优化灌溉施肥制度，提高水肥利用率。

2. 土壤墒情监测

目前全区已经建立13个墒情自动监测站，在9个县建立45个国家级墒情监测点。11个县建立22个自治区级墒情监测点，通过墒情、旱情监测指导全区农业生产。根据农业区划、气象条件、地形地貌、种植制度、农业生产水平等综合因素，将我区农田墒情监测分为自流灌溉区、中部干旱区、南部山区三个区。紧紧围绕指导全区农业生产、服务防旱抗旱工作的宗旨，充分发挥墒情监测工作的时效性和科学性，为全区科学种田、高效用水提供了科学依据，在农业生产过程中起到了十分重要的作用。

3. 秋季覆膜技术

该技术具有抑制冬春土壤水分蒸发、保蓄地墒、秋雨春用作用，在大旱之年土壤缺墒无法播种的情况下抗旱节水效果十分显著。2016年秋季半膜平均亩产517千克，较常规播期半膜覆盖增产22.9%；秋季全膜玉米平均亩产621千克，较常规播期半膜覆盖增产47.6%。从宁夏这几年推广应用情况统计看，秋季覆膜在一般年份种植马铃薯比春覆膜增产15%左右，种植玉米增产10%以上。玉米综合节本增收可达120元/亩，马铃薯达200元/亩。

4. 早春覆膜技术

该技术与常规播期覆膜种植相比，一是增温。早春覆膜比播期覆膜早近1个月的时间，土壤增温快，积温增加多。二是增墒。早春覆膜在土壤化冻后立即覆膜，保住了土壤水分，减少了解冻至播期土壤水分的蒸发散失，同时把土壤深层水提到了耕层，为播种创造了良好的墒情条件。三是增产。早春覆膜比播期覆膜平均增产10%，水分利用率提高5%～7%。2015年早春覆膜面积80万亩，其中：早春全膜50万亩，早春半膜30万亩。

5. 地膜玉米留膜留茬越冬保护性耕作技术

该技术实现了两个替代：一是以地膜覆盖替代休闲裸露，二是以少免耕替代铧式犁耕翻。具有五个方面的作用效果：一是保墒提墒，改善土壤水分状况。使0～60厘米土层贮水量增加7.6毫米，0～20厘米耕层贮水量占0～60厘米土层贮水量比率提高5.4个百分点。二是抑制土壤风蚀。三是增产效果显著。四是水分利用效果明显。五是节本增收。每年每亩节约耕作成本25元，加上增产增收部分，节本增收总额90～100元。目前，地膜玉米留膜留茬越冬在我区地膜玉米主产区基本得到了普及。

6. "一膜两季"种植技术

该技术是我区又一项保墒抗旱型保护性耕作技术，即在第一年地膜瓜菜、玉米等收获后，留膜覆土越冬，第二年在膜上继续种植玉米、向日葵、马铃薯等作物，达到一膜两季、保墒提墒、保苗增产、节本增效的目的。

7. 集雨补灌技术

指通过修建集雨场集水，利用蓄水窖蓄积自然降水，或利用塘、坝、沟及地下浅层水等地表水源，采取坐水点种、膜下滴灌、穴灌、移动补灌等微量灌溉技术，发展省水、高效农业的一种抗旱节水灌溉技术。在我区中南部地区实施西瓜和玉米分株点浇补灌，每亩补灌5～7米³水，玉米增产10%，西瓜增产12%，增产效果十分显著；玉米坐水点种每穴注水2.5千克，可抗旱30天，每亩补灌7米³水，保苗率可达到95%，结合坐水点种进行地膜覆盖效果更好；穴灌通过建集雨场和蓄水窖，利用机械提水，软管输水进行穴灌，地膜马铃薯、西瓜平均亩用水量4.5米³，大旱之年补灌二次，用水9米³，比露地补水种植平均亩节水约1.5～3倍。

8. 压砂补灌技术

是选用含土量少、颜色深、松散、石块表面棱角小而且圆滑扁平的砂石，将砂石铺设在耕地表面，通常铺设厚度在10～15厘米。由于砂层具有良好的通气透水性，当有效降雨发生时，地表不能形成径流，降水通过砂层直接进入土壤，增加了耕地土壤蓄水保墒能力，另一方面由于地表砂层的阻碍，减少了地表水分的蒸发，从而起到集水、保墒、减少蒸发的一种旱作蓄水保墒技术。

9. 旱作农田微集水种植技术

即垄沟种植，垄上覆膜，形成产径流的膜侧种植技术，将种植膜侧小麦的垄间距放大，优化农田土壤水分生态环境，建立垄沟产流集水蓄墒系统，种植特色作物马铃薯、向日葵、玉米。此技术能大幅度提高降水产流效率，可达到 52%～77%，蓄墒增加率可达到 55%～77%，0～200 厘米内土壤可多蓄水 98～136 厘米，蓄墒期土壤蓄墒率可达43%～62%，有效提高了降水利用率。

二、取得成效

（一）旱作节水农业技术推广面积逐年扩大

近年来，在农业部的大力支持下，我区认真组织实施全国旱作节水农业示范基地建设项目和自治区"三个百万亩"高效节水农业工程，全面推进旱作农业建设工作，使旱作农业发展上了一个新台阶。

（二）旱作节水农业技术节水与增产效果明显

近几年，我区中南部地区旱情严重，在雨养旱作区遭受春旱不能正常播种的情况下，水肥一体化技术和覆膜保墒集雨补灌旱作农业呈现出显著的增产增收效果，发挥了不可替代的作用。

（三）旱作节水农业技术模式不断创新和完善

经过多年旱作农业技术试验、示范与推广，目前我区逐步完善了以水肥一体化技术、地膜覆盖、集水补灌、压砂补灌、有限补灌、设施节水、特色种植等为主体的旱作节水农业技术体系。围绕"水源、特色、高效"，在无水源地区、有地下水资源地区和有扬黄水水资源地区分别形成了"集雨场＋蓄水窖＋地膜覆盖"集雨补灌节水技术模式、"库、井、塘、池水＋移动滴灌设备"移动补灌节水技术模式和"水窖（蓄水池）＋大（小）拱棚或日光温室"设施滴灌节水技术模式等 6 种类型的节水技术模式，配套形成了"四膜"、"三补"、"一集" 8 种实用的抗旱节水高效种植技术。旱作节水技术和节水模式的推广应用，创新和完善了我区旱作节水农业技术体系，提高了旱作区农业生产水平，加快了旱作农业由传统农业向现代农业的转变。

（四）促进了农业结构调整和特色优势产业发展

通过水肥一体化技术和覆膜保墒集雨补灌旱作农业的实施，旱作区农业结构实现了由传统小麦等夏粮作物向抗旱高产秋粮作物种植转变，特色优势作物的大面积种植，有力促进了旱作区农业结构调整，加快了特色产业发展步伐，为实现农业增产增效、农民增收奠定了基础。

三、工作措施

（一）突出重点，统筹协调

水肥一体化技术与覆膜保墒集雨补灌旱作节水农业事关中南地区生产发展与群众生活，是目前我区受益面最大的一项民生工程。为确保项目顺利实施，我们按照先易后难，稳步推进的原则，把加大覆膜保墒作为工作的重点和突破口，大面积示范推广以秋季覆膜、早春覆膜和全膜覆盖等覆膜保墒技术。在覆膜的基础上，充分利用自然降水、地下水和扬黄水等水源条件，利用现有集雨场、蓄水窖和蓄水池等基础设施，在作物播种、出苗和生长关键时期，采取各种节水高效补灌措施进行补灌，确保作物正常生长，减轻了春夏连旱造成的损失，实现了抗旱增产，收到了很好的效果。在工作措施上，自治区发改、财政、农牧、水利、扶贫、林业等部门分工协作，形成了以固原、中卫、吴忠 3 市和山区 9 县建设为主体，多部门协作，上下齐抓共管的发展格局。自治区和山区各市、县（区）分别成立了旱作节水农业建设领导小组，统筹、规划、指导、协调旱作农业建设工作中遇到的困难和问题，保证了旱作节水农业建设稳步推进。

（二）整合项目，注重结合

水肥一体化技术与覆膜保墒集雨补灌旱作节水农业技术需要大量的资金投入，为保证工作顺利开展，区、市、县积极整合项目资金，实现了"四个结合"。一是与自治区财政支农项目相结合。自治区财政逐年加大财政支农资金对施肥一体化及秋季覆膜、早春覆膜和全膜覆盖补贴投资力度。二是与扬黄高效补灌项目相结合。在扬黄高效补灌项目区周边地区，扩大水肥一体化技术及覆膜保墒技术与集雨补灌技术的结合，实现高效节水。三是与生态移民项目结合。在生态移民开发区，按照搬迁户户均"一窖、一棚、一圈、一池"的要求，把水肥一体化技术与覆膜保墒集雨补灌技术落实到村、到户，确保了移民开发区能搬得下、稳得住、能致富。四是与旱作节水农业示范基地建设项目结合。充分利用农业部、发改委旱作节水农业项目，建设蓄水池、集雨场、蓄水窖、蓄水池和输水管道等基础设施，形成了沙坡头区、同心县、海源县、盐池县、红寺堡区、原州区、彭阳县等水肥一体化技术与集雨补灌旱作农业示范园区，对推动全区旱作节水农业技术起到了明显的引领示范作用。

（三）以点带面，加强示范

推进旱作节水农业的主体是农户及农民合作组织，技术措施的落实也要靠农民来实现。要发挥好农民的主体作用，就必须加强引导，搞好示范。为加大水肥一体化技术及覆膜保墒集雨补灌旱作节水农业示范推广力度，一是在组装配套，集成创新旱作农业技术的基础上，组织各县技术人员赴周边省（区）考察学习旱作节水农业的先进经验，引进集施肥与灌溉实现智能化、自动化的水肥一体化技术，全膜双垄沟播技术，实现了我区水肥一体化技术、秋季覆膜、早春覆膜玉米、马铃薯平均亩增产 20％～30％。二是积极开展试验研究与示范推广。目前已累计开展水肥一体化技术和覆膜保墒集雨补灌试验 30 多项，起到抓典型、树样板，由点及面推动工作的作用。三是加强技术培训，提高技术到位率。

（四）强化检查，确保质量

为加强指导、强化监督，在水肥一体化技术和覆膜保墒集雨补灌旱作节水农业建设工作中，自治区农牧、财政、发改等部门经常深入生产一线检查指导工作。每年对各市县滴灌设施的建设及秋季覆膜、早春覆膜和全膜覆盖补贴资金及时进行检查，确保资金专款专用，并对水肥一体化基础设施和地膜全部实行政府招标采购，确保质量。对完成面积采用GPS 打点定位，组织人员实地抽查验收，确保面积完成。对蓄水池、集雨场、集水窖等建设组织人员现场检查，确保工程质量。

四、存在的问题及发展对策

我区高效节水农业发展较快，这在一定程度上促进了水肥一体化技术的发展潜力，目前适宜发展水肥一体化技术及覆膜保墒的面积有 500 万亩，重点种植玉米和马铃薯。按照我区节水农业发展规划目标，2016 年水肥一体化技术推广面积累计约 70 万亩，旱作区覆膜保墒面积累计约 280 万亩。在项目实施过程中一是农民投资困难，我区中南部旱作区农民收入普遍较低，因此投入跟不上；二是水肥一体化技术配套的滴灌设施每年需要一定维修养护费，建议政府保持投资的常态化，充分发挥该项技术的先进效益；三是覆膜面积逐年加大，白色污染也日趋严重。宁夏从 2009 年开始推广应用生物降解地膜技术、旧地膜回收补助和废旧地膜无害化焚烧技术，效果较好，但缺乏项目资金扶持，工作进展缓慢。

新疆维吾尔自治区节水农业发展报告

新疆维吾尔自治区土壤肥料工作站

根据全国农技中心节水处有关要求，为进一步做好我区农田节水技术集成、示范和推广工作，强化农田节水基础设施建设，全面提高我区农业用水生产效率，我区结合本地实际，制定了具体行动工作方案，加强领导，精心组织，抓好落实，务求实效，较好地开展了此项活动。现将我区 2016 年农田节水示范工作、墒情监测、旱作节水农业项目、节水农业试验、农业防旱抗旱和其他节水农业等有关工作情况总结如下：

一、基本情况

新疆地处欧亚大陆腹地，总面积 166 万千米^2，占全国总面积的六分之一，是我国重要的粮、棉产区。新疆远离海洋，降水少蒸发量大。具有典型的内陆性干旱气候特征。"绿洲经济、灌溉农业"是农业经济发展的特征。随着高效农业和新兴工业化、城镇化的快速发展，新疆水资源的供需矛盾日显突出。目前，新疆农业灌溉用水量仍占到总用水量的 94%，通过农业节水实现水资源的优化配置成为新疆可持续发展的必由之路。

我区人民在与干旱作斗争的过程中总结了一系列农田节水的典型经验和做法。其中有些经验已经在实际生产过程中得到了广泛应用。如横坡种植、免耕技术、深松耕保墒技术、以肥调水技术、细流沟灌技术、套种间种技术、地膜覆盖技术等。近年来开展的膜下滴灌这一高效节水技术非常适合我区实际，受到了我区农民的普遍欢迎。为此，我们近年来的节水农业工作也主要以推广膜下滴灌技术为主。特别是落实农业部的"旱作节水技术"项目以来，极大地促进了我区膜下滴灌技术的开展。

2005 年地方高效节水灌溉面积只有 240 万亩，到"十一五"期间，每年都实现了跨越式发展，仅 2010 年一年就新增农业高效节水面积 400 多万亩，累计达到了 1 000 万亩左右，实现了历史性突破。截至 2016 年底，新疆高效节水面积达到 3 182 万亩。

1. 深入开展农田节水示范活动

我区以旱作节水农业示范工程建设项目为依托，建立节水农业示范区，切实做好膜下滴灌技术普及、推广、应用的技术指导工作，充分发挥辐射带动作用。按照我区的自然分区，南疆地区重点选择博湖县、和静县、阿瓦提县、伽师县、墨玉县作为示范县，东疆地区选择哈密市作为示范县，北疆地区重点选择昌吉市、精河县、塔城市、巩留县、沙湾县、福海县作为示范县。在上述 12 个县中开展农田节水示范活动，每个县新建 1 个高标准农田节水示范区，每个示范区面积在 1 000 亩以上。示范区以膜下滴灌技术为核心，重点提高节水的科技含量，搞好节水农业技术的宣传、培训工作。通过高效节水示范区的建立，带动农田节水技术大面积推广，使广大农牧民科技文化素质普遍提高，农技部门服务功能进一步加强，农牧民收入显著提高，生态环境得到改善，农业综合生产能力不断增强，2015 年全区推广应用膜下滴灌水肥一体化面积 3 181.6 万亩。

2. 切实抓好土壤墒情监测工作

今年是农业部对土壤墒情监测投入工作经费的第三年，也是我区将此项工作纳入土肥水日常工作的第四年，今年我区在原有的基础上建立健全自治区的墒情监测网络体系，新建、扩建和完善土壤墒情监测站，不断扩大监测覆盖范围，全面提升监测能力和技术水平。在春耕、夏种、秋种等关键农时季节，开展墒情监测会商，分析农田墒情变化趋势，及时发布信息，研究提出应对措施，切实服务于农业生产和抗旱减灾，为领导决策提供依据。

3. 积极开展节水农业试验

今年在全国农业技术推广服务中心节水处的安排下，我站结合实际，在博乐市开展了水溶肥水肥一体化对比试验、锌肥水肥一体化试验、新型地膜对比试验和抗旱抗逆试验，供试作物作物分别为棉花和玉米。经过小区试验和大田示范可以看出，锌肥在我区施用效果明显，尤其是在缺锌地区，增产幅度高，为展示不同水溶肥的增产效果和锌肥在农作物上的施用效果，今年 7 月，在博乐市召开了全国水肥一体化观摩培训会。参加人员有全国各省市代表。现场会由博乐市农技人员介绍了新疆水肥一体化技术的发展，应用的深度和广度。此外还介绍了锌肥在新疆尤其是在博乐等缺锌地区的使用，目前博乐市已经把隔年施用锌肥当做一种常规农艺措施。

4. 发挥地区优势，积极推进设施农业水肥一体化技术示范与推广

根据自治区党委农办和自治区农业厅的统一部署，我站按照《设施农业水肥一体化项目实施方案》的要求，开展了设施农业水肥一体化技术示范与推广项目实施工作，设施农业的发展对促进农民增收、优势资源转化、多种先进农业技术的集成与转化、发展现代农业、提高农产品的市场竞争力都有非常重要的意义。设施农业已经发展成为我区现代农业建设的示范推广基地和展示中心，有力地提升了农业整体水平和综合竞争能力。农民人均纯收入来自设施农业。设施农业重要地位已经确立。近年来，我区设施农业集约化水平逐渐提高。实现了一年二熟甚至多熟制生产，提高了资源利用率、土地产出率和劳动生产率，加快了先进科学技术的推广运用，从根本改变了传统农业生产方式，促进了农业生产规模化、标准化、市场化。设施农业已成为我区农民增收的一个新亮点，其重要地位已经确立。在设施农业中，推广水肥一体化技术，对于降低农产品成本、提高农产品品质、改善农田生态环境、促进农业可持续发展意义重大。借助自治区科技兴农"设施农业水肥一体化技术示范与推广"项目，我区在塔城地区、吐鲁番地区、乌鲁木齐地区和巴州地区开展了水肥一体化试验示范工作，主要开展设施农业不同作物品种的水肥耦合效应技术研究与试验、示范及推广。通过试验示范达到示范棚每棚节水 40%，节约肥料 30%，增产 20%，增收 1 000 元以上。几年来在塔城市、吐鲁番市、鄯善县、和硕县和乌鲁木齐市共布置水肥耦合试验 20 个，滴灌肥筛选试验 15 个，安排示范棚 130 个，辐射带动周围 30 000 多亩。

通过大田生产实践及设施农业田间试验的结果表明，测土配方施肥与滴灌技术集成是实现设施农业水肥一体化的关键。即根据种植作物的需肥规律、地块的肥力水平及目标产量确定总施肥量，同时根据不同作物的需水规律、土壤质地类型确定灌水次数、灌溉时间、灌溉量。两者的结合实现了水肥高精度配置，协调和满足供应作物生长对水肥的需求，提高了农产品产量，而且可以较好地解决土壤养分富集和次生盐渍化问题，减少农产品污染。

二、工作特点及采取的主要措施

（一）加强领导，确保措施到位

一是明确职责，健全组织。为确保各项工作的顺利实施，我站与各项目单位逐级签订项目合同书，分工明确，各负其责，将各项任务落到了实处。二是明确目标，制定方案。各项目下达后，我站及时组织有关技术人员，结合我区实际编制统一的实施方案，建设目标明确，建设内容具体，并列出明细项目，使各项目单位在实施中有章可循、有据可依，实行全区工作规范化、统一化、标准化。

（二）强化宣传，确保认识到位

组织指导各地州、县（市）采取各种形式，全面深入地宣传农田节水和科学施等技术措施在农业增效、农民增收和新农村建设中的作用，形成了领导高度重视、政府大力支持、农民普遍欢迎、社会广泛关注的良好局面。

（三）深入基层，确保服务到位

深入生产第一线，做好监督检查与调查研究工作。结合旱作节水农业项目实施和农田节水示范活动工作的开展，全站先后有40多人次深入南北疆的部分县（市）进行现场检查与技术指导，随时掌握全疆高效节水情况，为农业增产、农民增收服务。并及时解决项目工作实施过程中出现的问题，确保项目实施质量。

三、主要经验

（一）领导重视是搞好节水农业的保证

各地在项目建设中成立了项目领导小组，精心组织，制定实施方案，加强运行管理，把各项工作任务落到实处。在地块选择、人员培训、机具购置和改进农民铺膜和安装膜下灌溉管网系统等方面都做了大量细致的工作。在春耕生产期间各级领导和技术人员分赴县（市）、乡（镇）、村组指导工作，跟踪服务，保证了项目的顺利实施和正常运行。项目建成后由项目区乡（镇）负责维护与管理，制定项目运行管理目标责任制，确保项目后期正常运转，长期发挥示范推广作用。

（二）宣传培训是搞好节水农业的推手

膜下灌技术是一项新的、技术性很强的农田灌溉技术，必须要有一支会规划设计、能施工安装、懂运行管理和熟悉作物种植及田间管理的技术队伍。各地积极组织专业技术人员结合实际编写了《棉花膜下滴灌亩产皮棉 150 千克高密度模式化栽培技术规程》、《棉花一播全苗技术要点》、《标准化棉花膜下滴灌管理技术要求》、《膜下滴灌安装注意事项》、《棉花膜下滴灌苗期及中后期管理机械化技术措施要求》等操作性强的技术规范手册，并利用农贸集市、科技人员进村入户等形式免费发放到每个植棉农户。通过"科技之冬"技术培训、广播电视、技术资料、咨询服务、影像和实物展示等多种形式，使农民逐步掌握技术规范的内容和核心技术。企业与农业部门积极配合，及时为农民提供技术咨询、技术服务，解决出现的各种问题。全区各级农业部门能主动与科技、水利、农机等部门联系，共同探讨制定出了适合本地膜下灌溉技术的科学灌溉制度；膜下灌棉花、番茄的优质高效技术管理模式，以及灌溉系统运行管理细则；专业技术人员经常深入农民中调查研究，倾听农民意见，吸收群众智慧，共同在实践中不断完善提高技术的适用性，满足了广大农民的生产需求。通过培训，增强了广大农民对发展农田节水必要性的认识，提高了实施旱作节水农业的知识水平和应用先进节水技术的科技意识，为在全疆大力发展农田节水技术提供了技术支撑。

（三）示范带动是搞好节水农业的活力

建设示范区是推进农田节水的重要手段。通过示范区建设，让农民看到膜下滴灌技术的节水、增产、增效、提高土地利用率和农业劳动生产率等方面的优势，并从中得到实惠，是提高农户节水意识的重要手段。一是干部领种示范田，将膜下滴灌技术作为一项主要指标纳入干部示范田考核目标进行考核，要求示范田责任领导定期深入田间地头掌握进度，检查质量，协调关键农时的技术服务、农资供应和农机具调配，及时解决群众在生产中遇到的困难。二是充分发挥具有丰富种植经验、较高素质的科技示范大户的示范带头作用。通过典型引路、样板驱动、以点带面，辐射带动周边农户。三是明确示范田技术责任人职责。组织农业技术人员全程跟踪服务，随时解决生产中的问题，关键农时及时到村，督促示范田及所在村实施各项管理措施。四是建立激励机制。县（市）政府设立财政专项奖励基金，年底给予优秀膜下滴灌科技示范户奖励。通过示范点的带动，让广大种植户切实看到了采用膜下灌技术对棉花、哈密瓜、加工番茄等农作物所产生的明显的经济效益，增强了农户采用膜下滴灌技术的信心，加快膜下灌技术的推广应用。

（四）筹措资金是搞好节水农业的动力

农业、农村和农民是当前社会的最大弱势行业和群体，投入能力还十分低下，膜下滴灌技术推广应用需要解决的突出问题是要建立良性循环的融资渠道，让农民用得起。通过采取对农民购买膜下滴灌设备实行补助的方法，建立政府、社会和农民投入相结合的节水农业投入机制。受益农民在依靠国家财力支持的同时，自筹部分资金用于膜下滴灌设备的投入。各地在实践中逐步探索了适宜本地的运作模式，采取财政补贴政策，对农户购买膜下滴灌节水设备给予 300～400 元补贴或采取农户出资 60%，政府支持 40% 的方法，支持膜下滴灌的推广应用。同时通过给予水资源优惠价和信贷投入的方法，建立以国家投入为导向，集体和农民投入为主体，信贷为驱动的投入新机制。这种创新模式既减轻了膜下滴灌第一年成本过高给农民带来的负担，也避免了国家大包大揽的发展节水农业的做法，极大地调动了农户节水积极性，为新疆膜下滴灌技术推广应用注入了动力。

（五）提高效益是搞好节水农业的基石

为切实发挥膜下灌溉技术高效节水、增产、增效的作用，各地在加强节水工程硬件建设的同时，还十分重视科技成果"软件"的配套应用。在配套技术措施上，以优良品种为依托，积极推广以棉花高密度栽培为核心的综合配套栽培技术，将膜下滴灌技术与棉花高密度栽培技术、测土配方施肥、科学灌水、综合调控、病虫害综合防治进行集成、组装、推广，充分发挥膜下滴灌的投资效益。

（六）相互结合是搞好节水农业的突破

旱作农业示范基地建设以项目为支撑，以市场为导向，以调整农业结构为突破口，依靠科技进步，依托龙头企业，采取"龙头企业＋协会＋农户"的产业化运行管理模式，促进农业结构调整，带动区域农村经济发展和农民增收。

四、工作建议

（一）加强管理、推优创名

建立和完善水资源管理法律、法规，制定水资源分配、利用，废水处理等相适应的配套措施，提高水资源管理的科学化、规范化和法制化水平，使水资源的保护与开发利用各个环节有法可依。一要加快制定有关产品质量、设备、安装、栽培、管理、售后服务的技术标准、技术规范和管理规程，把农业节水行业纳入统一的管理轨道。对质量低劣，达不到技术标准的产品，决不允许流向市场，对生产该产品的企业要限期整顿，整顿后仍达不到技术标准的，要取消从业资格。二要建立市场准入制度，对不符合准入条件的，不能批准其开业；对未经批准擅自生产经营的企业，要加大处罚力度，并追究相关部门和负责人的责任。三要鼓励企业创立知名品牌，发展连锁经营、物流配送网络，降低农民使用成本。

（二）加强指导，统一规划

节水农业是一项涉及多学科和多部门的系统工程，首先选择优势主产业区，结合不同特色优质农产品种植模式以农民经济条件配置相适宜的节水模式及配套设备。建立健全以企业为主体的节水灌溉技术服务体系，实行规划设计、设备供应、施工组织、技术指导和人员培训的全程服务。要加强对基层技术人员和管理人员和农民的技术培训的培训，采取各种方式，提高基层技术人员的专业素质和技术水平，建设高素质的节水灌溉技术队伍。对所选择的示范区加强技术指导，及时为示范户解决技术难题，配套相应的农艺技术措施，传授各种先进适用的技术。使工程设施（滴喷灌）充分发挥作用，提高投资效益。

（三）技术先行，推进发展

对高效节水灌溉中的难题难点实施联合攻关，鼓励教学、科研、水利、农技推广、农机等部门积极参与节水农业的技术开发，创新研究，加快对节水新技术的攻关，不断提高节水灌溉技术水平和灌溉技术效益，降低滴灌投入成本。建立一套投资少、效益高，易操作，而且适宜新疆不同区域及不同作物、不同种植模式的工程与农艺措施相结合的技术体系，依靠科技进步实现经济效益生态效益的双赢。要认真总结国内外节水灌溉的成功经验和成熟技术，进一步发挥大专院校和科研院所的人才优势和技术优势，以企业创新为平台，积极进行节水灌溉技术的持续创新。一是加快节水灌溉先进科技成果的集成、转化和应用。在引进、消化、吸收和创新的基础上，生产更加质优价廉的节水灌溉设备，进一步降低农业投资成本。二是高度重视灌溉试验工作，把试验作为技术创新的延伸。加强适时灌溉、测土施肥等按作物需求保持土壤墒情最佳状态的研究，与农户应用中的创新结合起来，进一步提高水肥的综合利用效率。对一些技术难题，组织各方面的力量联合攻关，为发展节水农业提供技术支持。

（四）制定政策，建立机制

由于历史和农村经济水平低下原因，农民目前是一个注重自身利益的群体，他们对农业的投入要考虑能产生多少效益。因此节水技术所需设备、农机具充分利用世界贸易组织允许的"黄箱"和"绿箱"政策，从根本上提高我国农业的国际竞争力。

建议国家统一研究制定促进节水农业发展的政策。一是将滴灌产品列入第二批《当前国家鼓励发展的节水设备（产品）目录》；二是将滴灌产品列入农资产品目录，享受农资产品减免增值税政策，进一步降低滴灌等节水器材的成本，加大推广力度；三是改变农产品的补贴方法，将以前补贴在价格环节的钱转向补贴农田节水设施和推广应用新技术，把节水灌溉的地下管道部分列入农田基础设施建设的范畴，对农户应用滴灌技术，给予农田节水基础设施补贴和技术推广应用补贴；四是制定支持节水农业的投融资政策，列入国家重点投资项目，多渠道增加资金投入，把支持的重点从以开源和新建灌区为主转向建设高效节水农业为主；五是制定合理的农业灌溉水价格，适当提高水的价格，拉开时段差价，调动农户节水的积极性。

新疆生产建设兵团节水农业发展报告

新疆维生产建设兵团农业技术推广总站

一、新疆兵团节水农业的发展

新疆地处亚洲腹地，干旱少雨，水资源时空分布不均，年平均降水量只有147毫米，而年平均蒸发量高达2 000毫米左右，属典型的干旱灌溉农业区。水资源短缺是农业发展的最大制约因素。合理利用水资源，发展高标准节水灌溉，不仅可以缓解供需矛盾，而且是改善生态环境、实现可持续发展的重要手段。新疆兵团从事节水农业、节水灌溉技术的引进、试验、研制和推广已有20多年的历史，灌溉方式从大水漫灌、畦灌、沟灌、喷灌、软管灌（自压灌溉）、膜下滴灌（加压滴灌），逐渐发展到目前较先进的自动化滴灌，灌溉技术实现了一次又一次的飞跃。

1996年以来，新疆兵团的科研机构与生产单位先后开展了一系列兵团和国家级节水工程研究项目。其中，兵团"九五"攻关项目《干旱区棉花膜下滴灌综合配套技术研究与示范》（1998—2000），由石河子大学和新疆农垦科学院等单位承担，2001年取得兵团科技成果鉴定。该成果主要对大田作物膜下滴灌条件下的需水规律和灌溉制度、盐碱地膜下滴灌土壤改良应用技术、膜下滴灌铺管收管机具的研制与开发、膜下滴灌配套栽培技术等方面作了较深入的研究，总体水平达到国内领先。国家科技攻关项目《干旱地区规模化灌溉农业类型区农业高效用水模式及产业化示范》（1999—2002），由新疆农垦科学院研究，石河子大学、中国水利水电科学研究院及新疆兵团农七师承担，2002年通过国家水利部科技成果鉴定。该成果通过把工程技术、农艺技术、管理技术有机结合，建立干旱地区规模化灌溉农业类型区的农业高效用水模式，形成该类型区农业高效用水综合技术体系，达到节水、增产的目的。最初，膜下滴灌节水技术主要应用在棉花上，近年来，随着兵团种植业结构的不断调整，滴灌节水技术正迅速在酱用番茄、辣椒、小麦、西瓜、甜瓜、打瓜、葡萄等作物上大面积推广应用，并取得了显著的经济、社会和生态效益。

2007年温家宝总理在考察兵团工作期间明确提出了兵团要发挥现代农业优势和资源优势，建设全国节水灌溉示范基地、农业机械化推广基地、棉花粮食生产基地、现代农业基地"四大基地"的战略目标。兵团党委认真贯彻温总理关于兵团要大力建设"四大基地"的指示精神，不断推进兵团节水农业的发展，至2016年末，兵团高新节水灌溉面积已达1 200万亩，占兵团有效灌溉面积的60.5%，为兵团发展现代农业以及更好地履行兵团屯垦戍边重要职责，更好地发挥建设大军、中流砥柱、铜墙铁壁三大作用奠定了坚实基础。

二、兵团开展节水农业成功经验

兵团水资源严重匮乏的状况决定了兵团必须走节水灌溉的发展之路，近年来，兵团人不畏艰难，勇于开拓，不断探索和大力推行节水灌溉技术，在节水灌溉技术上取得了突破性进展，在农田节水技术的研究及推广工作中取得了较为成功的经验。

（一）在节水关键技术方面的主要研究成果

1. 膜下滴灌棉花的需水规律和灌溉制度的研究

准确定量地提出了干旱地区不同土质情况下，棉花膜下滴灌土壤水分的运移规律、膜下滴灌条件下棉花生育期的耗水规律，制定出了科学的灌溉制度，为滴灌设备选型、系统规划设计和灌溉管理提供了科学依据。

2. 棉花膜下滴灌高效施肥（水肥耦合）、施药和化控技术研究

筛选出适宜棉花滴灌随水滴施的肥料、农药和生长调节剂品种以及棉花不同生育期的适宜滴施量；提出了膜下滴灌棉花优质、高产的水肥偶合最佳量化指标和棉花不同生育期氮、磷、钾及微量元素的适宜配比，为棉花的高效施肥提供了科学依据；提出了采用中子法和烘干法进行干旱诊断，指导棉花滴灌的量化指标，为棉花精准灌溉提供了科学依据。

3. 棉花膜下滴灌脱盐、驱盐规律及其在盐碱地上的应用技术

在研究膜下滴灌脱盐、驱盐规律的基础上提出了棉花膜下滴灌在盐碱地上的应用技术。

4. 棉花膜下滴灌铺膜、铺管、播种一体作业机具和收管机具的研制与应用

研制开发出适用于大面积机械作业的棉花膜下滴灌铺膜、铺管（带）、精密播种一体化作业机具和滴灌管（带）回收机具，有力地推动了该项技术的大面积应用。

5. 棉花膜下滴灌优质高产高效配套栽培技术研究

系统全面地研究了棉花膜下滴灌效果和节水、高产机理以及优质、高产栽培技术，提出了以滴灌为中心的亩产皮棉 200 千克以上超高产栽培技术规程，并进行大面积推广。

6. 棉花膜下滴灌应用效果及经济效益研究

提出棉花膜下滴灌网管设计优化布局，管道系统中支管与分干管，采用鱼骨式或梳型等方式布置，毛管配置由"一管四"改进为"一管二"。

7. 棉花膜下滴灌与相关先进农业技术的集成与示范应用的研究

将棉花膜下滴灌技术与相关先进农业技术进行科学组装、集成和大面积应用示范，形成了较为完善的技术体系，为发展精准农业提供了技术保障。

8. 棉田滴灌智能监测控制系统的研究

现阶段的灌溉信息化建设以实现灌溉自动化为主，并留有接收和执行智能化决策信息的接口和能力。据 2016 年调查，兵团累计推广滴灌自动化控制技术 41.3 万亩。设计方案主要有：大辅管轮灌系统、单支管轮灌系统、长短支管轮灌系统，主要采用有线、无线及有线加无线 3 种控制方式。棉田滴灌智能监测控制系统的推广应用为推进兵团现代农业的发展起到了积极的作用。

（二）在节水技术推广工作中的成功经验

1. 加强组织领导，充分发挥兵团集约化管理和行政推动优势，推进节水工作的开展

领导重视，认识统一，是做好各项工作的前提和先决条件。兵团党委非常重视高新节水农业的发展，把积极引进和大力发展高新节水灌溉技术作为实现农业现代化和可持续发展的战略措施来抓。通过规划和政策引导，有力地推动了节水灌溉技术的推广应用。1999年，兵团党委做出了《关于大力发展节水灌溉的决定》，明确了节水灌溉发展的思路、方针和保障措施，统一了思想和行动，将节水灌溉发展作为一项长期工作安排部署。兵团制定了《"十一五"节水灌溉发展规划》，系统提出了节水灌溉的任务目标、布局、建设重点、实施步骤、技术路线和年度建设任务。同时编制了《400万亩现代化节水灌溉工程规划》，进一步分解落实工作方案，明确了兵团节水灌溉推广方向，推进了节水技术在各种作物的大面积应用。

2. 加大资金扶持，为节水关键技术研究和新技术、新产品推广应用提供有力保障

为了推进节水灌溉在大田的应用，兵团采取了资金补贴和政策引导，从棉花、加工番茄等效益较高的作物开始示范，逐步推广到各类作物，以整合兵团农业综合开发、优质棉基地、土地治理、扶贫、以工代赈、预算内等各类资金为重点，利用银行贷款、社会资金、职工筹资、投工、投劳等形式，形成共同建设的合力。近十年来，推广田间节水灌溉累计投入80多亿元，其中国家和兵团本级投入近10亿元，银行贷款和自筹资金70多亿元。

3. 狠抓关键技术的攻关研究，最大限度地发挥高新节水灌溉技术的综合效益

在高新节水灌溉技术的示范推广过程中，狠抓关键技术的攻关研究，解决农田节水灌溉技术实际应用的难题。一是在滴灌材料和设备研制上开展攻关研究，引进与创新并举，实现了节水灌溉器材生产设备国产化和地方化，使节水灌溉设备成本由1996年初期的2 000元/亩降低到目前的600～800元/亩，使用滴灌的农户扣除滴灌投入各项费用后，仍能实现增收增效，使大面积推广成为可能。二是在农艺配套技术方面开展攻关研究，集成多项农业先进技术，实现了节水灌溉系统运行管理与农艺配套技术措施的有机结合，根据作物的生长需要、高产机理，科学合理地做好农业灌溉用水的调度、配置和调控。使工程、农艺及管理措施的综合配套，最大限度地发挥了高新节水灌溉技术的综合效益。同时，联合推广、生产、大学、科研等相关单位，企业参与，试验、示范同步进行，加快先进节水技术的推广。

4. 加强队伍建设，提高技术人员的业务水平

目前，兵团已形成兵、师、团三级较为完善的农业技术推广体系，在农业技术推广工作中发挥了重要的作用。为促进农田节水推广工作的开展，兵、师、团成立了相应的组织机构，专门负责农田节水的技术与管理工作。节水滴灌技术的应用过程设计工程、水利、农业、土壤、肥料、农业机械等多个专业，是一项系统工程，科技含量较高，要在节水农业中建立自己的队伍，就必须加强农田节水技术培训。兵团各级农业技术推广组织每年利用农闲时间，大力开展技术培训、宣传、现场交流等活动，不断提高技术人员的业务水平，逐渐培养了一批懂技术、善管理的专业节水队伍，为兵团农田节水技术的发展及推广应用做出了突出的贡献。

5. 建立健全规章制度，切实保障工程建设的规范管理及系统的可靠运行

为规范农田节水系统工程的建设，保障节水系统工程质量，各师团根据本地区实际情况，均建有相应的规章制度，从节水灌溉工程立项、设计、招投标、施工、质量监督、验收和后期管理都做了明确规定。在节水系统运行管理方面，滴灌操作运行规程，泵房管理制度，滴灌区交接班工作制度，滴灌灌水制度，滴灌区管理职责等一系列滴灌系统管理规章制度，同时，安排专人负责滴灌工程系统运行及管护，责任明确，奖罚分明。事实证明，这些规章制度的建立，为指导和规范节水灌溉工程项目的建设和运行管理起到了积极作用。

黑龙江农垦节水农业发展报告

黑龙江省农垦总局农业局

按照全国农业技术推广服务中心的总体部署，黑龙江垦区针对自然条件、生态类型、作物需水规律和水资源区域特点，以节约用水和提高水生产效率为核心，以优化节水技术为支撑，综合运用工程措施、耕作措施、栽培措施和生物措施，集成配套实用技术，加快节水技术示范区建设，为构建垦区绿色农业体系，进一步提升粮食综合产能和水资源永续利用，提供了强有力支撑。

一、基本情况

2016年，黑龙江农垦扎实推进现代农业建设，积极发展粮食生产，全局农作物总面积达4 289.4万亩，其中粮食播种面积4 225.8万亩。水稻、玉米播种面积分别达到2 229.1万亩和932.2万亩，占粮食作物面积的74.8%，大豆959.1万亩，马铃薯27.7万亩，其他作物77.7万亩。已成为我国耕地规模较大、现代化程度较高、综合生产能力较强的国家重要的商品粮基地和粮食战略后备基地。垦区以创建节水农业示范区为核心，集成推广高效节水栽培模式，大力推广应用节水农业技术，开展土壤墒情监测，促进了垦区粮食综合生产能力的稳步提升，预计垦区粮食总产将达到207.5亿千克以上，商品量将到达200亿千克以上。

二、主要做法

（一）创建节水农业示范区

按照农业部总体部署，在克山农场高标准建设1个省部共建农田节水示范区，集成示范推广马铃薯节水技术1万亩以上；在八五二、建设等9个农场，建设玉米、大豆旱田节水示范区，集成推广玉米"四精两管"、大豆"两密一膜"栽培模式。在七星等43个农场建设水稻节水控制灌溉核心示范区，取得了良好的节水增产效果。在通过示范展示，可辐射垦区43 00万亩耕地种植区域，具有较强的示范效果。

（二）开展土壤墒情监测

根据土壤类型质地、区域布局、降水特点、地形地貌和种植制度等情况，在牡丹江、北安等9个管理局七星、二九一、八五五、格球山、克山等23个旱作农场建立了5个国家级和18个总局级土壤墒情监测点，监测点作物以玉米、大豆、马铃薯和小麦等主要粮食作物为主，兼顾经济作物，每月 10 号和 25 号开展常规监测，发布墒情信息。据不完全统计，全年监测 2 000 余次，采集数据 3 000 个，发布土壤墒情信息 300 余条，提出生产建议 800 余条。

（三）集成创新节水技术

开展节水农业技术模式研究，推进节水技术与其他生产技术的集成。重点开展了抗旱、抗逆、深松、保护性耕作和大垄行间覆膜等技术的集成示范；加速国内外滴灌技术引进与创新，为节水农业技术推广提供重要的技术支撑。2016 年，垦区重点示范推广深松耕、伏秋起垄、原垄卡种、保护性耕作、水稻浅湿控水灌溉、水稻节水控制灌溉技术，开展膜下滴灌试验示范，提高了水资源利用率，为农业增效、职工增收，实现粮食增产打下了坚实基础。

三、取得成效

（一）粮食综合生产能力进一步提高

垦区有效发挥国家各类强农惠农富农政策的激励作用，扎实推进抗灾害、抢农时、增科技、上标准、重服务等重点措施，稳步扩大粮食作物播种面积，进一步优化种植业结构，积极扩大水稻、玉米等抗旱高产高效作物种植面积，水稻、玉米面积分别达到 2 229.1 万亩、932.2 万亩，占粮食作物比重分别达到 52.7% 和 22.1%。抗旱高产高效粮食作物面积的继续扩大，科技支撑能力进一步增强，标准化管理水平的进一步提升，为实现今年农业生产目标奠定了坚实基础。

（二）农业抗灾减灾能力进一步提高

通过深入开展节水农业工作，进一步增强垦区各级"三秋"作业是农业生产重中之重的认识，扎实推进垦区"三秋"作业和秸秆还田培肥地力工作，充分发挥秋整地、秋起垄增加土壤库容的重要作用，达到秋雨春用、春旱秋防和春涝秋抗的目的。目前，垦区已实现 100% 黑色越冬，为增强农业抗灾减灾能力，再夺明年农业丰收打下了坚实基础。

（三）节水技术支撑能力进一步提高

垦区以农田节水示范区为平台，继续集成示范玉米"四精两管"、大豆"两密一膜"、马铃薯"四优一管"和水稻"三化两管控制灌溉"等栽培模式，大力集成推广了适合垦区现代农业发展的深松、浅翻深松、节水喷灌、行间覆膜、原垄卡种、水肥一体化和水稻节水控制灌溉节水技术，辐射垦区 4 289 万亩耕地种植区域。

（四）指导服务农业能力进一步提高

通过土壤墒情监测，及时、准确地反映了垦区墒情和旱情情况，同时提出生产建议，为指导职工抢墒播种、抗旱保苗、合理中耕、节水灌溉、施肥等田间管理和解决旱情提供了可靠的依据，更好地指导服务垦区现代化大农业建设。

四、主要建议

节水农业是一项公益性的事业，一次性投入大，投入产出比不高，农户难以接受，必须依靠国家项目带动，加大资金投入，才能推进土壤墒情监测、节水农业技术推广、膜下滴灌、测墒灌溉等一批高效节水技术大面积推广。建议农业部加大对黑龙江垦区的节水农业项目支持，通过项目带动、行政推动、典型促动，有效推进垦区节水农业工作全面发展。

附件 重要文件

2016年中央一号文件《中共中央国务院关于落实发展新理念 加快农业现代化实现全面小康目标的若干意见》(节录)

2. 大规模推进农田水利建设。把农田水利作为农业基础设施建设的重点,到2020年农田有效灌溉面积达到10亿亩以上,农田灌溉水有效利用系数提高到0.55以上。加快重大水利工程建设。积极推进江河湖库水系连通工程建设,优化水资源空间格局,增加水环境容量。加快大中型灌区建设及续建配套与节水改造、大型灌排泵站更新改造。完善小型农田水利设施,加强农村河塘清淤整治、山丘区"五小水利"、田间渠系配套、雨水集蓄利用、牧区节水灌溉饲草料地建设。大力开展区域规模化高效节水灌溉行动,积极推广先进适用节水灌溉技术。继续实施中小河流治理和山洪、地质灾害防治。扩大开发性金融支持水利工程建设的规模和范围。稳步推进农业水价综合改革,实行农业用水总量控制和定额管理,合理确定农业水价,建立节水奖励和精准补贴机制,提高农业用水效率。完善用水权初始分配制度,培育水权交易市场。深化小型农田水利工程产权制度改革,创新运行管护机制。鼓励社会资本参与小型农田水利工程建设与管护。

9. 加强农业资源保护和高效利用。基本建立农业资源有效保护、高效利用的政策和技术支撑体系,从根本上改变开发强度过大、利用方式粗放的状况。坚持最严格的耕地保护制度,坚守耕地红线,全面划定永久基本农田,大力实施农村土地整治,推进耕地数量、质量、生态"三位一体"保护。落实和完善耕地占补平衡制度,坚决防止占多补少、占优补劣、占水田补旱地,严禁毁林开垦。全面推进建设占用耕地耕作层剥离再利用。实行建设用地总量和强度双控行动,严格控制农村集体建设用地规模。完善耕地保护补偿机制。实施耕地质量保护与提升行动,加强耕地质量调查评价与监测,扩大东北黑土地保护利用试点规模。实施渤海粮仓科技示范工程,加大科技支撑力度,加快改造盐碱地。创建农业可持续发展试验示范区。划定农业空间和生态空间保护红线。落实最严格的水资源管理制度,强化水资源管理"三条红线"刚性约束,实行水资源消耗总量和强度双控行动。加强地下水监测,开展超采区综合治理。落实河湖水域岸线用途管制制度。加强自然保护区建设与管理,对重要生态系统和物种资源实行强制性保护。实施濒危野生动植物抢救性保护工程，建设救护繁育中心和基因库。强化野生动植物进出口管理，严厉打击象牙等濒危野生动植物及其制品非法交易。

10. 加快农业环境突出问题治理。基本形成改善农业环境的政策法规制度和技术路径，确保农业生态环境恶化趋势总体得到遏制，治理明显见到成效。实施并完善农业环境突出问题治理总体规划。加大农业面源污染防治力度，实施化肥农药零增长行动，实施种养业废弃物资源化利用、无害化处理区域示范工程。积极推广高效生态循环农业模式。探索实行耕地轮作休耕制度试点，通过轮作、休耕、退耕、替代种植等多种方式，对地下水漏斗区、重金属污染区、生态严重退化地区开展综合治理。实施全国水土保持规划。推进荒漠化、石漠化、水土流失综合治理。

水利部　国家发展和改革委员会
财政部　农业部　国土资源部文件

水农〔2016〕239 号

水利部　国家发展和改革委员会　财政部　农业部
国土资源部关于加快推进高效节水
灌溉发展的实施意见

各省、自治区、直辖市、计划单列市水利（水务）厅（局）、发展改革委、财政厅（局）、农业厅（委员会）、国土资源厅、农业综合开发办公室，新疆生产建设兵团水利局、发展改革委、财务局、农业局、国土资源局：

《中华人民共和国国民经济和社会发展第十三个五年规划纲要》要求今后五年"新增高效节水灌溉面积 1 亿亩"，2016 年《政府工作报告》提出当年全国"新增高效节水灌溉面积 2 000 万亩"。为贯彻落实党中央、国务院决策部署，加快推进高效节水灌溉发展，确保如期完成新增高效节水灌溉面积目标任务，现提出如下实施意见。

一、充分认识发展高效节水灌溉的重要意义

我国是一个水资源严重短缺的国家。农业灌溉是用水大户，用水效率总体不高，节水潜力很大。大力发展高效节水灌溉是缓解我国水资源供需矛盾、保障国家粮食安全、推进农业现代化、加快生态文明建设、促进水资源可持续利用的必然要求和重要保障。党中央、国务院高度重视农业节水工作，要求把节水灌溉当作革命性措施和重大战略举措来抓。习近平总书记提出的"节水优先、空间均衡、系统治理、两手发力"新时期水利工作方针，把节水放在更加突出的位置。近年来，每年中央一号文件都对全面实施区域规模化高效节水灌溉行动作出安排部署。各地务必高度重视，把大力发展高效节水灌溉作为贯彻落实党中央、国务院重大决策部署的重点工作来抓，切实加强组织领导，层层落实工作责任，细化实化工作措施，部门联动、密切配合，强力推进高效节水灌溉项目建设。

二、认真开展前期工作

依据《国家农业节水纲要（2012—2020 年）》《全国高标准农田建设总体规划（2011—2020 年）》《全国现代灌溉发展规划（2012—2020 年）》《全国新增 1 000 亿斤粮

食生产能力规划（2009—2020 年）》，以及近年来各类资金渠道投入农田水利建设情况，经征求各地意见，水利部等五部委协商确定了 2016 年度新增 2 000 万亩的分省高效节水灌溉建设任务（具体情况见附件）。

各地要结合相关规划以及分省高效节水灌溉建设任务，在做好与水源工程、灌区续建配套与节水改造等骨干工程衔接的基础上，因地制宜确定喷灌、微灌和管道输水灌溉等高效节水灌溉工程模式，明确建设任务。省级水行政主管部门要及时向政府汇报，建立统筹协调机制，将建设任务分解到财政、水利、农业、国土等相关部门，落实到市、县，细化到项目。同时，要组织编制省级 2016 年度实施方案，于 2016 年 7 月中旬前报五部委备案。

各地要切实加强高效节水灌溉工程项目前期工作，落实工作经费，科学编制项目实施方案，把好前期工作质量关。要按照先资源平衡后工程布局、先内涵挖潜后外延发展、先建立机制后建设工程的原则，将水资源承载力、机制建设作为项目建设前置条件，集中建设、规模发展。要做到灌溉技术与农机、农艺、农技等有机结合，大力推广水肥一体化。要统筹高效节水灌溉建设项目布局，优先在缺水地区、重点灌区及高标准农田建设区实施高效节水灌溉工程。要严格按照相关程序规定和要求做好项目审查审批工作。

三、切实加大投入力度

各地要加大财政支持力度，整合各类资金渠道，政府与市场两手发力，千方百计保障高效节水灌溉建设资金需求。各级政府安排的农田水利、高标准农田、新增千亿斤粮食、农业综合开发、国土整治等项目资金要根据有关规划，统筹用于发展高效节水灌溉。要用好土地出让收益计提、开发性金融、过桥贷款、专项建设基金、抵押补充贷款（PSL）等资金以及社会资本，拓宽高效节水灌溉建设资金渠道。各地要将高效节水灌溉建设资金安排与项目实施情况挂钩，实行奖惩激励，提高资金使用效益。

四、着力强化项目建设与工程运行管理

各地要切实加强项目建设管理、资金使用、实施进度、工程质量、建后管护等各环节工作，推动体制机制创新。工程建设要积极推行项目法人责任制、招标投标制、建设监理制、合同管理制，以及社会公示、群众参与等行之有效的机制，强化建设管理。严格执行财务制度，规范资金使用，有条件的积极推行县级报账制，鼓励采取先建后补等方式，提高资金使用效益。细化和优化施工方案，采取倒排工期、挂图作战、节点控制等措施，加快项目建设进度，确保如期完成建设任务。强化质量监管体系，加强全过程质量管理，落实质量管理终身责任制，努力建设精品工程。有条件的地区要扩大田农户、村组集体和新型农业经营主体承担高效节水灌溉项目的规模，鼓励农户和新型农业经营主体自建、自管、自运营。要建立健全长效管护机制，全面落实高效节水灌溉工程管护主体、责任和经费。要针对高效节水灌溉工程管理要求高、维护成本大的特点，积极培育和发展专业化服务队伍，提高管理能力和服务水平，确保工程建得成、用得好。按照设施先进、管理科

学、服务到位、运行良好的要求，打造一批高效节水灌溉示范县。

五、全面加强项目监督检查

各地要建立全方位、全过程、全覆盖的高效节水灌溉项目监督检查机制，充分发挥审计、稽查、财务等部门的优势和作用，采取联合检查、分部门检查、明察暗访、随机抽查等方式，加强组织领导、前期设计、建设管理、运行管护、效益发挥等各个方面的监督检查，确保工程安全、资金安全、干部安全、生产安全。严格跟踪问责问效，对检查中发现的问题，要举一反三、全面排查，挂牌督办、及时整改。对工作措施不力、工程进展缓慢、存在严重工程质量问题的，要对有关责任人进行严肃处理。

六、及时做好信息统计报送

国务院已将"新增高效节水灌溉面积 2 000 万亩"纳入 2016 年《政府工作报告》重点任务量化考核指标，对各地进行按月量化考核。五部委将建立进度统计上报制度，由水利部负责按月统计汇总各地进展情况，及时报送国务院，并抄送有关部委。任务完成情况序时进度按两部分统计，一部分是 2016 年以前立项，2016 年完成的面积；另一部分是 2016 年立项，当年完成的面积。各地要高度重视信息报送工作，明确信息报送单位和人员，严格信息报送管理，采取纸质文件与农村水利管理信息系统同步的方式，每月 5 日前向水利部报送上月进展情况。进展情况纸质文件须经省级负责信息报送的部门负责同志审核签字。对信息报送工作弄虚作假的，将严肃问责。

附件：2016 年度各省（自治区、直辖市）高效节水灌溉建设任务表

2016 年 6 月 30 日

农业部关于扎实做好 2016 年农业农村经济工作的意见

（农发〔2016〕1 号）（节录）

10. 加强农业资源保护和高效利用。 坚守耕地红线，配合做好永久基本农田划定工作。扩大农作物合理轮作体系补助试点，探索在地下水漏斗区、重金属污染区开展耕地休耕制度试点，在玉米非优势产区进行轮作试点。扩大新一轮退耕还林还草规模。扩大退牧还草工程实施范围。实施新一轮草原生态保护补助奖励政策，适当提高补奖标准。完善草原承包经营制度，加强草原执法管护。编制实施草原休养生息规划，启动牧区草原防灾减灾工程。推进天然草原改良，组织做好农牧交错带已垦草原治理试点工作。严格实行休渔禁渔制度，探索开展近海捕捞限额管理试点，持续清理整治"绝户网"和涉渔"三无"船舶，加强渔业资源调查。创建国家级海洋牧场示范区，加大增殖放流力度，实施江豚、中华鲟等珍稀物种拯救行动计划。维护农业生物多样性，严防外来物种入侵。

11. 继续打好农业面源污染防治攻坚战。 围绕"一控两减三基本"目标，持续加大治理工作力度。大力发展节水农业，建设高标准节水农业示范区，稳步推进农业水价综合改革。扎实推进化肥农药使用量零增长行动，继续开展化肥减量增效、农药减量控害试点，加快测土配方施肥、有机肥、高效肥料、高效低毒低残留农药等推广应用，大力推进农作物病虫统防统治和绿色防控。实施种养业废弃物资源化利用、无害化处理区域示范工程，启动农作物秸秆综合利用试点。促进农村沼气转型升级。开展畜牧业绿色发展示范县创建活动，推进畜禽废弃物资源化利用。研究农用地膜使用有效管理办法，开展农田残膜回收区域性示范。完善农业面源污染全国性监测网络，开展重点流域农业面源污染防治综合示范。

12. 加快农业环境突出问题治理。 创建农业可持续发展试验示范区。加快推进全国农产品产地土壤重金属污染普查，实施农产品产地分级管理。继续抓好湖南重金属污染区综合治理试点，积极探索重点污染区生态补偿制度。扩大东北黑土退化区治理试点范围，抓好河北地下水超采区综合治理试点。

农业部办公厅文件

农办农〔2016〕9号

农业部办公厅关于印发《推进水肥一体化
实施方案（2016—2020年）》的通知

各省、自治区、直辖市及计划单列市农业（农牧、农村经济）厅（委、局），新疆生产建设兵团农业局，黑龙江省农垦总局、广东省农垦总局：

为贯彻落实2016年中央1号文件精神和《国民经济和社会发展第十三个五年规划纲要》要求，大力发展节水农业，控制农业用水总量，推动实施化肥使用量零增长行动，提高水肥资源利用效率，我部制定了《推进水肥一体化实施方案（2016—2020年）》，现印发你们，请结合本地实际细化实施方案，积极整合资源，突出重点任务，加大工作力度，抓好贯彻落实。

推进水肥一体化实施方案

（2016—2020 年）

我国水资源总量不足，时空分布不均，干旱缺水严重制约着农业发展。大力发展节水农业，实施化肥使用量零增长行动，推广普及水肥一体化等农田节水技术，全面提升农田水分生产效率和化肥利用率，是保障国家粮食安全、发展现代节水型农业、转变农业发展方式、促进农业可持续发展的必由之路。为加快推进水肥一体化工作，制定如下实施方案。

一、必要性与可行性

（一）必要性

一是水资源紧缺。我国水资源严重紧缺，总量仅为世界的 6%，人均不足世界平均水平的 1/4。每年农业灌溉用水缺口超过 300 亿方，因缺水约有 1 亿亩灌溉面积得不到灌溉。二是水分生产效率偏低。2014 年，我国农业用水总量 3 924 亿方，但主要粮食作物水分生产效率平均仅约 1 千克/方，与发达国家平均 2 千克/方相比，存在较大差距。三是化肥利用率偏低。2014 年，我国化肥施用量 5 995.94 万吨，主要粮食作物化肥利用率 35.2%。水肥资源约束已成为制约农业可持续发展的瓶颈因素。在新形势下，推进水肥一体化工作已成为提高水肥利用效率、转变农业发展方式、缓解水资源紧缺的关键措施。

（二）可行性

从政策层面看，习近平总书记要求"以缓解地少水缺的资源环境约束为导向，加快转变农业发展方式"。《全国农业可持续发展规划（2015—2030 年）》提出"一控两减三基本"目标。大力发展水肥一体化的氛围已经形成。从国外发展看，美国、以色列、加拿大、澳大利亚等国家水肥一体化技术均快速发展，广泛应用于农业生产，有成熟的经验可以借鉴。从国内实践看，近年来，通过水肥一体化技术试验示范，在不同区域、不同作物开展系列试验研究，全国形成了多种适用技术模式。且物联网智能化技术日趋成熟，为推广水肥一体化技术、精确调控水肥管理奠定了基础。

二、总体思路、目标任务和基本原则

（一）总体思路

以保障国家粮食安全和重要农产品有效供给为目标，树立节水节肥观念，按照加强生态文明建设、转变农业发展方式的要求，依靠科技进步，加大资金投入，着力推进水肥一体化技术本土化、轻型化和产业化。深入推进工程措施与农艺措施结合、水分与养分耦合，大力节约水资源用量，大量减少化肥用量，促进农业可持续发展。

（二）目标任务

到 2020 年水肥一体化技术推广面积达到 1.5 亿亩，新增 8 000 万亩。增产粮食 450 亿斤，节水 150 亿方，节肥 30 万吨，增效 500 亿元。促进粮食增产和农民增收；缓解农业生产缺水矛盾和干旱对农业生产的威胁；提高水分生产力、农业抗旱减灾能力和耕地综合生产能力。

（三）基本原则

一是坚持统筹规划、整合资源。按照自然气候条件、水资源禀赋和农业发展要求，统筹规划、合理安排、分步实施。加强部门之间的协调沟通，整合多方资源，加大投入力度，实现整体推进。

二是坚持以粮为主、粮经并重。以小麦、玉米、马铃薯等粮食作物为重点，促进防灾减灾和高产稳产，确保粮食安全。兼顾棉花、蔬菜、水果等经济作物，促进节本增效和农民增收。

三是坚持政府主导、社会参与。充分发挥政府主导作用，加强政策扶持和资金投入，发挥项目资金带动效应。鼓励企业、农民和社会各界积极参与，形成多层次、多渠道共同推进的良好局面。

四是坚持因地制宜、分类指导。根据区域特点，选择适宜技术模式，因地制宜制定发展规划和工作计划。按照耕地土壤类型、气候特点、作物需水规律等，加强分类指导和科学管理。

五是坚持技物结合、示范带动。加强技术培训与指导服务，促进工程措施与农艺、生物、管理等措施有机结合，促进设施设备与农业技术配套，提高技术到位率。强化集成组装、展示示范和辐射带动，力求产生规模效应。

三、区域重点和技术模式

按照"以水带肥、以肥促水、因水施肥、水肥耦合"的技术路径，根据不同地区气候特点、水资源现状、农业种植方式及水肥耦合技术要求，在东北、西北、华北、西南、设施农业和果园六大区域，以玉米、小麦、马铃薯、棉花、蔬菜、果树六大作物为重点，推广水肥一体化技术。

（一）东北地区。推广玉米、马铃薯滴灌水肥一体化技术 1 500 万亩。

技术要点：滴灌水肥一体化技术借助新型滴灌系统，在灌溉的同时将肥料配兑成肥液一起输送到作物根部土壤，确保水分养分均匀、准确、定时定量地供应，为作物生长创造良好的水、肥、气、热环境。

应用效果：与常规相比，采用滴灌水肥一体化技术，亩均可稳定增产粮食 200～300千克，亩均节水 150 方。

适用区域：水资源紧缺，十年九旱，有一定灌溉条件的干旱半干旱地区。主要包括黑龙江西部、吉林中西部、辽宁中西部和内蒙古中东部地区。

（二）西北地区。推广玉米、马铃薯、棉花膜下滴灌水肥一体化技术 2 000 万亩。

技术模式：膜下滴灌水肥一体化技术是集地膜覆盖、微灌、施肥为一体的灌溉施肥模式。通过微灌系统，在灌溉的同时将肥料配兑成肥液一起输送到作物根部土壤，确保水分养分均匀、准确、定时定量地供应。通过覆盖地膜，降低水分蒸发，为作物生长创造良好的水、肥、气、热环境。可根据实际情况确定是否覆盖地膜。

应用效果：与常规相比，采用膜下滴灌水肥一体化技术，亩均可增产粮食 200～300千克，亩均节水 180 方。

适用区域：水资源紧缺，有一定灌溉条件且蒸发量较大的干旱半干旱地区，主要包括陕西中北部、甘肃、宁夏、青海、新疆和山西中北部地区。

（三）华北地区。推广小麦、玉米微喷水肥一体化技术 2 000 万亩。

技术模式：通过定期监测土壤墒情，建立灌溉指标体系，根据作物需水规律、土壤墒情和降水状况确定灌水时间、灌水周期和灌水量。在灌溉时，采用管道输水，喷灌、微喷灌进行灌溉，结合水溶性肥料的应用，满足作物对水分养分的需求。

应用效果：试验示范表明，采用微喷灌水肥一体化技术，小麦、玉米平均增产10%～20%，一年两季亩节水 110 方以上。

适用区域：水资源紧缺，有灌溉条件但地下水超采严重的半干旱、半湿润地区，主要包括北京、天津、河北、山东、河南、山西南部、陕西东南部、安徽北部和江苏北部地区。

（四）西南地区。推广玉米、马铃薯集雨补灌水肥一体化技术 1 000 万亩。

技术模式：通过开挖集雨沟，建设集雨面和集雨窖池，配套安装小型提灌设备和田间输水管道，采用滴灌、微喷灌技术，结合水溶肥料应用，实现高效补灌和水肥一体化，充分利用自然降水，解决降雨时间与作物需水时间不同步、季节性干旱严重发生的问题。

应用效果：试验示范表明，采用集雨补灌水肥一体化技术，粮食作物平均增产10%～25%，经济作物省 40%以上，亩节本增效 800 元。

适用区域：在西南等降水量较多，但时空分布不均，季节性干旱严重的地区，主要包括云南、贵州、四川、重庆和广西。

（五）设施农业。推广设施蔬菜、水果滴灌水肥一体化技术 1 000 万亩。

技术模式：设施农业滴灌水肥一体化技术是利用机井或地表水为水源，借助滴灌进行灌溉和施肥，集微灌和施肥为一体，通过建立新型微灌系统，在灌溉的同时将肥料配兑成肥液一起输送到作物根部土壤，确保水分养分均匀、准确、定时定量供应，为作物生长创造良好的水、肥、气、热环境。

应用效果：设施蔬菜、水果平均亩节水 100 方，节本增收 800 元以上。

适用区域：全国范围内的设施农业均可应用，主要优势作物是蔬菜、瓜果和花卉等经济作物。

（六）果园。推广滴灌、微喷水肥一体化技术 500 万亩。

技术模式：果园滴灌、微喷灌水肥一体化技术是集微灌和施肥为一体的灌溉施肥模式，每行果树沿树行布置一条灌溉支管，借助微灌系统，在灌溉的同时将肥料配兑成肥液一起输送到作物根部土壤，确保水分养分均匀、准确、定时定量地供应，为作物生长创造良好的水、肥、气、热环境。

应用效果：果树亩节水 80～100 方，节本增收 800 元以上。

适用区域：全国范围内有水源条件的果园，主要优势作物是苹果、葡萄、香蕉、菠萝等水果。在没有水源的地区需要在配备集雨设施设备的基础上，实现滴灌、微喷灌水肥一体化。

四、重点工作

（一）集成技术模式。在重点区域和重点作物上搞好技术模式筛选和集成创新，开展不同灌溉方式、灌水量、施肥量、养分配比、水溶肥料等对比试验，摸索技术参数，形成本区域主要作物水肥一体化技术模式，提高针对性和实用性。

（二）研发关键产品。研发水溶性肥料，提高水溶性，优化肥料配方，降低生产成本。配套土壤墒情监测设备，实现实时自动、方便快速。针对井灌、渠灌、丘陵山区、设施温室等不同应用环境，研发水肥一体化设施设备，达到使用方便、防堵性好的目标。

（三）加强示范培训。选择代表性强、基础好、集中连片、交通便利的地点，因地制宜建立水肥一体化示范展示区。逐级开展技术培训，培养省、县技术骨干，为大规模推广应用奠定人才基础。通过技术讲座、印发资料、入户指导、现场观摩、田间学校等形式，开展技术普及和宣传。

（四）优化推广机制。协调各方力量，形成行政、科研、推广、企业、合作组织五位一体的推广机制。发挥行政推动作用，整合相关项目、资金和技术力量。发挥推广队伍指导作用，提高技术服务能力。发挥科研教学单位技术创新作用，做好关键技术和设备研发。发挥企业产销衔接带动作用，提供产品和系统维护等增值服务。发挥农民专业合作组织主体作用，推进技术推广规模化和标准化。

（五）夯实基础工作。针对水肥一体化对土肥水管理的新要求，开展集成研究，形成以水肥一体化为核心的农业种植新模式。加强土壤墒情监测，掌握土壤水分供应和作物缺水状况，推进测墒灌溉。开展水肥一体化条件下的水分运移、养分吸收、地力培肥、微生态环境保护等方面的机理研究，进一步夯实工作基础。

五、保障措施

（一）强化政策支持。积极与财政、发改、水利、国土等有关部门沟通协调，结合节水增粮行动、节水灌溉、高标准农田建设、地下水超采区综合治理等项目实施，整合资源，加大投入，强化技术支撑。扩大水肥一体化技术推广专项资金规模，增加示范面积，切实发挥农业部门的主导和引领作用。

（二）强化规划引导。加快编制《全国水肥一体化发展规划》，明确指导思想、基本原则、技术路线、区域布局和重点工作，研究提出政策措施和保障条件，切实发挥规划引领作用，分区域指导各地切实推进水肥一体化工作。

（三）强化示范带动。充分利用粮棉油糖绿色高产高效创建和园艺作物标准园创建等平台，结合我部节水农业项目实施，建立高效节水农业示范区，开展试验示范，集成技术模式，树立样板，带动周边，发挥示范带动作用。

（四）强化科技创新。争取设立行业专项，开展技术研发，实施创新驱动。重点开展墒情监测、水肥耦合、灌溉施肥制度、水溶肥料等关键技术及产品研发，促进科技成果转化，为水肥一体化快速发展提供有力支撑。

（五）强化宣传培训。举办各级培训班，组织现场观摩等活动，培训重点技术模式和关键操作环节，培养技术队伍，为大面积推广奠定基础。在各种媒体开展专题宣传，扩大影响，营造发展水肥一体化的良好氛围。

抄送：国家发展改革委、财政部、水利部办公厅。

农业部办公厅　　　　　　　　2016 年 4 月 20 日印发

省委办公厅　省政府办公厅
印发《关于加快发展节水农业和
水肥一体化的意见》的通知

鲁办发〔2016〕41 号

各市党委和人民政府，省委和省政府各部门（单位），各人民团体，各高等院校：

《关于加快发展节水农业和水肥一体化的意见》已经省委、省政府领导同志同意，现印发给你们，请结合实际，抓好贯彻落实。

中共山东省委办公厅
山东省人民政府办公厅
2016 年 8 月 3 日

（此件发至县级）

关于加快发展节水农业和水肥一体化的意见

为认真贯彻落实中央关于大力推进农业现代化的决策部署，加快发展节水农业和水肥一体化，现结合我省实际，提出如下意见。

一、充分认识发展节水农业和水肥一体化的重要意义

（一）发展节水农业和水肥一体化是落实五大发展理念、加快转变农业发展方式、实现绿色发展的需要。落实创新、协调、绿色、开放、共享发展理念是关系发展全局的深刻变革，要把五大发展理念落实到农业上，必须加快转变农业发展方式，实现绿色发展、可持续发展。发展节水农业和水肥一体化，既节水节肥、省工省力，又提高水肥利用效率、提高农产品质量，是转变农业发展方式、建设现代农业的重大举措，是深化农业供给侧结构性改革、培育农业新动能的有效途径，是实现资源永续利用和绿色发展的必然选择。

（二）发展节水农业和水肥一体化是挖掘用水潜力、缓解水资源供需矛盾的需要。我省是水资源严重短缺省份，人均占有水资源量不足全国平均水平的六分之一。农业作为用水大户，节水灌溉面积比重偏低，农业用水效率不高，地下水超采严重，引黄指标远不能满足农业发展需求。必须通过发展节水农业和水肥一体化，加快农业用水方式由粗放向集约转变、由大水漫灌向精准灌溉转变，扩大高效节水灌溉面积，实现增产增效不增水，更好地适应农业结构调整需要，不断缓解水资源短缺的矛盾。

（三）发展节水农业和水肥一体化是控制化肥过量使用、实现"十三五"规划化肥使用零增长目标的需要。国家"十三五"规划纲要提出"实施化肥农药使用量零增长行动"。我省年化肥使用量占到全国的8%，亩播平均化肥用量明显高于全国平均水平。过量施肥不仅造成资源浪费、土壤板结、地力下降，还降低了农产品质量，破坏了生态环境。实施化肥使用量零增长行动，必须大力推行水肥一体化技术，显著提高化肥利用效率，确保到2020年实现化肥使用量零增长目标，进一步改善生态环境、保障农产品质量安全，形成资源利用高效、生态系统稳定、产地环境良好、产品质量安全的现代农业发展格局。

二、明确发展节水农业和水肥一体化的指导思想、基本原则和目标任务

（四）指导思想。全面贯彻党的十八大和十八届三中、四中、五中全会精神，深入贯彻习近平总书记系列重要讲话和视察山东重要讲话、重要批示精神，牢固树立和认真贯彻创新、协调、绿色、开放、共享的发展理念，坚持节水优先、空间均衡、系统治理、两手发力的新时期治水方针，以缓解地少水缺的资源环境约束为导向，以水土资源高效和可持续利用为核心，加快转变农业用水方式，完善农业节水工程体系，创新农业节水体制机制，着力提高农业水肥利用效率，缓解水资源供需矛盾，促进生态环境改善，保障主要农

产品有效供给和质量安全，促进全省经济社会持续健康发展。

（五）基本原则。一是政府引导，市场带动。坚持政策引导、财政扶持、市场机制共同发力，充分发挥市场导向作用，培育新型农业经营主体，吸引群众广泛参与，形成全社会共同推进的良好格局。二是产业引领，创新驱动。紧跟现代农业发展方向，把握国内外和全省节水节肥装备发展趋势，以提高经济效益为核心，以增强自主创新能力和装备技术水平为抓手，推动产业向中高端升级，增强市场竞争力。三是因地制宜，分类指导。根据水资源状况和农业生产布局，因地制宜制定节水农业发展规划和工作计划，加强分类指导和科学管理；立足区域水土特点和土地流转经营实际，发展具有区域特色的节水节肥模式，推广不同技术装备，实现节水、节肥、增产、高效的目标。四是突出重点，搞好示范。突出节水节肥的重点区域、主推模式、关键技术，强化系统集成、综合配套，形成规模和集聚效应。尊重基层群众的首创精神，注重培育成功典型，以点带面，试验示范，发挥成功经验、典型案例的带动作用。五是深化改革，健全制度。着眼于破解制度障碍，有序推进农业水价、投资融资、运行管护等方面改革，建立健全制度化、长效化的节水节肥农业发展新机制。

（六）目标任务。到 2020 年，初步构建起与当地水土资源条件及农业生产布局相匹配，工程节水、管理服务、农艺措施、政策支撑相协调，水肥利用效率提高与装备产业发展相促进的节水农业体系。"十三五"期间，发展节水灌溉工程面积 1 500 万亩、水肥一体化面积增加到 750 万亩，农田灌溉用水总量和化肥使用量实现零增长，农田灌溉水有效利用系数提高到 0.646；设施蔬菜和果树的化肥利用率提高 20 个百分点，大田作物化肥利用率提高 10 个百分点。

三、把握发展节水农业和水肥一体化的工作重点和主要任务

（七）搞好节水农业和水肥一体化规划。坚持从本地实际出发，搞好节水农业和水肥一体化推广规划，在充分调查研究的基础上，科学编制区域性农业节水规划。根据水土资源条件、农业生产布局等实际情况，分区域、分产业、分门类搞好节水规划，采取适宜的节水节肥措施，建立农业节水体系。引黄引河灌区，要大力推行渠道衬砌防渗；井灌区和有条件的渠灌区，要大力推广管道输水灌溉；水资源短缺、经济作物比重大、农业规模化经营发展快的地区，要以大棚蔬菜、水果、中草药、烟叶、花卉苗木等经济作物为重点，积极推广喷灌、微灌、膜下滴灌等高效节水灌溉和水肥一体化技术。

（八）加快节水工程体系建设。大规模推进农田水利建设，加快建立覆盖全省、具有区域特色的节水灌溉工程体系，实现从水源、输水、配水、灌水全过程的高效节水，为农作物精准化灌溉创造条件。加快重大水利工程建设，搞好雨洪资源利用，加快黄河和主要河道治理，推进河湖库水系连通工程建设，增加水环境容量。完善水网工程体系，加大小塘坝、小水池、小水窖、小泵站、小水渠"五小水利工程"建设。加快大中型灌区引水能力骨干工程节水配套改造，提高骨干渠道输水效率。大力推进末级渠系及田间工程改造，改进地面灌溉技术。黄泛平原区，要重点对引黄灌区干支渠和田间工程全面改造。对无补源功能的骨干渠道进行防渗处理，配套改造桥、涵、闸和测水量水设施；搞好田间水网工

程联网配套，发展管道灌溉；在灌区中下游充分利用当地径流，更新改造提水泵站，严格控制开采地下水，实现采补平衡。鲁中南区，要重点加强水源调配，实现水资源高效利用。引河灌区要依托当地径流兴建拦河蓄水工程，建设小型提水泵站，配套管道灌溉；山丘区要大力实施水系联网，发展多水源联合调配灌溉，综合利用小水库、小水池、小水窖等水源；有条件的水库灌区可推广自压管道化灌溉模式；井库结合区域可推广井渠双灌模式，实现库水与地下水的联合调度。胶东半岛区，要重点对已形成的水网体系进行优化配置，发展多水源联合调配灌溉工程，部分区域形成的漏斗区要加强地表水跨区域调引，增加地表水拦蓄量，提高灌溉效率，逐步实现采补平衡。

（九）加快水肥一体化工程建设。在蔬菜、果树、花卉、苗木等经济作物区，建设完善水源到田间的低压管道输水管网，实现输水高效化。在家庭农场、种植大户、农民合作社等新型农业经营主体的规模化大田作物种植区推广水肥一体化技术，发挥典型示范带动作用。根据水源条件、种植作物、控制面积等因素，选择适宜的水肥一体化技术模式和设施设备类型，实现田间用水用肥高效化。对各地新上的喷灌、微灌等设施，要采取资金扶持、贷款贴息等方式，积极引导采用水肥一体化技术和设备。

（十）加快推广农艺节水。在稳定粮食产量和产能的前提下，因地因水选择种植作物，严格限制种植高耗水农作物，鼓励种植耗水少、附加值高的农作物，增加花生、甘薯、杂粮等耐旱作物播种面积，建立作物生育时期与天然降水相匹配的农业种植结构与种植制度。实施好"大棚升级改造""沃土工程"、苹果矮化自根砧改造，积极推广应用深松整地、覆盖保墒、保护性耕作等技术，蓄住自然降水，用好灌溉水，增加田间土壤蓄水能力，减少土壤水分蒸发，控制作物蒸腾，实现农艺节水目标。

（十一）加快山区节水农业扶贫脱贫。坚持把发展节水农业作为山区扶贫脱贫的重要途径。在水源条件具备的区域，因地制宜兴修"五小水利工程"，铺设输水管道，建设田间喷微灌设施，扩大节水灌溉面积，实现增产增效。积极推进土地流转，培植家庭农场、农民专业合作社等新型经营主体，发展特色产业，促进适度规模经营，提升产业服务水平，促进农业增产增效、农民增收致富，实现山区扶贫工作由"输血"向"造血"转变。

（十二）加快发展节水装备产业。重点培育一批科技含量高、市场前景好、发展潜力大的节水装备企业，加大政策支持力度，促其做大做强。依托现有骨干企业和产业创新联盟，建立产学研相结合的技术创新和设备研发机制，加强产业技术研发，特别是在节水灌溉技术标准、新产品新技术研发、综合节水技术集成模式、控制系统自动化信息化等方面进行联合攻关，在喷灌微灌关键设备、低成本大口径管材及生产工艺等方面尽快实现新突破。加强与先进国家和地区的技术交流合作，推动先进节水技术与装备的引进、消化吸收和再创新，提高我省产业技术装备水平。鼓励支持节水节肥装备企业搞好产品营销推广，通过举办或参加国内外展会，实施"互联网＋"工程，推广具有自主知识产权的智能控制和精量灌溉装备，提高国内外市场占有率。

（十三）加快节水节肥技术研究。做好技术模式筛选和集成创新，在重点区域和优势作物上，开展不同灌溉方式、灌水量、施肥量等对比试验，摸索节水节肥技术参数，完善节水灌溉定额标准，制定主要作物水肥一体化灌溉制度和施肥方案，满足农民的多样化需求。充分利用土壤墒情监测、测土配方施肥和气象等数据和资料，开展灌溉和施肥自动化控制等应用技术研究，推进大数据、云计算、移动互联等现代信息应用，建立农田水利管理信息网络，逐步实现灌溉施肥智能化远程管理。

（十四）加快节水农业示范区建设。深入开展节约集约模范县（市、区）创建活动，启动实施种养结合农业示范工程，开展区域规模化高效节水灌溉示范，创建一批技术先进、管理规范、效益明显、可复制推广的示范区。每个县（市、区）力争建成 2～3 处节水农业示范区、1 处水肥一体化示范点。在经济条件好、经营者投资热情高的县（市、区），开展高效节水节肥示范镇创建活动。

四、强化发展节水农业和水肥一体化的保障措施

（十五）加强组织领导。各级各有关部门要把加快发展节水农业和水肥一体化摆上重要议事日程，建立节水农业和水肥一体化领导机制，及时研究解决工作中存在的困难和问题。各有关部门要加强沟通配合，各司其职，形成合力，共同做好节水农业和水肥一体化工作。各地要尽快编制实施方案，提出县（市、区）年度发展目标。

（十六）加大投入力度。抓好农业、水利等部门的节水示范项目，严格落实各项资金、政策等配套要求，推动项目落地见效。整合相关涉农涉水政策、资金、项目等资源，财政部门的农业开发项目、农业部门的耕地保护和质量提升项目、国土资源部门的土地治理和耕地保护项目等，都要向节水农业和水肥一体化适当倾斜。财政部门要设立节水农业和水肥一体化专项资金，经济和信息化部门要加大对节水装备产业的政策支持力度，农机部门要将节水灌溉和水肥一体化设备列入农机购置补贴目录。通过政府和社会资本合作（PPP）模式、政府购买服务等方式，促进社会资本积极参与节水农业和水肥一体化工程建设。对农村集体经济组织和种植大户建设的农业节水工程，政府给予适当补助；符合一事一议财政奖补条件的，优先纳入奖补范围。金融机构要把农业节水贷款纳入农业信贷担保体系，为龙头企业、家庭农场、专业合作组织等新型农业经营主体贷款提供信用担保服务。

（十七）深化农业水价改革。坚持用水总量、用水效率和水功能区限制纳污"三条红线"，以水定产，以水定地。全面推行农业用水计量，推进农业水价综合改革，实行农业用水总量控制和定额管理，建立节水奖励和精准补贴机制，逐步建立工程配套、产权明晰、水价合理、计量收费的农业用水管理体系。加强农业取水许可管理，培育和规范水权交易市场，探索多种形式的水权交易流转方式。强化水费计收与使用管理，有条件的地区实行灌溉用水自动化、数字化管理。加快水利设施确权登记颁证步伐，为开展抵押担保贷款、盘活资产创造条件。

（十八）搞好节水工程管护。深化工程管理体制改革，明晰工程产权和使用权，落实管护主体责任和管护经费，建立职能清晰、权责明确、管理规范的运行机制。深化小型农田水利工程产权制度改革，鼓励采取租赁、承包等方式，创新工程管理模式。发展农民用水合作组织，让农民广泛参与节水工程建设和管理。

（十九）强化培训指导和服务。建立健全节水农业和水肥一体化培训和服务体系，加强对基层水利技术人员、农技推广人员、农业经营主体和农民的技术培训。科技部门要组

织专家、技术人员进村入户，面对面地对群众进行技术培训指导，实现技术人员直接到户、节水技术直接到田、技术要领直接到人，提高群众节水节肥的操作管理水平。水利、农业、供销、邮政等有关部门，要进一步健全完善基层服务组织，落实服务责任，将节水农业和水肥一体化纳入为农服务中心建设内容，进一步推广配方施肥、墒情监测等物联网技术，切实把服务延伸到户、到田间地头，解决服务"最后一公里"问题。

（二十）加强宣传舆论引导。加大对节水农业和水肥一体化的宣传力度，大力普及节水、节肥知识和先进实用技术。开展"水效领跑者引领行动"，及时总结推广发展节水农业和水肥一体化的先进典型，进一步提高全民节水意识，形成全省上下治水兴水、节水节肥的强大合力。

中共山东省委办公厅

2016 年 8 月 3 日印发

广西壮族自治区农业厅办公室文件

桂农业办发〔2016〕44 号

广西壮族自治区农业厅办公室关于印发《广西推进水肥一体化实施方案（2016—2020 年）》的通知

各市、县（市、区）农业局（农委）：

为贯彻落实 2016 年中央 1 号文件精神，根据《农业部办公厅关于印发〈推进水肥一体化实施方案（2016—2020 年）〉的通知》（农办农〔2016〕9 号）要求，结合广西实际情况，我厅制定了《广西推进水肥一体化实施方案（2016—2020 年）》，现印发你们，请结合本地实际，细化实施方案，加强组织领导，整合水肥资源，突出工作重点，提升应用效果，抓好贯彻落实。

附件：广西推进水肥一体化实施方案（2016—2020 年）

广西壮族自治区农业厅办公室
2016 年 10 月 21 日

公开方式：主动公开

广西壮族自治区农业厅办公室
2016 年 10 月 25 日印发

附件

广西推进水肥一体化实施方案

（2016—2020 年）

为贯彻落实 2016 年中央 1 号文件精神和《农业部办公厅关于印发〈推进水肥一体化实施方案（2016—2020 年）〉的通知》（农办农〔2016〕9 号）要求，大力发展节水农业，实施化肥使用量零增长行动，推广普及水肥一体化等农田节水先进实用技术，全面提升农田水分生产效率和化肥利用率，加快推进全区水肥一体化工作，特制定本实施方案。

一、必要性与可行性

（一）必要性。一是降雨时空分布不均。由于地形起伏和大气环流的影响，广西年降水量较多，但时空分布极不均匀，季节性干旱、缺水严重制约着农业发展，给农业生产带来严重的影响。二是水分生产效率偏低。虽然我区降雨量大，但山地丘陵比重大，储水设施不足，降低了天然降水的利用率，径流损失大，造成农业生产供水的不匹配。三是化肥利用率偏低。2015 年，我区化肥施用量 261.53 万吨，主要作物化肥利用率 32％，低于全国平均水平 3 个百分点。水肥资源约束已成为制约农业可持续发展的瓶颈因素。在新形势下，推进水肥一体化工作已成为提高水肥利用效率、转变农业发展方式、缓解水资源紧缺的关键措施。

（二）可行性。从政策层面看，习近平总书记要求"以缓解地少水缺的资源环境约束为导向，加快转变农业发展方式"；《全国农业可持续发展规划（2015—2030 年）》提出"一控两减三基本"目标的要求，"一控"就是控制农业用水总量，这为发展水肥一体化指明了方向。从国外发展看，在 70 年代，由于廉价的塑料管道大量生产，极大地促进了细流灌溉的发展，推动了细流灌或微灌系统包括滴灌、微喷雾灌等技术的进步。在过去的 40 多年里，水肥一体化技术在全世界迅猛发展。从国内实践看，近年来，通过水肥一体化技术试验示范，在不同区域、不同作物开展系列试验研究，全国形成了多种适用技术模式，为大力推广水肥一体化技术、精确调控水肥用量奠定了基础。从我区实践看，水肥一体化技术在我区已有十多年示范应用历程，探索出了各种有效的推广模式，为大面积的推广应用打下了坚实基础。

二、总体思路、目标任务和基本原则

（一）总体思路

以节水节肥、省工省力、高产高效、生态安全为目标，树立节水增效理念，依靠科技进步，加大资金投入，深入推进工程措施与农艺措施结合、水分与养分耦合，加快水肥一体化的应用，提高水肥资源利用效益，促进农业可持续发展。

（二）目标任务

到 2020 年，全区水肥一体化技术应用面积述到 200 万亩，新增 150 万亩。预计实现节水 1.35 亿立方，节肥 13 万吨，增加作物产量 15 亿千克，节本增效 9.5 亿元。缓解农业生产缺水矛盾和干旱对农业生产的威胁，提高水分生产力，增强农业抗旱减灾能力和耕地综合生产能力。

（三）基本原则

1. 坚持政府主导、社会参与。充分发挥政府主导作用，加强政策扶持和资金投入，发挥项目资金带动效应。开拓资金渠道，积极鼓励企业、农民和社会各界参与，形成多层次、多渠道共同推进的良好局面。

2. 坚持统一规划、整合资源。按照现代农业发展思路，统一规划、合理安排、分步实施。加强部门之间协调沟通和紧密配合，争取水利、国土、农业综合开发等方面的项目资金用于节水基础设施建设，整合各方资源，推进快速发展。

3. 坚持以经为主、经粮并重。以水果、蔬菜、甘蔗等经济作物为重点，兼顾玉米、马铃薯等粮食作物，集成节水农业及其他配套技术，促进抗旱减灾和高产稳产，实现粮食安全和农民增收。

4. 坚持因地制宜、分类指导。根据作物生长特点，按照耕地土壤类型、气候特点、作物需水规律等，选择适宜技术模式，加强试验探索，实行分类指导，增强节水技术的针对性和有效性。

5. 坚持集成应用、示范带动。加强工程措施与农艺、生物、管理等措施有机结合，促进设施设备与农业技术配套，加强试验示范，集成各项技术，发挥综合效应。

三、推广重点和技术模式

按照"以水带肥、以肥促水、水肥耦合、高效利用"的技术路径，根据不同地区气候特点、水资源现状、农业种植方式及水肥耦合技术要求，在桂北、桂中、桂南、桂东和桂西五大区域，以玉米、马铃薯、甘蔗、蔬菜、水果、茶叶六大作物为重点，推广水肥一体化技术。其中桂北地区重点推广蔬菜、水果、马铃薯水肥一体化技术；桂中地区重点推广甘蔗、玉米、蔬菜、水果、马铃薯、茶叶水肥一体化技术；桂南地区重点推广甘蔗、玉米、蔬菜、水果、马铃薯、茶叶水肥一体化技术；桂西地区重点推广玉米、水果、蔬菜、马铃薯、甘蔗、茶叶水肥一体化技术；桂东地区重点推广水果、蔬菜、马铃薯、茶叶水肥一体化技术。

（一）甘蔗

技术模式：推广滴灌水肥一体化技术，在甘蔗种植行上铺设滴灌管，利用滴灌系统将水分和养分输送到甘蔗根系，保证甘蔗生长对水、肥的需求，实现甘蔗增产和水肥养分高效利用。

应用效果：甘蔗亩节水 80～100 方，节本增收 600 元以上。

适用区域：适合有灌溉条件的规模连片种植的甘蔗地区。

（二）水果

技术模式：推广水果滴灌、微喷水肥一体化技术，通过微灌和施肥为一体的灌溉施肥模式，每行果树沿树行布置一条灌溉毛管，借助微灌系统，在灌溉的同时将肥料配兑成肥液一起输送到果树根部土壤，确保水分和养分均匀、准确、定时定量地供应，为果树生长创造良好的水、肥、气、热环境。

应用效果：果树亩节水 80～100 方，节本增收 600 元以上。

适用区域：有水源条件的规模连片种植果园。

（三）蔬菜

技术模式：推广蔬菜滴灌水肥一体化技术，利用机井或地表水为水源，通过建立新型微灌系统，集微灌和施肥于一体，在灌溉的同时将肥料配兑成肥液一起输送到作物根部土壤，确保水分和养分均匀、准确、定时定量供应，为作物生长创造良好的水、肥、气、热环境。

应用效果：蔬菜平均亩节水 80～100 方，节本增收 500 元以上。

适用区域：有灌溉条件的规模连片种植的蔬菜种植基地等。

（四）玉米

技术模式：推广滴灌水肥一体化技术，在玉米种植行上铺设滴灌管，利用滴灌系统将水分和养分输送到玉米根系，保证玉米生长对水、肥的需求，实现玉米增产和水肥养分高效利用。有条件的石山地方，推广玉米集雨补灌水肥一体化技术，通过开挖集雨沟，建设集雨面和集雨窖池，配套安装小型提灌设备和田间输水管道，采用滴灌、微喷灌技术，结合水溶肥料应用，地面覆盖保墒技术，实现高效补灌和水肥一体化，充分利用自然降水，解决降雨时间与玉米需水时间不同步、季节性干旱严重发生的问题。

应用效果：玉米平均亩增产 10～15 呢，省工 20％以上，亩节本增效 150 元。

适用区域：桂南、桂西南、桂西、桂西北地区，农业示范项目区，农企、合作社种植基地园区。

（五）马铃薯

技术模式：推广马铃薯膜下滴灌水肥一体化技术，通过地膜覆盖、微灌、施肥为一体的灌溉施肥模式，利用微灌系统，在灌溉的同时将肥料配兑成肥液一起输送到马铃薯根部土壤，确保水分和养分均匀、准确、定时定量地供应。通过覆盖地膜，降低水分蒸发，为作物生长创造良好的水、肥、气、热环境。可根据实际情况选择覆盖地膜或秸秆。

应用效果：与常规相比，采用膜下滴灌水肥一体化技术，亩均可增产马铃薯 300～400 千克，节水 80～100 方。

适用区域：有灌溉条件且规模连片种植马铃薯的地区，包括桂西、桂中、桂南地区。

（六）茶叶

技术模式：推广茶叶滴灌水肥一体化技术，借助滴灌系统，在灌溉的同时将肥料配兑成肥液一起输送到茶树根部土壤，确保水分养分均匀、准确、定时定量地供应，为茶叶生长创造良好的水肥条件。

应用效果：茶树亩节水 80～100 方，节本增收 1 000 元以上。

适用区域：有水源条件的茶园。

四、重点工作

（一）集成技术模式。依托各种示范基地、大户园区开展水肥一体化技术模式筛选，集成各项先进技术，重点开展不同灌溉方式、灌水量、施肥量、养分配比、水溶肥料等试验研究，摸索技术参数，形成本区域主栽作物的水肥一体化技术模式，增强针对性和实用性。

（二）研推关键产品。引导相关企业研发新型水溶性肥料，根据区域主栽作物的需肥特性，优化肥料配方，方便群众应用，降低生产成本。配套土壤墒情监测设备，开发自动灌溉施肥系统，提升智能控制水平。根据不同用户的投入能力，选配适宜的水肥一体化设施、设备，做到经济实用、操作方便。

（三）加强示范培训。选择代表性强、集中连片、交通便利的地点，建设水肥一体化示范展示区。逐级开展技术培训，培养市县乡各级技术骨干，为大规模推广应用奠定人才基础。通过技术讲座、印发资料、入户指导、现场观摩、田间学校等形式，开展技术普及和宣传，加快先进实用技术的应用。

（四）优化推广机制。协调各方力量，形成行政、科研、推广、企业、合作组织五位一体的推广机制。发挥行政推动作用，整合相关项目、资金和技术力量。发挥土肥水技术优势，强化服务意识，提高专业技术水平和服务指导能力。发挥企业自主研发和服务主体作用，积极参与水肥一体化示范建设，为农民提供灌溉设备、水溶肥料等优质产品和系统维护、技术咨询等技术服务。发挥农民专业合作组织的主体作用，促进技术应用的规模化，带动水肥一体化推广。

（五）夯实基础工作。针对水肥一体化对土肥水管理的新要求，开展集成研究，形成以水肥一体化为核心的农业技术应用新模式。加强土壤墒情监测，掌握土壤水分供应和作物缺水状况，推进测墒灌溉。开展水肥一体化条件下的水分运移、养分吸收、地力培肥等方面的机理研究，掌握技术要领，夯实推广基础。

五、保障措施

（一）加强领导组织，强化协调配合。各地要成立由行政管理、推广机构、科研教学单位参加的工作组和技术专家组，搭建加快水肥一体化集成创新和产业化推广应用的平台。各地农业部门要切实加强领导，制定工作方案，明确职责任务，强化技术指导服务，把水肥一体化技术推广工作落到实处。

（二）整合资源力量，多方增加投入。积极争取有关部门支持，稳定投资渠道，增加资金投入。鼓励引导节水农业相关企业、农民专业合作组织和种植大户等参与水肥一体化示范建设，调动社会力量推广水肥一体化技术。

（三）强化示范带动，树立典型样板。充分利用现代农业高产高效示范区、核心示范区等平台，结合我区节水农业项目实施，建立水肥一体化示范区，开展试验示范，集成技术模式，树立样板，带动周边，发挥示范带动作用。

（四）加大宣传引导，营造发展氛围。利用报刊、杂志、广播、电视、网络等多种媒体形式，广泛宣传水肥一体化技术增产增效、资源节约的效果及典型经验，营造社会各界广泛关注、共同支持水肥一体化技术发展的良好氛围。

（五）加强技术培训，确保推广效果。加强技术指导和服务，结合当地实际，通过举办培训班、组织现场观摩等多种方式，讲解重点技术模式和关键操作环节，培养技术人才，传播先进技术，积极探索提高水肥一体化技术推广效果的方式方法。

图书在版编目（CIP）数据

2016 年中国节水农业发展报告/全国农业技术推广
服务中心编著．—北京：中国农业出版社，2017.9
ISBN 978-7-109-23402-4

Ⅰ.①2⋯ Ⅱ.①全⋯ Ⅲ.①节水农业－农业发展－
研究报告－中国－2016 Ⅳ.①S275

中国版本图书馆 CIP 数据核字（2017）第 241145 号

中国农业出版社出版
（北京市朝阳区麦子店街 18 号楼）
（邮政编码 100125）
责任编辑　贺志清

中国农业出版社印刷厂印刷　　新华书店北京发行所发行
2017 年 9 月第 1 版　　2017 年 9 月北京第 1 次印刷

开本：787mm×1092mm 1/16　印张：13.25
字数：302 千字
定价：50.00 元
（凡本版图书出现印刷、装订错误，请向出版社发行部调换）